D1616027

Ni idea

Ni idea

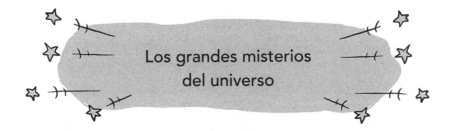

Los grandes misterios
del universo

Jorge Cham y Daniel Whiteson

Ni idea
Los grandes misterios del universo

Título original: *We Have No Idea*
A Guide to the Unknown Universe

Primera edición, octubre de 2017

© Jorge Cham y Daniel Whiteson, por el texto
© Maia F. Miret, por la traducción

Coedición:
Editorial Océano de México, S.A. de C.V.
Secretaría de Cultura
Dirección General de Publicaciones

D.R. © 2017, Editorial Océano de México, S.A. de C.V.
Eugenio Sue 55, Col. Polanco Chapultepec
C.P. 11560, Miguel Hidalgo, Ciudad de México
www.oceano.mx

D.R. © 2017, de la presente edición
Secretaría de Cultura
Dirección General de Publicaciones
Avenida Paseo de la Reforma 175, Col. Cuauhtémoc
C.P. 06500, Ciudad de México
www.cultura.gob.mx

Diseño de portada: Jorge Cham

ISBN: 978-607-527-353-2, Editorial Océano de México
ISBN: 978-607-745-700-8, Secretaría de Cultura

Impreso en México / *Printed in Mexico*

Para mi hija, Elinor
J. C.

Para mi familia, por apoyarme en todos los capítulos
de mi vida, hasta en aquellos que tienen chistes malos
D. W.

Índice

Introducción

EL UNIVERSO COMO LO CONOCEMOS:

TODO LO QUE CONOCEMOS, TODO LO QUE VEMOS, TODOS LOS ÁTOMOS EN TU CUERPO Y EN NUESTRA GALAXIA, TODAS LAS ESTRELLAS Y EL POLVO Y LOS PLANETAS DENTRO Y FUERA DEL SISTEMA SOLAR.

NO TENEMOS NI LA MÁS PÁLIDA IDEA.

¿Te gustaría saber cómo comenzó el universo, de qué está hecho y cómo llegará a su fin? ¿Entender de dónde vienen el tiempo y el espacio? ¿Descubrir si en verdad estamos solos en el universo?

¡Pues qué lástima! Este libro no responde ninguna de esas preguntas.

Por el contrario, se trata de todas las cosas que *no* sabemos sobre el universo: las grandes preguntas que tal vez creas que ya contestamos, cuando no es así en realidad.

Con frecuencia las noticias hablan sobre un gran descubrimiento que responde alguna sesuda pregunta sobre nuestro universo. Pero ¿cuántas personas habían oído la pregunta antes de enterarse de la respuesta? ¿Y cuántas grandes preguntas falta contestar? Para eso es este libro, para presentarte las preguntas que siguen pendientes.

En las páginas que siguen explicaremos cuáles son las grandes interrogantes sobre el universo que aún no tienen respuesta, y por qué son misterios todavía. Al terminar de leer entenderás mejor lo absurdo que es pensar que realmente sabemos lo que está pasando o cómo funciona el universo. La buena noticia es que al menos tendrás idea de por qué no tenemos ni idea.

El objetivo de este libro no es que te deprima lo poco que sabemos sino que te entusiasme la increíble cantidad de territorio inexplorado que tenemos por delante. Por cada misterio cósmico sin resolver también revelaremos qué implicaciones podrían tener las respuestas para los humanos, y qué sorpresas alucinantes pueden ocultarse en cada una de ellas. Te enseñaremos a ver el mundo de forma distinta; entender qué es lo que no sabemos nos permite comprender que el futuro está lleno de fantásticas posibilidades.

Así que abróchate el cinturón, ponte cómodo y prepárate para explorar las profundidades de nuestra ignorancia, porque para descubrir algo el primer paso es saber qué es lo que no se sabe. Estamos por emprender un viaje por los mayores misterios del universo.

]12[

1

¿De qué está hecho el universo?

En donde descubres que eres bastante raro y especial

Si eres un ser humano (por ahora, vamos a suponer que lo eres), probablemente no puedas evitar sentir cierta curiosidad por el mundo que te rodea. Es parte de la naturaleza humana, y también explica por qué decidiste empezar a leer este libro.

No es una sensación nueva. Desde el origen de los tiempos, la gente ha buscado las respuestas a algunas preguntas muy elementales y sensatas sobre el mundo que nos rodea:

¿De qué está hecho el universo?

¿Las rocas grandes están hechas de rocas más pequeñas?

¿Por qué no podemos comer rocas?

¿Qué se siente ser murciélago?[1]

La primera, *¿De qué está hecho el universo?*, es una pregunta bastante grande. Y no sólo porque el tema sea amplio (básicamente no hay nada más grande que el universo), sino porque preguntar de qué está hecho el universo es relevante para todos. Es como preguntar de qué está hecha tu casa y todo lo que hay en ella (tú incluido). No necesitas saber muchísimo sobre física o matemáticas para entender que esta pregunta nos afecta absolutamente a todos.

Digamos que eres la primera persona en la historia que trata de contestar la pregunta *¿De qué está hecho el universo?* Un buen enfoque sería primero probar suerte con la idea más sencilla y más inocente. Por ejemplo, podrías afirmar que el universo está hecho de las cosas que podemos ver en él, de modo que contestarías la pregunta haciendo una lista. Esa lista empezaría más o menos así:

```
┌─────────────────────────────┐
│        EL UNIVERSO          │
│        ───────────          │
│    - Yo.                    │
│    - Tú.                    │
│    - Esa roca.              │
│    - Esa otra roca.         │
│    - Esas rocas de allá.    │
│    - Etc.                   │
└─────────────────────────────┘
```

---

[1] Esta última pregunta es el título de uno de los artículos filosóficos más citados de la historia, escrito por el filósofo estadunidense Thomas Nagel. *Spoiler*: la respuesta es "Jamás lo sabremos".

Este enfoque, sin embargo, tiene algunos problemas gravísimos. Para empezar, tu lista va a ser muy, muy larga. Tiene que incluir todas las rocas de todos los planetas del universo, y tiene que incluirse a ella misma (tu lista también es parte del universo). Si necesitas que la lista incluya tanto los objetos como las partes que los componen podría seguir para siempre. Si no necesitas que la lista mencione las partes que componen los objetos que se mencionan en la lista, podrías arreglártela con un elemento: *el universo*. Así, queda claro que esta estrategia es problemática por donde la veas.

Pero lo más importante es que hacer una lista realmente no responde la pregunta. El tipo de respuesta que consideraríamos satisfactoria no se limitaría a registrar la complejidad que vemos a nuestro alrededor —la variedad casi infinita de cosas que vemos en nuestro entorno—, sino que también la *simplificaría*. A eso le debe su éxito la tabla periódica de los elementos (la que tiene oxígeno, hierro, carbono, etc.). Describe todos los objetos que los humanos hemos visto, tocado, saboreado[2] o que nos hemos arrojado unos a los otros, todo en términos de cerca de cien bloques básicos de construcción. Revela que el universo está organizado según el mismo principio de los Legos. Con el mismo paquete de piececitas de plástico puedes construir dinosaurios, aviones o piratas, o crear tu propio dinopirata híbrido volador.

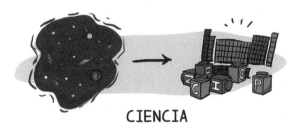

CIENCIA

---

[2] Sí, incluyendo esa vez en tercero de primaria que tu amigo lamió un lagarto.

Igual que con los Legos, unos cuantos bloques de construcción básicos (los elementos) te permiten fabricar muchas cosas en nuestro universo: estrellas, rocas, polvo, helado, llamas. Este principio de organización, según el cual los objetos complejos en realidad son conjuntos de objetos simples, nos permite entender mucho con sólo descubrir cuáles son esos objetos simples.

Pero ¿por qué el universo sigue la filosofía Lego? Hasta donde sabemos, no hay ninguna razón para que esta simplificación sea posible. Por lo que a los primeros científicos cavernícolas concernía, el mundo *podría* haber funcionado de formas muy distintas. Todo lo que los científicos de las cavernas Ook y Groog tenían a la mano para fundamentar sus ideas era su experiencia, y ésta era consistente con muchas ideas distintas sobre la composición del universo.

LOS PRIMEROS FÍSICOS

Bien podría existir una cantidad infinita de tipos de cosas. En este universo las rocas estarían hechas de partículas rocosas elementales. El aire estaría hecho de partículas aéreas elementales. Los elefantes estarían hechos de partículas elefantiásicas elementales (llamémoslas dumbotrones). En ese universo hipotético la tabla periódica tendría una cantidad *casi infinita* de elementos.

O podríamos vivir en un universo aún más extraño, en el que las cosas ni siquiera estuvieran hechas de partículas diminutas. En este universo las rocas estarían formadas por un material rocoso que podríamos cortar en trozos más y más pequeños para siempre con un cuchillo infinitamente afilado.

Ambas ideas eran consistentes con los datos que recolectaron los profesores Ook y Groog durante sus famosos experimentos de aporreo de rocas. Mencionamos estas posibilidades no porque pensemos que así es como funciona el universo, sino para recordarte que bien podría haber funcionado así, y *es posible que así se comporten otros tipos de materias que aún no hemos explorado en nuestro universo.*

Es por eso que los misterios sin resolver que descubrirás en este libro deberían hacerte sentir inspirado y emocionado, y no frustrado o desmoralizado: revelan lo mucho que nos falta explorar y descubrir.

En este universo que conocemos y queremos, las cosas que nos rodean parecen estar compuestas de partículas diminutas. Tras miles de años de reflexión e investigación hoy tenemos una teoría de la materia bastante decorosa.[3] Desde los primeros experimentos de Ook y Groog hasta la actualidad hemos ido más allá de la tabla periódica y hemos conseguido asomarnos al interior del átomo.

La materia como la conocemos está compuesta por átomos de los elementos que se incluyen en la tabla periódica. Cada átomo tiene un núcleo rodeado por una nube de electrones. El núcleo contiene protones y neutrones, cada uno de los cuales está formado a su vez por quarks arriba y quarks abajo. Así, con quarks arriba, quarks abajo y electrones podemos construir cualquier elemento de la tabla periódica. ¡Qué logro! Nuestra lista de los componentes del universo pasó de ser infinita a tener los cerca de cien elementos de la tabla periódica, y luego a constar de sólo tres partículas. Todo lo que hemos visto, tocado, olido, y todo aquello con lo que nos hemos golpeado los dedos de los pies, puede construirse con tres bloques básicos. Una felicitación para el trabajo colectivo de millones de cerebros humanos.

---

[3] La ciencia en su forma moderna, con experimentos y datos y batas de laboratorio, sólo tiene unos cuantos cientos de años, pero la historia de la reflexión sobre estos problemas tiene miles.

CON LOS QUARKS ARRIBA Y ABAJO PUEDES HACER...

PARA FORMAR LA MATERIA COTIDIANA SÓLO NECESITAS TRES PARTÍCULAS

CON LOS ELECTRONES, LOS PROTONES Y LOS NEUTRONES PUEDES HACER CUALQUIER ÁTOMO.

electrón   quark arriba   quark abajo

protones   neutrones

materia cotidiana

Pero aunque es cierto que deberíamos sentirnos orgullosos de nosotros mismos como especie, esta descripción está incompleta por dos razones muy importantes.

La primera es que existen otras partículas, no sólo el electrón y los quarks. Únicamente se necesitan estas tres partículas para fabricar materia normal, pero en el último siglo los físicos de partículas han descubierto nueve partículas de materia más y otras cinco que transmiten fuerzas. Algunas de éstas son muy extrañas, como los fantasmagóricos neutrinos, partículas que pueden viajar billones de kilómetros a través de plomo sólido sin chocar con otra partícula.[4] Para los neutrinos, el plomo es transparente. Otras partículas son muy parecidas a las tres que conforman la materia, pero mucho, mucho más pesadas.

IDENTIFICACIÓN DE PARTÍCULAS

[4]   Bueno, eso creemos. Nadie ha intentado hacer este experimento.

¿Por qué tenemos estas partículas extra? ¿Para qué sirven? ¿Quién las invitó a la fiesta? ¿Cuántas clases más de partículas existen? No sabemos. Es más: *ni idea*. En el capítulo 4 hablaremos sobre algunas de estas extrañas partículas y los curiosos patrones que siguen.

Pero esta descripción está incompleta por otra razón muy importante. Si bien sólo necesitamos tres partículas para hacer estrellas, planetas, cometas y pepinillos, resulta que estas cosas apenas conforman una diminuta fracción del universo. El tipo de materia que consideramos normal —porque es el único tipo que conocemos— en realidad es bastante peculiar. De todo lo que existe en el universo (materia y energía), este tipo de materia sólo representa más o menos el cinco por ciento.

¿De qué está hecho el otro noventa y cinco por ciento del universo? *No sabemos.*

Si dibujáramos una gráfica de pay del universo se vería más o menos así:

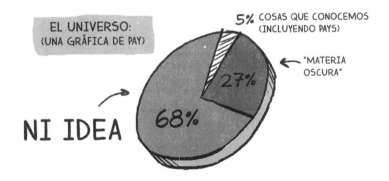

Ese pay se ve bastante misterioso. Sólo cinco por ciento son las cosas que conocemos, incluyendo estrellas, planetas y todo lo que hay en ellos. Un total de veintisiete por ciento es algo que llamamos "materia oscura". El otro sesenta y ocho por ciento del universo es algo que apenas entendemos. Los físicos lo llamamos "energía oscura", y creemos que está provocando que el universo se expanda, pero es todo lo que sabemos sobre ella. En los capítulos que siguen explicaremos ambos conceptos y cómo llegamos a estas cifras exactas.

Y se pone peor. Incluso de ese cinco por ciento de cosas que conocemos hay mucho que no entendemos (¿recuerdas esas partículas extra?). En algunos casos ni siquiera sabemos cuáles son las preguntas que hay que formular para revelar estos misterios.

Así que aquí estamos como especie. Hace apenas unos párrafos nos felicitábamos por las increíbles hazañas de exploración intelectual que nos permitieron describir toda la materia conocida en términos simples, y ahora eso parece un poco prematuro, porque *la mayor parte del universo está hecha de otra cosa*. Es como si lleváramos miles de años estudiando un elefante y de pronto descubriéramos que sólo hemos estado viendo *¡su cola!*

Tal vez te decepcione un poco saberlo. Quizá pensabas que habíamos alcanzado la cima de nuestra comprensión y dominio del universo (tenemos robots que aspiran nuestras casas, por amor de dios). Pero aquí lo importante es no verlo como una decepción sino como una increíble oportunidad: la de explorar, aprender y descubrir. ¿Qué pasaría si te dijeran que sólo hemos explorado cinco por ciento de la superficie de la Tierra? ¿O que sólo has probado cinco por ciento de los sabores de helado? El científico que hay en ti exigiría una explicación minuciosa (así como más cucharadas), y sentiría una gran excitación ante la posibilidad de hacer nuevos descubrimientos.

Recuerda lo que pasaba en la primaria, cuando estabas aprendiendo sobre las hazañas de los grandes exploradores de la historia. Navegaron hacia lo desconocido, descubrieron nuevas tierras y cartografiaron el planeta. Si eso te sonaba emocionante, quizá te entristezca un poco que ahora todos los continentes han sido descubiertos, y todas las islitas ya tienen nombre, y que en esta época de satélites y GPS la era de la exploración parezca haber quedado atrás. La buena noticia es que no es así.

Hay *muchísimo* por explorar. De hecho, estamos en los primeros días de toda una nueva era de la exploración. Estamos entrando en una época que probablemente redefina nuestra comprensión del universo. Por un lado, sabemos que sabemos muy poco (cinco por ciento, ¿recuerdas?), así que tenemos algunas ideas sobre qué preguntas hacer. Y por el otro, estamos construyendo algunas herramientas asombrosas, como poderosísimos colisionadores de partículas y detectores de ondas gravitacionales y telescopios que nos ayudarán a obtener las respuestas. Todo esto está ocurriendo *ahora mismo.*

¡AHORA!

Lo más emocionante es que los grandes misterios científicos *tienen* respuestas rigurosas, sólo que aún no las conocemos. Es posible que se resuelvan durante nuestras vidas. Por ejemplo, en este preciso instante o hay o no hay vida inteligente en algún otro punto del universo. La respuesta existe (Mulder[5] tenía razón: la verdad *está* allá afuera). Descubrirlas cambiaría, a un nivel muy fundamental, la forma en la que pensamos sobre el mundo.

La historia de la ciencia está llena de revoluciones en las que descubrimos, una y otra vez, que nuestra visión del mundo estaba distorsionada por un enfoque particular. Una Tierra plana, un sistema solar geocéntrico, un universo dominado por estrellas y planetas... todas eran ideas razonables si tomas en cuenta la información que teníamos en esas épocas, pero ahora nos parecen lastimosamente ingenuas. Es casi seguro que a la vuelta de la esquina haya más revoluciones, durante las cuales las ideas que aceptamos hoy, como la relatividad y la física cuántica, se harán añicos y serán reemplazadas con ideas nuevas y alucinantes. Seguramente dentro de doscientos años la gente pensará de nuestras ideas sobre cómo funciona el mundo lo mismo que nosotros pensamos de las ideas de los cavernícolas.

La odisea de la raza humana por entender nuestro universo está muy lejos de terminar, y *tú* puedes ser parte de ella. Te prometemos que el viaje va a ser más dulce que una rebanada de pay.

POR LO MENOS
NO SON ROCAS

[5] El protagonista masculino de la serie *Los expedientes secretos X. (N. de la T.)*

2

¿Qué es la materia oscura?

Estás nadando en ella

Aquí hay una gráfica de barras de la materia y la energía en el universo como lo conocemos:

EL UNIVERSO
(UNA GRÁFICA DE BARRAS)

68% — ENERGÍA OSCURA
27% — MATERIA OSCURA
5% — TODO LO QUE CONOCEMOS
0% — COSAS QUE RESULTAN MÁS CLARAS CUANDO LAS PONES EN UNA GRÁFICA DE BARRAS

Los físicos creen que un asombroso veintisiete por ciento de la materia y la energía en el universo conocido están hechas de algo llamado "materia oscura". Esto quiere decir que la mayor parte de la materia que hay en el universo es distinta a la que llevamos siglos estudiando. Hay *cinco veces más* de esta materia misteriosa que de la materia normal a la que estamos acostumbrados. De hecho no es justo llamar "normal" a nuestra materia si en realidad es más bien escasa en el universo.

Entonces, ¿qué es esta materia oscura? ¿Es peligrosa? ¿Mancha la ropa? ¿Cómo sabemos que existe?

La materia oscura está en todos lados. Es más, probablemente estás nadando en ella ahora mismo. Su existencia se propuso en la década de 1920, y la tomaron en serio por primera vez en la de 1960, cuando los astrónomos notaron que había algo extraño en la forma en la que giran las galaxias y en lo que esto implicaba para la cantidad de masa que contienen.

De qué formas sabemos que existe la materia oscura

1. Galaxias giratorias

Para entender la relación entre la materia oscura y las galaxias que giran, imagínate un montón de pelotas de ping-pong en un carrusel. Ahora ponlo a dar vueltas. Seguramente piensas que todas las pelotas de ping-pong saldrán disparadas del carrusel. Una galaxia que gira funciona casi igual.[6] Puesto que la galaxia gira, las estrellas que la forman tienden a salir disparadas. Lo único que las mantiene unidas es la fuerza de gravedad de toda la masa presente en la galaxia (la gravedad atrae las cosas con masa). Cuanto más rápido giran las galaxias, más masa necesitas para mantener en su interior todas las estrellas. A la inversa, si conoces la masa de la galaxia puedes predecir qué tan rápido puede girar.

Al principio, los astrónomos trataron de calcular la masa de las galaxias contando cuántas estrellas había en ellas. Pero cuando usaron

---

[6] Si bien las galaxias tienden a ser ligeramente más grandes que los carruseles.

esta cantidad para calcular qué tan rápido debían estar girando, algo no cuadraba. Las mediciones mostraban que las galaxias giraban más rápido de lo que podía predecirse mediante la cantidad de estrellas que contenían. En otras palabras, las estrellas tendrían que estar saliendo disparadas de las orillas de las galaxias, igual que las pelotas de ping-pong en el carrusel. Para poder explicar la gran velocidad de rotación, en sus cálculos los astrónomos tenían que añadirle a las galaxias una enorme cantidad de masa para que las estrellas se mantuvieran juntas. Pero no podían ver dónde estaba esta masa. Esta contradicción se resolvía al suponer que había una inmensa cantidad de cosas pesadas que eran invisibles, u "oscuras", en cada galaxia.

Era una afirmación bastante extraordinaria. Y como dijo una vez el gran astrónomo Carl Sagan: "Las afirmaciones extraordinarias requieren evidencias extraordinarias". Así que durante décadas la comunidad astronómica vivió con este extraño acertijo sin entenderlo. Conforme pasaron los años la existencia de estas misteriosas cosas pesadas (o materia oscura, como terminó por conocerse) fue aceptándose cada vez más.

¡yeiiii!

ALGUNAS GALAXIAS GIRAN TAN RÁPIDO QUE SUS ESTRELLAS DEBERÍAN SALIR DESPEDIDAS.

PERO ESO NO SUCEDE, ASÍ QUE ALGO MUY PESADO DEBE MANTENERLAS JUNTAS MEDIANTE SU GRAVEDAD.

2. Lentes gravitacionales

Otra pista importante que convenció a los científicos de que la materia oscura en verdad existe fue la observación de que puede *curvar la luz*. Esto se llama lente gravitacional.

A veces los astrónomos miraban al cielo y detectaban algo extraño: veían la imagen de una galaxia que provenía de una dirección. Eso no tiene nada de raro, pero si movían un poquito el telescopio podían ver la imagen de otra galaxia muy parecida a la primera. La forma, el color y la luz que venían de estas galaxias eran tan parecidos que los astrónomos estaban seguros de que se trataba de la misma. Pero ¿cómo podía ocurrir esto? ¿Cómo puede aparecer la misma galaxia dos veces en el cielo?

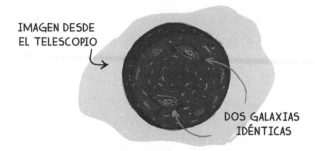

IMAGEN DESDE
EL TELESCOPIO

DOS GALAXIAS
IDÉNTICAS

Ver dos veces la misma galaxia es perfectamente sensato si hay algo pesado (e invisible) que se interpone entre la galaxia y tú; este manchón pesado e invisible puede actuar como un lente gigante y desviar la luz de la galaxia para que parezca que viene de dos direcciones.

Imagina que la luz sale de la galaxia en todas direcciones. Ahora imagina dos partículas de luz, llamadas fotones, que vienen de esa galaxia, una hacia tu izquierda y la otra hacia tu derecha. Si hay algo pesado entre esta galaxia y tú, la gravedad de ese objeto deformará el espacio que lo rodea y provocará que ambas partículas de luz se dirijan hacia tu cuerpo.[7]

---

[7] La curvatura de la luz a causa de la gravedad fue algo que propuso y más adelante probó Albert Einstein. Dicen que era un tipo bastante listo.

Lo que ves en tu telescopio terrestre son dos imágenes de la misma galaxia que vienen de diferentes direcciones del cielo. Este efecto se observó en cada rincón del cielo nocturno; esta cosa pesada e invisible parecía estar en todos lados. La materia oscura ya no era una idea loca. A donde quiera que volteáramos encontrábamos evidencia de que existía.

3. Choques de galaxias

La evidencia más convincente de que la materia oscura existe se obtuvo al observar una gigantesca colisión galáctica en el espacio. En un acontecimiento épico, dos cúmulos galácticos chocaron entre sí hace millones de años. Nos perdimos el choque, pero como la luz de esas galaxias tarda millones de años en llegar hasta nosotros, podemos sentarnos cómodamente a ver las explosiones resultantes.

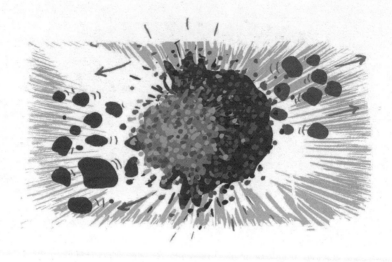

Cuando los dos cúmulos galácticos se estrellaron uno contra el otro, el gas y el polvo que contenían produjeron resultados espectaculares: ocurrieron enormes explosiones, se desgarraron gigantescas nubes de polvo. Es un festival de efectos especiales. Si te ayuda, imagínate el choque de dos enormes montones de globos de agua que son arrojados unos contra otros a una velocidad delirante.

Pero los astrónomos notaron otra cosa. Cerca del lugar de la colisión había dos enormes cúmulos de materia oscura; por supuesto, esta materia oscura era invisible, pero podían detectarla en forma indirecta midiendo la desviación que los cúmulos provocaban en la luz de las galaxias tras ellos. Estos dos cúmulos de materia oscura parecían estarse moviendo a lo largo de la línea de colisión como si nada hubiera pasado.

Lo que los astrónomos reconstruyeron es así: había dos cúmulos galácticos, cada uno con materia normal (básicamente gas y polvo, con algunas estrellas) y materia oscura. Cuando los cúmulos hicieron colisión, casi todo el gas y el polvo chocaron como uno espera que lo haga la materia normal. Pero ¿qué pasa cuando la materia oscura choca con otra materia oscura? *¡Nada que podamos detectar!* Los cúmulos de materia oscura siguieron su camino y pasaron uno *a través* del otro, casi como si fueran invisibles entre sí. Las estrellas también pasaron unas junto a otras, porque estaban muy dispersas.

Esos enormes amasijos de materia, más grandes que muchas galaxias, se atravesaron sin más. La colisión básicamente despojó a las galaxias de todo su gas y su polvo.

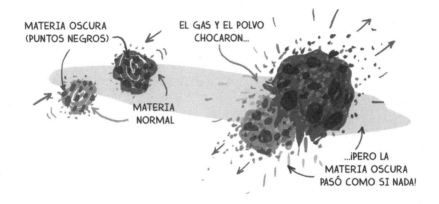

Lo que sabemos sobre la materia oscura

A estas alturas debe quedarte claro que la materia oscura existe y que es una cosa extraña y diferente de la materia a la que estamos acostumbrados. Esto es lo que sabemos sobre la materia oscura:

- Tiene masa.
- Es invisible.
- Le gusta estar con las galaxias.
- La materia normal no parece tocarla.

- La otra materia oscura tampoco parece tocarla.[8]
- Tiene un nombre genial.

Ya debes estar pensando *Guau, me gustaría estar hecho de materia oscura. Sería un superhéroe increíble.* ¿No? Bueno, tal vez sólo seamos nosotros.

Una cosa que sabemos sobre la materia oscura es que no se esconde muy lejos. La materia oscura tiende a acumularse en enormes manchones que flotan en el espacio y que acompañan a las galaxias. Eso quiere decir que es muy probable que ahora mismo estés rodeado de materia oscura. Bien podría ser que mientras lees esta página haya materia oscura pasando entre el libro y tú. Pero si nos rodea, ¿por qué es tan misteriosa? ¿Por qué no podemos verla ni tocarla? ¿Cómo puede existir pero ser imposible de ver?

Es muy difícil estudiar la materia oscura, porque no podemos interactuar gran cosa con ella. No podemos verla (por eso se llama "oscura") pero sabemos que tiene masa (por eso se llama "materia"). Para explicar cómo es posible, primero tenemos que pensar cómo interactúa la materia normal.

Cómo interactúa la materia

La materia interactúa de cuatro formas principales:

Gravedad

Si dos cosas tienen masa sentirán una fuerza de atracción mutua.

---

[8] Es posible que la materia oscura pueda sentirse ligeramente a sí misma mediante alguna nueva fuerza desconocida.

Electromagnetismo

Ésta es la fuerza que sienten dos partículas si tienen una carga eléctrica. Puede ser atractiva o repulsiva, dependiendo de si tienen la misma carga o cargas diferentes.

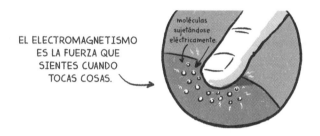

EL ELECTROMAGNETISMO ES LA FUERZA QUE SIENTES CUANDO TOCAS COSAS.

moléculas sujetándose eléctricamente.

De hecho, *sientes* esta fuerza todos los días. Si empujas este libro la razón de que el papel no se rasgue y de que tu mano no atraviese el papel es que las moléculas que componen el libro se sujetan fuertemente entre sí mediante enlaces electromagnéticos y rechazan las moléculas de tu mano.

El electromagnetismo también es el responsable de que haya luz y, por supuesto, electricidad y magnetismo. Más adelante hablaremos sobre la luz y las profundas conexiones entre fuerzas y partículas.

Fuerza nuclear débil

Esta fuerza se parece mucho al electromagnetismo, pero es mucho, mucho más débil. Por ejemplo, los neutrinos usan esta fuerza para interactuar (¡débilmente!) con otras partículas. Con energías muy altas, la fuerza débil se vuelve tan fuerte como el electromagnetismo, y se ha demostrado que es parte de una sola fuerza unificada llamada "electrodébil".

Fuerza nuclear fuerte

Es la fuerza que mantiene los protones y los neutrones juntos dentro del núcleo atómico. Sin ella todos los protones de carga positiva del núcleo se repelerían y se irían volando.

Cómo interactúa la materia oscura

Es importante subrayar que esta lista de fuerzas sólo es *descriptiva*. En ese sentido, la física a veces es como la botánica. No entendemos *por qué* existen estas fuerzas. Sólo es una lista de las cosas que hemos observado; ni siquiera sabemos si está completa, pero hasta ahora podemos explicar todos los experimentos que se han hecho en física usando estas cuatro fuerzas.

Entonces, ¿por qué es tan oscura la materia oscura? Bueno, pues la materia oscura tiene masa, así que siente los efectos de la gravedad. Pero eso es casi todo lo que sabemos de cierto sobre sus interacciones. *Creemos* que no tiene interacciones electromagnéticas. Hasta donde tenemos noticia, no refleja luz ni la emite, y es por eso que resulta tan difícil *verla* directamente. La materia oscura tampoco parece tener interacciones nucleares débiles o fuertes.

Así que, a menos que exista algún tipo de interacción que aún no hayamos descubierto, parece que la materia oscura no puede interactuar con nosotros, ni con nuestros telescopios o detectores, por medio de los mecanismos normales. Esto hace que sea muy difícil estudiarla.

De las cuatro formas fundamentales en las que interactúan las cosas hasta donde sabemos, la única que estamos seguros que aplica a la materia oscura es la gravedad. De aquí viene la "materia" de la materia oscura. La materia oscura tiene sustancia. Tiene masa y, por lo tanto, siente la gravedad.

¿Cómo podemos estudiar la materia oscura?

Esperamos haberte convencido de que la materia oscura existe. Definitivamente hay algo allá afuera que evita que las estrellas salgan disparadas hacia el espacio, que desvía la luz de las galaxias y que se aleja de las gigantescas colisiones cósmicas igual que los héroes de acción se alejan de los autos que explotan, en cámara lenta (y sin mirar hacia atrás). La materia oscura es así de genial.

Pero la pregunta sigue en pie: ¿de qué está hecha la materia oscura? No podemos pretender que conocemos la respuesta a una pregunta aún mayor —de qué está hecho el universo— si sólo estudiamos el cinco por ciento más fácil. No podemos ignorar el enorme veintisiete por ciento que representa la materia oscura. La respuesta corta es que aún no tenemos mucha idea de qué es la materia oscura. Sabemos que existe, cuánto hay y más o menos dónde está, pero no sabemos de qué clase de partículas está hecha, o incluso si *está* hecha de partículas. Recuerda que hay que tener cuidado al extrapolar a todo el universo lo que sabemos sobre un tipo de materia más bien infrecuente.[9] Es necesario mantener la mente abierta al tipo de descubrimientos que transforman la manera en que pensamos sobre el universo y nuestro lugar en él.

Para poder avanzar debemos estudiar algunas ideas específicas, explorar sus consecuencias y diseñar experimentos para probarlas. Es posible que la materia oscura esté hecha de elefantes bailarines morados conformados por una extraña partícula nueva e indetectable, pero puesto que esa teoría es difícil de comprobar, no es una de las grandes prioridades de la ciencia.[10]

---

[9] Si hoy te comiste un sándwich de queso durante el almuerzo, no quiere decir que todos los almuerzos consistan en sándwiches de queso.

[10] Al momento de escribir estas líneas, el financiamiento de la ciencia aún es impredecible.

Una idea sencilla y concreta es que la materia oscura está hecha de un nuevo tipo de partícula que usa un nuevo tipo de fuerza para interactuar muy, muy débilmente con la materia normal. ¿Por qué pensar en un solo tipo de partícula? Porque es la idea más sencilla, así que tiene sentido ocuparse primero de ella. Definitivamente es posible que la materia oscura esté hecha de varios tipos de partículas, como la materia normal; estas partículas oscuras podrían tener toda clase de interacciones interesantes, que darían origen a una química oscura y tal vez incluso a una biología oscura, una vida oscura y unos pavos oscuros (una idea aterradora).

La candidata a partícula se conoce como WIMP, las siglas en inglés de *weakly interacting massive particle* (partículas masivas débilmente interactivas, es decir, algo con masa que interactúa débilmente con la materia normal).[11] Suponemos que podría usar una nueva fuerza hipotética para interactuar con nuestro tipo de materia más o menos con la intensidad con la que lo hacen los neutrinos, es decir, muy, muy poca. Por un tiempo hubo gente que consideró otras ideas, por ejemplo que existían enormes esferas de materia normal del tamaño de Júpiter. Para distinguirlas de los WIMP las apodaron MACHO (*massive astrophysical compact halo objects*, objetos astrofísicos masivos de halo compacto).

---

[11] La palabra *wimp* significa débil o cobarde en inglés. *(N. de la T.)*

PARTÍCULAS CANDIDATAS A FORMAR LA MATERIA OSCURA

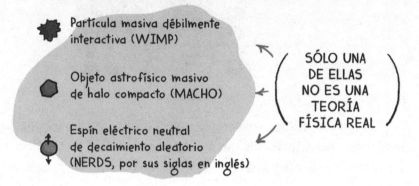

Partícula masiva débilmente interactiva (WIMP)

Objeto astrofísico masivo de halo compacto (MACHO)

Espín eléctrico neutral de decaimiento aleatorio (NERDS, por sus siglas en inglés)

SÓLO UNA DE ELLAS NO ES UNA TEORÍA FÍSICA REAL

¿Cómo sabemos que las partículas de materia oscura interactúan con la materia normal mediante fuerzas distintas a la gravedad? No sabemos. Esperamos que sea el caso, porque eso las haría mucho más fáciles de detectar. Así que primero realizamos unos experimentos muy difíciles, y luego realizamos unos casi imposibles.

Los físicos han construido experimentos diseñados para detectar estas hipotéticas partículas de materia oscura. Una estrategia clásica es llenar un contenedor con un gas noble frío comprimido y rodear el contenedor con detectores que se activan cuando *un átomo* del gas es golpeado por materia oscura. Hasta ahora estos experimentos no han encontrado ninguna evidencia de materia oscura, pero apenas se están volviendo lo suficientemente grandes y sensibles como para que pueda esperarse que la detecten.

Otro enfoque es tratar de crear materia oscura usando un colisionador de partícula de alta energía, que acelera partículas normales (protones o electrones) a velocidades delirantes y las hace chocar entre sí. Esto de por sí es asombroso, pero además tiene la ventaja de que nos permite explorar el universo en busca de nuevas partículas. Y nos permite hacerlo porque puede convertir un tipo de materia en otros tipos. Cuando las partículas chocan entre sí, las partes que las conforman no sólo se reacomodan en nuevas configuraciones; la vieja materia es aniquilada y surgen nuevas formas de materia. Es como alquimia (en serio) a nivel subatómico. Esto significa que, con algunas limitaciones, casi puedes hacer cualquier tipo de partícula que existe sin saber de antemano qué es lo que estás buscando. Los científicos están estudiando las colisiones en busca de evidencia de que algunas de ellas conducen a la creación de partículas de materia oscura.

Un tercer enfoque es apuntar nuestros telescopios hacia los lugares en los que creemos que hay altas concentraciones de materia oscura. El más cercano a nosotros está en el centro de la galaxia, y parece tener una gran concentración de materia oscura. La idea es que dos partículas de materia oscura podrían chocar al azar y aniquilarse entre sí. Si la materia oscura puede interactuar consigo misma de algún modo, las partículas de materia oscura que chocan podrían convertirse en partículas de materia normal, del mismo modo que dos partículas de materia normal pueden chocar para crear materia oscura.[12] Si esto ocurre con suficiente frecuencia, algunas de las partículas de materia normal resultantes tendrán una distribución de energía y una ubicación particulares que les permitirán a nuestros telescopios identificarlas como algo que probablemente tiene su origen en choques de materia oscura. Pero entender esto requiere que sepamos mucho sobre lo que ocurre en el centro de nuestra galaxia, que es un conjunto totalmente diferente de misterios.

---

[12] Si dos partículas de materia normal pueden convertirse en dos partículas de materia oscura, el proceso también puede ocurrir en reversa: dos partículas de materia oscura podrían convertirse en dos partículas de materia normal.

Por qué nos interesa esta materia

La materia oscura es un indicador muy importante de que, a pesar de todos nuestros descubrimientos y avances, aún estamos en la oscuridad en lo que se refiere a la naturaleza del universo. En términos de nuestra comprensión de las cosas nos encontramos al mismo nivel que los científicos de las cavernas Ook y Groog. La materia oscura ni siquiera aparece en nuestros actuales modelos físicos o matemáticos del universo. Hay una enorme cantidad de materia que nos atrae, y no sabemos qué es. No podemos decir que entendemos nuestro universo sin entender esta enorme fracción de él.

Ahora, antes de que te entre la paranoia de que hay una cosa rara, oscura y misteriosa que flota a tu alrededor, piensa en esto: ¿qué pasaría si la materia oscura fuera *asombrosa*?

La materia oscura está hecha de algo con lo que no tenemos ninguna experiencia directa. Es algo que no hemos visto antes, y puede comportarse en formas que no hemos imaginado.

Piensa en todas las increíbles posibilidades que existen.

¿Qué pasaría si la materia oscura estuviera hecha de algún nuevo tipo de partícula que podemos producir y aprovechar en los colisionadores de alta energía? ¿O si al descubrir qué es entendiéramos algo sobre las leyes de la física que no sabíamos, por ejemplo, una nueva interacción fundamental o una nueva forma en la que pueden funcionar las interacciones que existen? ¿Y qué tal si este descubrimiento nos permitiera manipular la materia ordinaria de nuevas maneras?

Imagínate que llevas toda la vida jugando un juego y de pronto te das cuenta de que hay reglas especiales o nuevas piezas especiales que podrías usar. ¿Qué conocimientos o qué tecnología increíbles podrían revelarse cuando descubramos qué es la materia oscura y cómo funciona?

No podemos quedarnos para siempre en la oscuridad. Que sea oscura no quiere decir que no sea materia de nuestro interés.

3

¿Qué es la energía oscura?

En donde nuestro universo en expansión hace que se expanda tu mente

Quizá todavía te estés reponiendo de la revelación de que todo lo que creías que sabías sobre el universo apenas alcanzaría para responder el cinco por ciento de las preguntas en un examen aplicado por una raza de inteligentes viajeros estelares extraterrestres. Aceptémoslo, tus probabilidades de entrar a una universidad alienígena son bastante bajas.[13] Para recapitular lo que sabe la especie humana aquí tienes una gráfica de columna que muestra el universo (disculpa, se nos están acabando los tipos de gráficas):

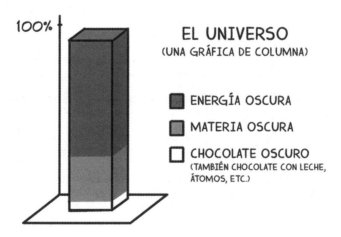

100%

EL UNIVERSO
(UNA GRÁFICA DE COLUMNA)

◼ ENERGÍA OSCURA

◼ MATERIA OSCURA

◻ CHOCOLATE OSCURO
(TAMBIÉN CHOCOLATE CON LECHE, ÁTOMOS, ETC.)

[13] Y tal vez eso sea lo mejor: la comida en sus cafeterías es muy extraña.

Imagínate que siempre has creído que vivías en una casa muy grande y fantástica, y que allí se encontraba todo lo que suponías que existía. Un día descubres que en realidad sólo son los cinco pisos inferiores de un edificio de departamentos de lujo de cien pisos. De pronto tu situación inmobiliaria se vuelve más complicada. Veintisiete de esos otros pisos le pertenecen a algo pesado e invisible que llamamos materia oscura. Pueden ser unos vecinos agradables o unos medio raros. Por alguna razón, te evitan en los pasillos.

El resto de los sesenta y ocho pisos son un *completo misterio*. Este sesenta y ocho por ciento restante del universo es lo que los físicos llaman "energía oscura". Es la porción más grande de la realidad, y casi no tenemos ni idea de qué es.

Quizá te preguntes, en primer lugar, por qué se llama energía oscura. La verdad podríamos haberla llamado de cualquier modo.[14] ¿Por qué de cualquier modo? Porque *no sabemos casi nada sobre ella,* excepto que provoca que el universo *se expanda a gran velocidad.*

Tu segunda pregunta puede ser: ¿Y cómo sabemos que existe? Y la respuesta es: por casualidad. Fue una sorpresa para los científicos, que de hecho procuraban responder una pregunta distinta: trataban de medir la velocidad a la que se estaba desacelerando la expansión del universo, y en cambio se toparon con el hecho de que no se estaba desacelerando para nada, sino que se estaba expandiendo cada vez más rápido. Es hora de subir las escaleras y descubrir qué hay en estos misteriosos pisos superiores.

[14] Bueno, casi de cualquier modo. "El lado oscuro" ya había sido usado.

Nuestro universo en expansión

Para entender lo asombroso y lo delirante que es que dos terceras partes del presupuesto energético del universo hayan sido descubiertas mientras se buscaba una cosa diferente, tenemos que empezar por contar la pregunta que llevó a este descubrimiento:

¿Nuestro universo tiene un principio
o siempre ha existido en su forma actual?

Tal vez suene como una pregunta sencilla, pero en realidad es bastante profunda. Hace apenas cien años los científicos más sensatos pensaban que era *obvio* que el universo llevaba toda la eternidad siendo como es, y continuaría así para siempre. A casi nadie se le había ocurrido que el universo estaba cambiando. Para ellos, todas las estrellas y los planetas existían en un estado perpetuo de movimiento suspendido, como un móvil colgado del techo de un cuarto, lleno de relojes que nunca se detienen.

Pero un día los astrónomos empezaron a darse cuenta de algo extraño. Midieron la luz de las estrellas y las galaxias que nos rodean y llegaron a la conclusión de que todo está alejándose de todo lo demás. El universo no estaba ahí sentado… estaba *expandiéndose*.

Y si el universo siempre se ha expandido quiere decir que es más grande de lo que solía ser. Y si sigues este razonamiento y te remontas en el tiempo, puedes imaginar que en algún momento el universo fue muy pequeño.

TRATA DE NO PENSAR EN EL DUEÑO DEL TECHO DEL QUE ESTAMOS COLGADOS.

Muchos físicos pensaron que esto era ridículo, y para burlarse llamaron esta teoría el "Big Bang" (la gran explosión). Si estuvieran vivos hoy seguramente elevarían los dedos, pondrían los ojos en blanco y harían unas comillas en el aire cada vez que lo dijeran. Era un término que buscaba avergonzar a quienes propusieron la idea, pero por alguna razón pegó. Cuando los físicos empiezan a ponerse sarcásticos quiere decir que hay algo que está cambiando por completo nuestra comprensión del universo.

EL UNIVERSO PRIMITIVO

Así que en 1931 los astrónomos descubrieron que el universo estaba en expansión, lo que significaba que posiblemente estaba creciendo a partir de un punto inicial muy, muy denso.[15] (Nótese que este punto no

---

[15] No podemos escribir suficientes *muy* para explicar lo denso que era este punto. Era todo el universo condensado en *un punto*.

estaba flotando en algún espacio mayor: *era* todo el espacio. En el capítulo 7 hay más sobre esta loca forma de pensar sobre el espacio.) Todavía existían algunas teorías de un universo no Big Bang que eran consistentes con la expansión recién descubierta, pero requerían que se creara nueva materia constantemente para conservar la densidad actual del universo.

Si el universo tuvo un principio, uno se pregunta de inmediato si tendrá un fin. ¿Qué podría provocar la desaparición de este enorme, majestuoso y extrañísimo lugar? Y lo que es más importante, ¿tendrás tiempo para terminar esa novela que llevas escribiendo desde siempre?

¿Qué podría provocar que el universo llegara a su fin? La respuesta es: nuestra amiga la gravedad.

Recuerda que si bien todo lo que conforma el universo emana de la explosión cósmica del Big Bang, la gravedad trabaja en sentido contrario. Cada pedacito de materia en el universo siente la gravedad, que hace lo que puede por volver a reunir todo en el universo. ¿Qué implica esto para el destino del universo? La gente tenía distintas ideas:

POSIBLES DESTINOS DEL UNIVERSO	EMOJI CORRESPONDIENTE
A. HAY TANTAS COSAS EN EL UNIVERSO QUE LA FUERZA DE GRAVEDAD TERMINARÁ POR GANAR, FRENARÁ LA EXPANSIÓN Y VOLVERÁ A REUNIRLO TODO. ESTO SE LLAMA EL *BIG CRUNCH* (LA GRAN CONTRACCIÓN).	:O
B. NO HAY SUFICIENTES COSAS EN EL UNIVERSO PARA QUE EL UNIVERSO FRENE LA EXPANSIÓN, ASÍ QUE SIGUE CRECIENDO PARA SIEMPRE HASTA QUE SE CONVIERTE EN UN UNIVERSO INFINITAMENTE DILUIDO Y FRÍO (Y SOLITARIO).	:(
C. HAY SUFICIENTES COSAS PARA QUE LA GRAVEDAD FRENE LA EXPANSIÓN, PERO NO SUFICIENTES PARA QUE LA DETENGA O VUELVA A CONTRAER EL UNIVERSO. EL UNIVERSO SIGUE EXPANDIÉNDOSE, PERO LA EXPANSIÓN LENTAMENTE SE ACERCA A CERO.	:|

Aquí viene la parte increíble. La respuesta, de hecho, es *¡ninguna de las anteriores!* La verdad, por más extraña que parezca, es una cuarta opción *secreta* que sólo consideraron unos pocos científicos (porque era muy loca):

Hay una fuerza increíblemente poderosa y misteriosa que hace que se expanda el espacio mismo, así que el universo está creciendo cada vez más rápido.

Esta cuarta opción es la única consistente con lo que observamos sobre nuestro universo.

Cómo sabemos que el universo se expande

Esta pregunta sobre el destino del universo parece ser muy importante, pero relájate. El futuro del que hablamos está a miles y miles de millones de años, sin importar lo que pase. Tienes tiempo de terminar de escribir tu *best seller* y hasta de publicar la secuela. Pero este tema es importante para nosotros porque cuando hallamos respuestas a grandes preguntas como éstas, también entendemos más sobre el funcionamiento de nuestro universo. A veces, al hacer estas preguntas aprendemos algo sorprendente que puede afectar nuestra vida cotidiana. Por ejemplo, ¿te gusta el GPS de tu teléfono? Si tenemos un sistema preciso de GPS es porque Einstein hacía preguntas sobre lo que ocurre cuando las cosas se mueven a la velocidad de la luz, lo que no ocurre con frecuencia aquí en la Tierra, pero esto condujo al desarrollo de la relatividad, sin la cual no sería preciso.

Para predecir el fin del universo, los científicos deben saber qué tan rápido está expandiéndose. Lo hicieron midiendo la velocidad con la cual se alejan de nosotros las galaxias que nos rodean.

Para empezar, debes entender que en un universo en expansión todo se aleja de todo lo demás, no sólo del centro. Imagínate que somos una pasa en una hogaza de pan de pasas del tamaño del universo. Cuando el pan se cuece y crece, todas las pasas se alejan de todas las demás, pero siguen siendo del mismo tamaño.

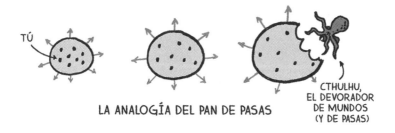

TÚ

LA ANALOGÍA DEL PAN DE PASAS

CTHULHU,
EL DEVORADOR
DE MUNDOS
(Y DE PASAS)

Pero para conocer el futuro del universo queremos saber si esta expansión está cambiando: ¿hoy las demás galaxias se alejan de nosotros *más despacio* que hace unos miles de millones de años? ¿O se alejan de nosotros *más rápido* que hace unos miles de millones de años? Lo que queremos saber es cómo cambia la tasa de expansión *en el tiempo*. Para entenderla debemos saber qué tan rápido se alejaban las cosas de nosotros en el *pasado* y compararlo con lo rápidamente que se alejan *ahora*.

Es muy difícil ver el futuro, pero para los astrónomos es fácil ver el pasado. Puesto que el universo es tan grande y la luz tiene una velocidad finita, la luz que proviene de objetos lejanos tarda mucho tiempo en llegar a la Tierra. Esto quiere decir que la luz de las estrellas muy lejanas es una luz *muy vieja*, y la información que trae consigo también lo es. Observar esta luz es como ver el pasado.

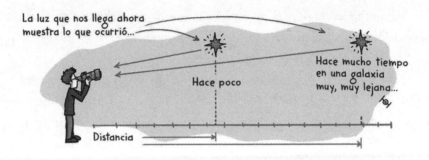

La luz que nos llega ahora muestra lo que ocurrió...

Hace poco

Hace mucho tiempo en una galaxia muy, muy lejana...

Distancia

Y también funciona en la otra dirección. Si los extraterrestres que viven en un planeta muy lejano ven hacia la Tierra con sus telescopios verán la luz que abandonó nuestro planeta hace mucho tiempo. Ahora mismo podrían estar observando ese incidente tan vergonzoso que te ocurrió hace años (*tú sabes muy bien cuál*).

Así, mientras más lejos esté un objeto, más vieja es la luz que observamos, y más atrás en el tiempo podemos ver. Esto quiere decir que si vemos objetos lejanos que se mueven a una velocidad, y luego vemos objetos más cercanos moviéndose a otra velocidad, podemos deducir que la velocidad de las cosas ha cambiado con el tiempo. Podemos medir la velocidad de una estrella lejana mediante el cambio en el espectro de frecuencia de su luz usando la misma técnica (el efecto Doppler) que la policía usa para ponerte multas. Mientras más rápido se aleja una estrella de nosotros, más roja será su luz.

Saber qué tan lejos están las cosas es indispensable para *cienciar*[16] correctamente. Por ejemplo, ¿cómo puedes saber la diferencia entre una

---

[16] En efecto, lo usamos como verbo.

estrella tenue que está cerca y una estrella brillante que está lejos? Por el telescopio se ven iguales: débiles puntitos de luz en la noche. Esto era así hasta que los científicos identificaron un tipo especial de estrella, una que hacía lo mismo en cualquier parte del universo en forma muy predecible. Gracias a su tamaño y composición estas estrellas especiales crecen a la misma velocidad, y cuando alcanzan cierto tamaño siempre hacen lo mismo: estallan. O para ser más precisos, implosionan, pero la implosión es tan violenta que genera una explosión proporcionalmente grande.[17] Este tipo de explosión se conoce como supernova Ia. Lo útil de las supernovas es que, en términos generales, todas explotan de manera similar. Es decir que, con un poco de calibración, al ver una tenue sabes que está muy lejos, y si ves una brillante sabes que está cerca. Es como si el universo hubiera puesto faros idénticos en todos lados para que sepamos lo inmenso y maravilloso que es (el universo es misterioso, pero no humilde).

Los astrónomos llaman este tipo de supernovas las "candelas estándar" (son unos románticos). Con ellas pudieron determinar qué tan lejos están (y por lo tanto, qué tan viejos son) objetos lejanos, y usando el desplazamiento Doppler consiguieron saber qué tan rápido se mueven. Así, los astrónomos pudieron medir cómo estaba cambiando la expansión del universo.

---

[17] La astronomía tiene más explosiones que una película de Michael Bay [director de la saga de Transformers o *Armageddon*; *N. de la T.*]

Poco después de descubrir esto, dos equipos de científicos se enzarzaron en una competencia para medir la tasa de expansión del universo. Pero encontrar supernovas no es fácil, porque son explosiones que duran poco. Para atrapar una tienes que vigilar constantemente las estrellas en el cielo y encontrar las que de pronto se vuelven mucho más brillantes y luego más tenues, así que tomó un tiempo.

Los dos equipos suponían que la expansión del universo o bien iba frenándose o permanecía estable. Es una suposición muy razonable. Si el universo explotó, y la gravedad está tratando de volver a juntar todo, sólo hay dos opciones: o la gravedad gana y las cosas vuelven a reunirse, o pierde y todo sigue expandiéndose en forma constante.

Cuando los científicos midieron estas supernovas y calcularon el ritmo al que se estaba expandiendo el universo, esperaban que ganara la gravedad. Es decir, esperaban encontrar que más estrellas lejanas (las del pasado más distante) se alejaban más rápidamente que las estrellas cercanas (las más cercanas al presente). Sin embargo, se quedaron pasmados al descubrir lo opuesto: las estrellas parecen alejarse de nosotros más rápidamente hoy que en el pasado. En otras palabras, ahora el universo se está expandiendo *más rápido* que antes.

Tomémonos un momento para considerar lo inesperado que fue este resultado. En la cabeza de los astrónomos había dos cosas: un universo que explotó hace mucho tiempo y la gravedad, que trata de volver a juntar todo. En cambio, resulta que hay una tercera pieza, y que es fundamental: el tamaño del espacio mismo. Como discutiremos hasta con los detalles más escabrosos en el capítulo 7, el espacio no es un telón de fondo, vacío y estático, sobre el que se interpreta el teatro del universo. Es una cosa física que puede deformarse (en presencia de objetos masivos), rizarse (se llaman ondas gravitacionales) o expandirse. Y parece estarse expandiendo, y rápido. El espacio está aumentando su tamaño *a toda velocidad*. Algo está creando más espacio al empujar hacia fuera todo lo que existe en el universo.

Hay que subrayar que los resultados mostraron que al principio las cosas *sí* se iban desacelerando, pero durante los últimos cinco mil millones de años algo ha estado alejando más y más rápido los restos del universo que explotó.

Esta fuerza propulsora que está haciendo crecer el universo a una velocidad cada vez mayor es lo que los físicos llaman energía oscura. No podemos verla (por eso es "oscura") y está separándolo todo (así que la llaman "energía"). Y es una fuerza tan descomunal que se calcula que representa el sesenta y ocho por ciento de la masa y la energía del universo.

EL UNIVERSO: UNA GRÁFICA DE PI

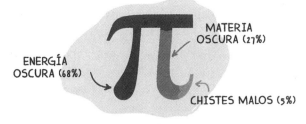

MATERIA OSCURA (27%)

ENERGÍA OSCURA (68%)

CHISTES MALOS (5%)

La gráfica de pay

Hasta ahora hemos sido muy específicos al etiquetar nuestra gráfica de pay. Cinco por ciento suena como una estimación, pero cuando escuchas porcentajes como veintisiete por ciento para la materia oscura y sesenta y ocho para la energía oscura tienes que imaginarte que los físicos no se están sacando estas cifras de la manga.

Así que, ¿cómo sabemos cuánta materia oscura y cuánta energía oscura hay en el universo?

En el caso de la materia oscura, no podemos medirla usando las herramientas que vimos antes (lentes gravitacionales y galaxias giratorias) y sumarlo todo. No siempre existe la disposición adecuada de estrellas y de materia oscura para usar estos métodos, y podría haber más materia oscura oculta en algún lugar en donde no podemos encontrarla.[18]

Y en cuanto a la energía oscura, no tenemos ni idea de qué es, así que tampoco podemos medirla en forma directa.

La parte impresionante, si tomas en cuenta lo poco que entendemos sobre estas cosas, es que hemos conseguido medir sus porcentajes en varias formas distintas. Y hasta ahora todas parecen concordar.

La forma más precisa de saber cuánta materia oscura y cuánta energía oscura existe ha sido estudiar una foto del universo cuando era bebé y todavía era chiquito y tierno.[19]

En los capítulos siguientes hablaremos sobre cómo se tomó esta foto del universo bebé y lo que representa, pero por ahora basta con saber que esta fotografía existe. Se llama fondo cósmico de microondas, y se ve más o menos así:

[18] Allí donde están todos tus calcetines y tus llaves extraviados
[19] No está de más halagar a las cosas que te crearon.

EL UNIVERSO BEBÉ
(NO INCLUYE PAÑALES)

Bueno, no es tan tierno. De hecho, es una masa grumosa llena de arrugas (como muchos bebés). Esta imagen muestra los primeros fotones que escaparon de la formación temprana del universo. Lo importante es que el número de las arrugas y los patrones que forman en la imagen son muy sensibles a la proporción de materia oscura, energía oscura y materia regular en el universo. En otras palabras, si cambias las proporciones los patrones de la imagen se ven diferentes. Resulta que para los patrones que vemos aquí necesitas más o menos cinco por ciento de materia regular, veintisiete por ciento de materia oscura y sesenta y ocho por ciento de energía oscura. Cualquier otra combinación daría como resultado una fotografía diferente.

También hemos medido la energía oscura observando la tasa de expansión del universo, que conocemos gracias a las candelas estándar de las supernovas. Sabemos que la energía oscura está empujando todo hacia fuera a una velocidad cada vez mayor. A partir de nuestras estimaciones de materia y materia oscura podemos calcular cuánta energía oscura haría falta para obtener esa expansión, y eso nos da una idea de la cantidad de energía oscura que hay.

Y para terminar, podemos saber las proporciones de materia oscura, energía oscura y materia normal observando la estructura del universo que vemos hoy. El universo tiene una configuración muy particular de estrellas y galaxias. Mediante una simulación de computadora podemos retroceder en el tiempo, desde el estado actual hasta justo antes del *Big Bang* para ver cuánta materia oscura y energía oscura necesitas para que las cosas se vean como son hoy. Por ejemplo, si en la simulación no tienes la cantidad correcta de materia oscura, no obtienes galaxias con las mismas formas que vemos hoy, y no se forman tan pronto como sabemos que se formaron. La materia oscura, gracias a su enorme masa y atracción gravitacional, ayuda a que la materia normal se agrupe de la manera necesaria para que se formen tempranamente las galaxias. Al mismo tiempo, si tratas de explicar toda la energía del universo sólo en términos de la materia y la materia oscura, sin energía oscura (es decir, materia oscura = noventa y cinco por ciento), las galaxias tampoco salen bien.

Lo que es sorprendente es que todos estos métodos concuerdan entre sí.

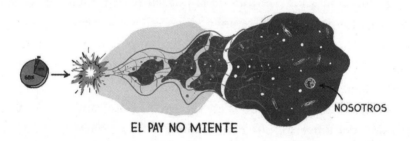

EL PAY NO MIENTE

NOSOTROS

Todos revelan que nuestro universo está hecho de una combinación de materia regular, materia oscura y energía oscura en una proporción aproximada de cinco, veintisiete y sesenta y ocho por ciento, respectivamente. Aunque no sabemos qué es cada una de estas cosas, podemos afirmar con bastante confianza que sabemos cuánto hay de cada una. No sabemos qué son, pero sabemos que *existen*. Bienvenido a la era de la ignorancia de precisión.

¿Qué podría ser la energía oscura?

Ya explicamos cómo se descubrió la energía oscura y cuánta hay, pero ¿qué es? La respuesta corta es: *ni idea*. Sabemos que es una fuerza que en este momento hace que el universo se *expanda*. Toma toda la materia del universo y la empuja hacia fuera. En este instante me empuja a mí, te empuja a ti y empuja todo lo que conocemos lejos de todo lo demás.[20] Y no sabemos qué es.

NUNCA SUBESTIMES EL PODER DEL ~~LADO~~ OSCURO

LA EXPANSIÓN DE LA ENERGÍA

Una idea popular en este momento es que la energía oscura viene de la energía del espacio vacío. Sí, del *espacio vacío*.

Cuando decimos que algo está vacío nos referimos a que no tiene "cosas" *adentro* de él. Para ser más técnicos, consideramos que no tiene nada *en* él. En el espacio intergaláctico hay zonas que sencillamente

---

20 El amor no es lo que nos alejará, es la energía oscura. [Por la canción de Joy Division, "Love Will Tear Us Apart". *N. de la T.*]

no tienen partículas de materia (ni siquiera de materia oscura). Ahora considera esto: ¿qué pasaría si el espacio vacío tuviera una energía propia, como un resplandor o un suave murmullo, aunque no tuviera materia? Sólo tiene una energía que está ahí sentada, sin razón. Si fuera cierto, esa energía podría producir un efecto gravitacional que empujara el universo hacia fuera.

Tal vez suene chiflado, pero de hecho es una explicación sorprendentemente sensata. De hecho, en mecánica cuántica es de lo más natural tener una energía del vacío. Según la mecánica cuántica, el mundo opera en forma muy distinta para los objetos pequeños (como las partículas) que para los objetos grandes (como la gente y los pepinillos). Los objetos cuánticos pueden hacer cosas que no tienen mucho sentido para los pepinillos, como no tener una ubicación precisa, aparecer al otro lado de barreras impenetrables y comportarse de modo distinto

ENERGÍA DEL ESPACIO VACÍO
(CONFÍA EN NOSOTROS, ESTÁ AHÍ)

dependiendo de si son observados. Según la física cuántica, las partículas también pueden aparecer y desaparecer a partir de la energía de un espacio por lo demás vacío.

Después de todo, fue la mecánica cuántica la que nos ofreció una perspectiva distinta de la realidad, y la relatividad la que nos hizo abandonar la idea de un espacio o tiempo absolutos. Así que ¿por qué no aceptar que lo que parece ser espacio vacío está lleno de energía del vacío que hace que el universo se expanda?

Un problema con esta teoría es que cuando los científicos tratan de calcular cuánta energía debería tener el espacio vacío según la mecánica cuántica, obtienen una cifra demasiado grande. Y no sólo un poquito demasiado grande, sino entre 10^{60} y 10^{100} veces demasiado grande, que es un gúgolplex demasiado grande (googléalo). En contraste, la cantidad de partículas que se calcula que existen en todo el universo es únicamente 10^{85}. Así que es justo decir que esta idea está un poquito excedida.

Si lo construyes, se expandirá...

EL CAMPO DE ENERGÍA DE LOS SUEÑOS[21]

Otras ideas incluyen nuevas fuerzas o campos especiales que permean el espacio del mismo modo que el campo electromagnético. Algunos campos podrían cambiar con el tiempo, lo que explicaría por qué la expansión del universo empezó a acelerarse hace apenas cinco mil millones de años. Hay muchas versiones de estas teorías, pero lo que todas tienen en común es que son difíciles de probar. Después de todo, algunos de estos campos podrían no interactuar con nuestras partículas, lo cual complicaría diseñar un experimento para detectarlos. Algunos podrían tener nuevas partículas (del mismo modo que el campo de Higgs tiene el bosón de Higgs), pero esas partículas podrían ser muy, muy masivas, muy fuera del rango de lo que podemos medir hoy en día. ¿Qué tan masivas? Más pesadas que cualquier cosa que hayamos visto hasta ahora, pero no tan pesadas como tu coche.

---

[21] Es una referencia a la película *Campo de sueños. (N. de la T.)*

Todas estas ideas están en la infancia. Sólo son las protoideas iniciales, que conducirán a los científicos hacia mejores ideas hasta que terminemos por entender qué se trae casi toda la energía del universo. Comparada con la energía oscura, la materia oscura parece muy sencilla y fácil de entender: al menos sabemos que es materia. La energía oscura podría ser literalmente cualquier cosa. Si dentro de quinientos años una científica del futuro estudia nuestra época, seguro se reirá de nuestras ideas sobre la energía oscura, del mismo modo que hoy nos parece muy curioso que los hombres y las mujeres del pasado creyeran que las estrellas, el Sol y el clima eran dioses con túnicas. Sabemos que hay fuerzas muy poderosas que rebasan nuestra comprensión y que tenemos mucho que aprender sobre el universo.

Qué va a pasar en el futuro

Si el universo se expande cada vez más rápido a causa de la energía oscura quiere decir que todo se está apartando de nosotros un poquito más rápido cada día. Conforme la expansión tome velocidad, las cosas lejanas eventualmente se alejarán unas de otras *más rápido que la velocidad de la luz.* Así pues, la luz de las estrellas ya no podrá alcanzarnos. De hecho hoy ya hay menos estrellas visibles para nosotros en el cielo nocturno que ayer. Si sigues esta expansión hasta su conclusión natural, en miles de millones de años el cielo nocturno sólo tendrá algunas estrellas visibles. Y, aún más adelante en el tiempo, podría estar casi totalmente oscuro.

Imagínate que eres un científico en esa Tierra del futuro. ¿Cómo descubrirías que existen estrellas y galaxias que no puedes ver?[22] Si la expansión continúa, podría terminar por desgarrar nuestro Sistema Solar, nuestro planeta y hasta los teléfonos celulares de las manos de tus tátara-tataranietos[n]. Por el otro lado, puesto que sabemos tan poco sobre lo que impulsa la expansión, también podría suceder que su ritmo disminuya en el futuro.

Pero esto te pone a pensar: si alguna vez hubo más estrellas visibles para nosotros que en la actualidad, ¿qué otros hechos, alguna vez obvios, nos estamos perdiendo por llegar catorce mil millones de años tarde a la fiesta?

EL CIELO NOCTURNO DEL FUTURO :/

---

[22] Si quieres ver las estrellas más te vale no postergar esa salida a acampar otros mil millones de años.

4

¿Cuál es el componente más básico de la materia?

En donde descubrirás qué poco entendemos sobre las cositas más pequeñas

Enterarse de que todo el conocimiento y la ciencia humanos sólo son relevantes para el cinco por ciento del universo que llamamos "materia normal" puede suscitar varias reacciones posibles. Puede:

a. Hacerte sentir pequeño, humilde y ligeramente aterrorizado.
b. Hacer que lo niegues todo.
c. Excitar tu interés por todas las cosas que podemos aprender sobre el universo.
d. Animarte a seguir leyendo este libro.[23]

Si tu reacción es sentirte humilde y aterrorizado, te tenemos buenas noticias: vamos a pasar la mayor parte de este capítulo hablando sobre materia normal. Por cierto, si la materia oscura tiene una física oscura, una química oscura, una biología oscura y, por extensión, físicos hechos de materia oscura, seguramente argumentarían que *su* materia es la que es "normal". Tal vez sí deberías sentirte un poco humilde.

También te tenemos malas noticias: no sabemos todo lo que hay que saber sobre el cinco por ciento del que sí sabemos algo.

---

[23] Y regalar ejemplares a todos tus amigos.

Quizá le sorprenda a más de uno. Después de todo, sólo hemos existido por unos cuantos cientos de miles de años, y no lo hemos hecho nada mal en términos de ciencia. Es más, podrías sentir la tentación de decir que hemos llegado a dominar nuestro rinconcito del universo. Hoy tenemos tanta tecnología elegante al alcance de la mano que cualquiera pensaría que tenemos bastante bien resuelta la ciencia de la materia cotidiana. Podemos descargar horas de series malas de televisión donde y cuando queramos. Ése tiene que ser un hito de cualquier civilización.

Curiosamente, es al mismo tiempo verdadero y falso (la idea de que tenemos claro cómo funciona la realidad, no que podamos ver *reality shows* en nuestras pantallas 24/7).

Es cierto que sabemos mucho sobre la materia cotidiana. Pero también lo es que hay mucho que *no* sabemos sobre ésta. En particular, no tenemos ni idea de para qué sirven algunas partículas (trocitos de materia). Aquí es donde estamos: en este negocio de la exploración en física hemos descubierto doce partículas de materia. A seis las llamamos "quarks" y a las otras seis "leptones".

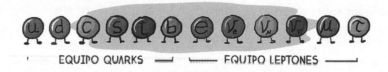

Sin embargo, sólo necesitas tres de esos doce para hacer todo lo que te rodea: el quark arriba, el quark abajo y el electrón (uno de los leptones). Recuerda que con los quarks arriba y abajo puedes hacer protones y neutrones, y si añades el electrón puedes hacer cualquier átomo. Así que ¿para qué son las otras nueve partículas? ¿Por qué están ahí? *Ni idea.*

¿No es rarísimo? Imagínate que hiciste un pastel buenísimo, y después de hornearlo y decorarlo y probarlo (está delicioso, por cierto, eres un excelente repostero) descubres que tenías otros nueve ingredientes que no usaste. ¿Quién puso allí esos ingredientes? ¿Se suponía que los usaras para algo? ¿A quién rayos se le ocurrió esta receta?

La verdad es que nuestra falta de conocimiento sobre la materia común (el cinco por ciento) va más lejos que la panadería de partículas.

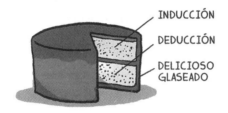

INDUCCIÓN

DEDUCCIÓN

DELICIOSO
GLASEADO

EL PASTEL DE LA CIENCIA

Para recapitular, entendemos cómo pueden combinarse tres partículas (los quarks arriba, los quarks abajo y los electrones) para formar cualquier tipo de átomo. Y sabemos cómo pueden usarse los átomos para hacer moléculas y cómo las moléculas pueden formar objetos complejos como pasteles y elefantes. Pero todo esto es únicamente el *cómo:* sabemos cómo se combinan esas piezas y cómo unirlas. Lo sabemos tan bien que podemos hacer cualquier cosa, desde ropa interior transpirable hasta telescopios espaciales. ¿No somos geniales?[24]

---

[24] Sin embargo, seguimos sin tener autos voladores.

De lo que no sabemos mucho es del *porqué:* ¿por qué las cosas están unidas como lo están? ¿Por qué no están armadas de otra forma?
¿La nuestra es la única versión posible de un universo autoconsistente
o hay 10^{500} versiones distintas, como proponen los teóricos de cuerdas?

Todavía no sabemos, en un nivel fundamental, la razón por la que
encajan todas las piezas del universo. Es como la música: sabemos
cómo tocar música, bailamos a su ritmo, todo mundo canta, pero no
sabemos qué hace que nos llegue. Es lo mismo con el universo: sabemos que funciona, pero no *por qué* funciona.

Habrá quien asegure que esta explicación no existe, o que si existe
nunca jamás podremos conocerla, y mucho menos entenderla. Vamos
a dejar esa discusión para el capítulo 16, pero el tema es que definitivamente hoy no poseemos ese conocimiento.

Ahora, suponiendo que seas una persona curiosa y estés genuina-
mente interesado en saber el porqué de las cosas,[25] tal vez te preguntes
cómo puede responderse esta pregunta y qué tiene que ver con las partículas inútiles que hemos encontrado.

La cosa es que si vamos a entender el "porqué" básico del universo, lo primero que tenemos que hacer es discernir cómo es el universo a
su nivel más profundo y fundamental. Esto implica romper el universo
en pedacitos hasta que no podamos partirlo más. ¿Cuál es el fragmento más pequeño, más básico de la realidad? Si ese fragmento es una partícula, queremos saber qué partículas forman las partículas que forman
las partículas que forman las partículas, etc., *ad infinitum* (o *ad nauseam*,
lo que llegue primero).

Una vez que encuentres estas partículas elementales puedes ana-
lizarlas y, quizá, determinar por qué todas las cosas del universo funcionan como lo hacen. Sería como encontrar las piezas de Lego más

---

[25] Es una suposición razonable, dado que hasta te molestas en leer las notas al pie.

pequeñas en un universo de Lego. Si las encontraras, sabrías cuál es el sistema básico por el cual todo se entrelaza con todo lo demás. Sabrías algo muy profundo y verdadero sobre la realidad, incluyendo (esperamos) cosas sobre la energía oscura y la materia oscura.

Ahora mismo no estamos seguros de si conocemos el universo hasta la escala más pequeña posible. Y en caso de que lo conozcamos, no estamos seguros de qué piezas de Lego hemos encontrado. Pero lo emocionante es que tenemos un mapa. Tenemos un crucigrama incompleto del universo, y éste se parece mucho a algo que hemos visto antes: a una tabla periódica.

La tabla periódica de las partículas elementales

Tras un siglo de hacer chocar cosas entre sí, los físicos han descubierto que las doce partículas fundamentales de la materia pueden acomodarse en una tabla que se ve más o menos así:

LAS PARTÍCULAS "FUNDAMENTALES" DE LA MATERIA

	1ª GENERACIÓN	2ª GENERACIÓN	3ª GENERACIÓN	CARGA
QUARKS:	ARRIBA u	ENCANTO c	CIMA t	+2/3
	ABAJO d	EXTRAÑO s	FONDO b	-1/3
LEPTONES:	ELECTRÓN e	MUÓN M	TAU T	-1
	$\nu_{\text{ELECTRÓN}}$ ν_e	$\nu_{\text{MUÓN}}$ ν_m	ν_{TAU} ν_t	0

UN POCO DE MASA → MÁS MASA → AÚN MÁS MASA

Tomémonos un momento para apreciar lo relevante que es que hayamos llegado hasta aquí. Recuerda cuál era la primera teoría del universo de los físicos cavernícolas Ook y Groog:[26]

TEORÍA DEL UNIVERSO:
Por Ook y Groog

EL UNIVERSO ES:

- Ook y Groog.
- La roca favorita de Ook.
- La llama mascota de Groog.
- Bla bla bla.

Es verdad que era una imagen completa, pero no resultaba muy útil porque no nos decía nada fundamental o revelador; no era más que una afirmación de lo evidente. Más adelante los griegos tuvieron la

[26] Este bla bla bla tiene el récord como la mayor cantidad de materia bla bla blada de la historia.

idea de que todo estaba hecho de cuatro elementos: *agua, tierra, aire* y *fuego*. Estaban totalmente equivocados, pero al menos habían dado un paso en la dirección correcta, porque trataron de *simplificar* la descripción del mundo.

Luego descubrimos los elementos, y que las rocas, la tierra, el agua y las llamas están hechas de un conjunto pequeño de átomos diferentes. Más tarde descubrimos que hasta esos átomos están formados por partículas más pequeñas, y algunas de ellas por partículas aún más pequeñas (los quarks). La lección más importante de todo esto es que los átomos y las llamas no son unidades elementales del universo. Si hay una ecuación fundamental del universo —sea la que sea—, podemos estar seguros de que no tiene una variable llamada N_{llamas}, porque las llamas, como los átomos, no son un elemento fundamental del universo. No definen su naturaleza esencial, no son más que el resultado acumulado (el fenómeno emergente) de la realidad más profunda (lo siento, llamas), del mismo modo que los tornados son un fenómeno emergente del viento y las estrellas, del gas y la gravedad.

NO SON LAS UNIDADES FUNDAMENTALES DEL UNIVERSO:

ÁTOMOS   LLAMAS   TORNADOS   TORNADOS DE LLAMAS

Organizar lo que sabemos (y lo que no sabemos) en forma de tablas nos ayuda a darnos cuenta de si existen patrones y piezas faltantes. Imagínate por un momento que eres un científico del siglo XIX (sí, puedes imaginar que usas gafas chistosas) y que aún no sabes que los átomos en realidad están hechos de electrones, protones y neutrones más pequeños. Si organizaras lo que sí sabes en una tabla periódica de los elementos, notarías algunas cosas interesantes.

Te habrías dado cuenta de que los elementos de un lado de la tabla periódica son muy reactivos, mientras que los del otro lado son casi totalmente inertes, que los grupos de elementos cercanos tienen propiedades parecidas, como ocurre con los metales, y que algunos elementos son más difíciles de encontrar que otros.

LA TABLA PERIÓDICA DE LOS ELEMENTOS
(VERSIÓN TETRIS)

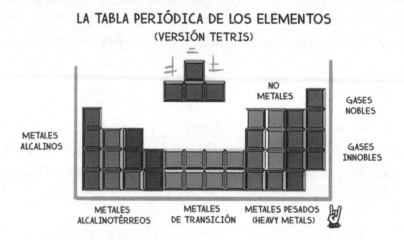

Todos estos curiosos patrones te habrían dado pistas de que la tabla periódica *no* es la descripción fundamental del universo; implican que ocurre algo más profundo. Es como encontrarse con un grupo de hermanos y notar que tienen cierto parecido; aunque todos son diferentes, puedes asumir que vienen de los mismos progenitores por la forma en la que se ven o se comportan. Del mismo modo, los científicos observaron las primeras versiones de la tabla periódica, notaron los patrones y se preguntaron: *¿Nos estamos perdiendo de algo?*

Ahora sabemos que los patrones de la tabla periódica se deben a la disposición de los orbitales atómicos, sabemos que hay un elemento para cada lugar y que algunos elementos son más raros que otros porque decaen radioactivamente. Para obtener todos los elementos sólo es cosa de juntar el número correcto de neutrones, protones y electrones.

El tema es que organizamos el conocimiento de que disponíamos en esa época y lo estudiamos con cuidado. Entonces empezamos a darnos cuenta de que había patrones y piezas faltantes, y esto nos llevó a hacer las preguntas correctas, lo cual a su vez nos condujo a una comprensión más profunda de la forma en la que funciona el universo.

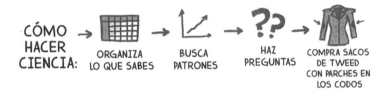

Tardamos casi todo el siglo XX en organizar la tabla de las partículas fundamentales de la materia (la que tiene los quarks y los leptones). Las llamamos partículas fundamentales porque aún no podemos ver si están hechas de partículas aún más pequeñas. De hecho, no tenemos ninguna prueba de que sean los componentes más básicos del universo, pero son los fragmentos de materia más pequeños que hemos visto (hasta ahora).

Si examinas la tabla de partículas en la página 66 te darás cuenta de que también tiene algunos patrones interesantes. Primero notarás que hay dos tipos de partículas de materia: los quarks y los leptones. Sabemos que son diferentes porque los quarks sienten la fuerza nuclear fuerte, pero los leptones no. Luego tal vez notes que las partículas que componen la materia cotidiana están en la primera columna: el quark arriba, el quark abajo y el electrón. En esa primera columna hay una cuarta partícula llamada electrón-neutrino (v_e), y viaja a toda velocidad por el cosmos como un fantasma, porque no interactúa con casi nada.

PATRONES DE PARTÍCULAS

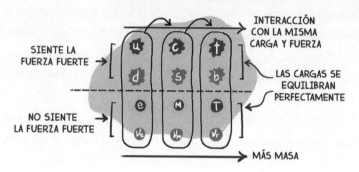

¡Pero espera, aún hay más! Además de estas cuatro, hay otras partículas, y también están en columnas. Cada columna se ve exactamente como la primera (con las mismas propiedades, como carga e interacción de fuerzas), excepto que las partículas en ellas tienen más masa.[27] Llamamos "generación" a cada una de estas columnas, y hemos descubierto tres generaciones.

Es posible que de inmediato se te hayan ocurrido algunas preguntas sobre nuestra tabla de partículas:

- ¿Viene en color caoba?
- ¿Para qué son estas partículas?
- ¿Cuál es el patrón de las masas de las partículas?
- ¿Qué son esas cargas eléctricas de 1/3?
- ¿Existen más partículas?

Todas son preguntas perfectamente naturales. Y aunque tanto misterio asusta a algunas personas, es importante respirar profundamente. Recuerda que nuestra estrategia es organizar lo que sabemos y buscar

---

[27] Ellas prefieren decir que tienen "huesos grandes".

patrones y agujeros que podamos usar para formular las preguntas correctas. Hacer las preguntas correctas nos permitirá, con suerte, entender mejor lo que está ocurriendo.

Hace unas décadas esta tabla de las partículas fundamentales estaba incompleta: aún no se habían descubierto varios de los quarks y los leptones. Pero los científicos vieron los patrones en la tabla y los usaron para ir en busca de las partículas faltantes. Por ejemplo, hace muchos años los científicos sabían que tenía que haber un sexto quark, porque había un lugar vacío en la tabla. Aunque nadie lo había encontrado, los científicos estaban tan seguros de que existía que se incluía, como quien no quiere la cosa, en los libros de texto, con todo y la masa que se predecía para ella. Tras veinte años de búsqueda, finalmente fue hallado el quark cima (algo así... su masa era mucho más alta de lo predicho, razón por la cual tardaron tanto en encontrarlo, así que hubo que reescribir todos los libros de texto).

Así es como los físicos han ido avanzando para completar y estudiar los patrones en esta importante tabla. Durante las últimas décadas hemos podido armar algunas respuestas y, en ciertos casos, más preguntas.

¿Para qué son estas partículas?

Lo que *sí* sabemos es que sólo hay tres generaciones de partículas. La existencia de una cuarta generación fue descartada por el descubrimiento del bosón Higgs (ve el capítulo 5 para todas tus necesidades de bosones Higgs). Pero ¿eso qué quiere decir? ¿Será que tres es un número básico en el universo? Si finalmente se revelara una sola ecuación que describe todo lo que hay en el universo,

NO ERES ESPECIAL.

¿Y TÚ SÍ?

¿tendría un tres por ahí? Los católicos le tienen cariño al número tres, pero los matemáticos y los teóricos no tanto; les gustan números como el cero, el uno, π y tal vez e. Pero, ¿tres? No le ven nada de especial.

¿Qué querrá decir? Ni idea. Literalmente, no tenemos ninguna buena idea. No hay muchas ideas que compitan para explicar el número de generaciones de partículas. Es muy probable que se trate de un fenómeno emergente de alguna regla muy profunda de la naturaleza, igual que los patrones de la tabla periódica de los elementos. Dentro de cientos de años, los científicos seguramente pensarán que teníamos todas las pistas frente a nosotros, que era *condenadamente obvio,* pero hoy mismo es un misterio.[28] Si tú puedes explicarlo encuentra a tu teórica local y toca a su puerta.

¿Cuál es el patrón de masas de las partículas?

En la tabla periódica de los elementos, las masas de los átomos y los patrones que formaban fueron una pista central para descubrir qué estaba pasando. A partir de los patrones de las masas dedujimos que cada elemento tiene un número específico de protones y de neutrones en el núcleo (el número atómico, que se mide como la carga positiva del núcleo).

Desafortunadamente, no parece haber un patrón en las masas de las partículas elementales. A continuación, los valores de masa de cada una de estas partículas.

---

[28] Al parecer los científicos del futuro usan un tono condescendiente.

VALORES DE MASA

	1ª GENERACIÓN	2ª GENERACIÓN	3ª GENERACIÓN
QUARKS:	2.3	1,275	173,070
	4.8	95	4,180
LEPTONES:	0.5	105.7	1,777
	< 0.000002	PEQUEÑA PERO DISTINTA A CERO	PEQUEÑA PERO DISTINTA A CERO

CADA VALOR ESTÁ EN MeV/c² (APROXIMADAMENTE UNA 0.000000000000000000000000009 PARTE DE UNA CHISPA DE CHOCOLATE)

Más que una tendencia general a que las generaciones más altas sean más masivas, no hemos conseguido descubrir ningún patrón en estos valores. Quizá tenga algo que ver con el bosón Higgs (ve el capítulo 5), pero hasta ahora no hay respuestas claras. Y échale un ojo al supermasivo quark cima. Pesa lo mismo que ciento setenta y cinco protones, que es lo mismo que el núcleo de un átomo de oro.[29] El rango de masas abarca trece órdenes de magnitud. ¿Por qué? No tenemos ni idea. Estamos al mismo tiempo despistados *y* rodeados de pistas.

¿Qué hay con esas cargas eléctricas de 1/3?

Los quarks son distintos de los leptones porque ellos sí pueden sentir la fuerza nuclear fuerte, y tienen extrañas cargas eléctricas fraccionales (+2/3 y −1/3). Si combinas los quarks arriba y abajo de la forma correcta, puedes hacer protones (dos quarks arriba y un quark abajo, con

---

[29] Esto lo pusimos para impresionarte.

carga $= 2/3 + 2/3 - 1/3 = +1$) y neutrones (un quark arriba y dos quarks abajo, con carga $= 2/3 - 1/3 - 1/3 = 0$). Esto es *extremadamente* importante (y afortunado), porque resulta que la carga del electrón es -1. Si los quarks tuvieran más (o menos) carga, la carga de los protones no compensaría exactamente la carga negativa del electrón, y no podrías formar átomos neutrales estables. Sin esas perfectas cargas $-1/3$ y $+2/3$, no estaríamos aquí. No habría química, ni biología, ni vida.

De hecho esto es fascinante (o espeluznante, según cuál sea tu nivel de paranoia) porque, según nuestra teoría actual, las partículas pueden tener absolutamente cualquier carga; la teoría funciona igual de bien con cualquier valor, y el hecho de que el equilibrio sea perfecto es, hasta donde sabemos, una coincidencia inmensa y afortunada.

En ciencia a veces ocurren coincidencias. La Luna y el Sol son de tamaños enormemente distintos, pero por una coincidencia cósmica (ésta es una de las pocas veces en que puedes escribir "coincidencia cósmica" en un texto sobre ciencia) en nuestro cielo aparecen del mismo tamaño, lo que permite que ocurran eclipses de lo más dramáticos. Para los antiguos astrónomos, esto debe haber sido muy confuso y sugerente. Seguramente condujo a muchos por el mal camino de tratar de entender si el Sol y la Luna estaban relacionados de algún modo. Pero la coincidencia no es perfecta; los tamaños aparentes del Sol y de la Luna tienen una diferencia de cerca de uno por ciento.

Sin embargo, en el caso de las partículas fundamentales, el protón y el electrón tienen *exactamente* la misma carga (sólo que opuesta) y no tenemos ni idea de por qué. Según nuestra mejor teoría, podrían haber sido cualquier número. Es una coincidencia exactamente de diferencia cero. ¿Qué quiere decir esto sobre la relación entre el electrón y los quarks? Todavía no lo sabemos, pero clama por una explicación más sencilla. Si pierdes dos mil dólares el mismo día que tu vecino se encuentra dos mil dólares, ¿pensarías que es una coincidencia? Probablemente sólo después de agotar muchas explicaciones más sencillas.[30]

Tal vez esta coincidencia exacta en las cargas eléctricas de hecho sea otra señal de que estas partículas están hechas a su vez de otros componentes. O estos dos tipos de partículas en realidad son dos caras de la misma moneda, o están hechas de un juego común de piezas de Lego superextra diminutas.[31]

¿Existen otras partículas?

Además de las doce partículas de materia (no contamos las partículas de antimateria como partículas diferentes) —los seis quarks y los seis leptones—, hay otras que transmiten fuerzas. Por ejemplo, las interacciones electromagnéticas se transmiten por medio de fotones. Cuando dos electrones se rechazan mutuamente, de hecho están intercambiando un fotón. Aunque no es muy preciso en términos matemáticos, puedes imaginar que un electrón empuja al otro arrojándole un fotón.

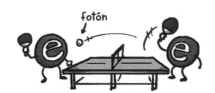

UNA DESCRIPCIÓN NO-TAN-INEXACTA
DE LA INTERACCIÓN DE PARTÍCULAS DE FUERZA

---

[30] Como que tienes que mudarte a otro vecindario, por ejemplo.
[31] Y aun así te duele cuando las pisas.

Conocemos cinco partículas portadoras de fuerzas.

PARTÍCULAS PORTADORAS DE FUERZAS

	PARTÍCULA DE FUERZA	FUERZA QUE TRANSMITE
	FOTÓN	FUERZA ELECTROMAGNÉTICA
	BOSONES W, Z	FUERZA DÉBIL
	GLUÓN	FUERZA FUERTE
	BOSÓN HIGGS	CAMPO HIGGS
	~~MIDICLORIANOS~~	~~LA FUERZA~~

Combinadas con nuestras doce partículas de materia anteriores, ésta es la lista total de las partículas que hemos descubierto, pero no sabemos si es la lista *completa* de las partículas. No hay un límite teórico a la cantidad de partículas que pueden existir. Podría haber sólo diecisiete, o cien, o mil, o diez millones. Sabemos que no hay más generaciones de quarks y de leptones, pero muy bien podrían existir otros tipos de partículas. ¿Cuántas hay? Ni idea.

¿Cuál es el elemento más básico de la materia?

¿Entonces para qué son todas estas partículas? ¿Por qué algunas son inútiles, si las únicas que necesitamos para la materia cotidiana son las primeras tres (el quark arriba, el quark abajo y el electrón)? Bueno, aquí hay algunas posibles respuestas:

- Quién sabe, pero así es.
- Alguien lo sabe, y no soy yo.
- "Inútil" es un término relativo.

Quizás el universo es así y punto: estas partículas son los objetos más fundamentales del universo, y resulta que el universo tiene una lista más o menos larga de entre diez y veinte partes básicas sin ninguna razón particular. Podría haber por allí otros universos que tienen una lista diferente de partes básicas, pero probablemente jamás logremos verlos.

O tal vez estas partículas no son los objetos más fundamentales del universo y están hechas de un conjunto más simple de partículas más básicas que aún no descubrimos. Esto querría decir que las partículas que conocemos no son más que el resultado de combinar esas otras partículas más fundamentales. Explicaría por qué hay algunas señales de patrones y coincidencias en nuestra tabla actual de partículas. Esta respuesta probablemente sea la correcta, pero (aún) no tenemos pruebas.

O quizá las partículas pesadas sólo son "inútiles" porque no pueden usarse para hacer protones, neutrones y electrones, que son las formas estables de las partículas más ligeras, pero el universo está compuesto sobre todo de estas partículas más ligeras básicamente porque es muy grande y muy frío. Si fuera más pequeño y más denso y caliente, tendríamos más partículas pesadas y no nos parecerían tan inútiles (aunque claro que entonces todo sería muy diferente).

PREFERIMOS EL TÉRMINO "TEMPORALMENTE DESEMPLEADAS"

QUARKS ARRIBA Y ABAJO   ELECTRÓN   LAS PARTÍCULAS "INÚTILES"

La lección principal de todo esto es que aún estamos tratando de descubrir cómo funciona el cinco por ciento del universo con el que estamos familiarizados. Hemos avanzado mucho, pero aún no entendemos de manera fundamental y completa por qué las cosas son como son. Tenemos una lista de las cosas que creemos que conforman el universo, pero no estamos cien por ciento seguros de que esté completa.

Lo que es genial es que tenemos bases muy sólidas para explorar esta pregunta. La tabla de las partículas fundamentales (los físicos la llaman el Modelo Estándar) puede tener muchos patrones inexplicables y partículas "inútiles", pero se basa en observaciones reales y podemos usarla como un mapa para descubrir los verdaderos mecanismos internos del universo. Sería extremadamente emocionante descubrir nuevas partículas (aunque no se usen en la materia cotidiana), porque significaría que podemos expandir nuestro mapa del universo.

Imagínate, por ejemplo, que la materia oscura esté formada por partículas, unas que aún no descubrimos. Esto ampliaría nuestra comprensión del universo en un colosal veintisiete por ciento. De hecho, descubrir que la materia oscura está hecha de un solo tipo de partícula (una que interactúa muy débilmente con nuestro tipo de materia) posiblemente sería el panorama más aburrido. ¿No sería mucho más divertido que la materia oscura estuviera formada de montones de partículas bien locas, o hasta de una materia totalmente diferente que no esté hecha de partículas?

El tema es que para responder las preguntas básicas del universo debemos taladrar tan profundamente como podamos en la composición de la materia cotidiana, y en el camino tal vez desenterremos partículas o fenómenos que no tienen papeles claros en la materia normal. Pero también sabemos que estas cosas inexplicables son parte del universo, así que deben contener pistas sobre las razones de que las cosas sean como son. Contestar estas preguntas cambiará de manera fundamental la forma en la que nos vemos a nosotros mismos. En otras palabras, podemos tener el pan y la torta (cósmicos).

5

Los misterios de la masa

En donde abordamos con ligereza algunos temas pesados

Posiblemente hayas oído que alguien —científicos con batas de laboratorio o, si son físicos, con shorts y playeras— dice que estás hecho básicamente de espacio vacío. No te lo tomes a mal. Lo que quieren decir es que los átomos de los que todos estamos compuestos tienen casi toda la materia concentrada en un núcleo diminuto rodeado por un montón de espacio vacío. Puesto así, casi suena como si pudiéramos atravesar las paredes.

Y es cierto, en parte. Pero la historia completa es mucho más extraña, y tiene que ver con los muchos misterios de la "masa". Verás, no todos los grandes misterios del universo están allá con las estrellas y las galaxias, o en partículas extrañas. Algunos están a tu alrededor, e incluso dentro de ti.

Tenemos muchas descripciones de la masa, pero entendemos muy poco sobre qué es y por qué la tenemos. Todos *sentimos* la masa. Desde bebé desarrollas la noción de que es más difícil empujar unas cosas que otras. Pero por más familiar que sea esta sensación, la mayor parte de los físicos tendría dificultades para explicarte los detalles técnicos que subyacen a este fenómeno. Como verás en este capítulo, la mayor parte de tu masa no está formada por la suma de las masas de todas las partículas en tu interior. Ni siquiera sabemos por qué algunas cosas tienen masa y otras no, o por qué la inercia contrarresta perfectamente la fuerza de gravedad. La masa es misteriosa, y no puedes echarle la culpa de todo a ese postre que te comiste anoche.

Así que sigue leyendo para enterarte de muchas preguntas sin respuesta sobre la masa. No hacerlo sería un error masivo.

La cosa de las cosas

Cuando piensas sobre cosas que tienen masa, probablemente consideras cuánta *cosa* hay en ellas. Esta estrategia funciona bastante bien, porque puedes pensar en la masa de un objeto típico, como una llama común y corriente, como la suma de las masas de las partículas que contiene. Es decir, si cortaras una llama a la mitad,[32] la masa de la llama sería la suma de las masas de las dos mitades. Si cortaras una llama en cuatro partes, su masa sería la suma de las masas de las cuatro partes. Y así. Si cortas la llama en n partes, puedes medir su masa sumando las masas de las n partes, ¿correcto?

---

[32] Es un experimento mental. No lo intentes en casa.

MASA
DE LA LLAMA $=$ ¿MASA
DE TODAS
LAS PARTES
DE LA LLAMA?

¡Incorrecto! Bueno, básicamente correcto. Para $n = 2, 4, 8\ldots$ hasta $n = 10^{23}$, más o menos, funciona. Pero luego deja de hacerlo. La razón te va a sonar muy extraña: la masa total de la llama no es únicamente la masa de las cosas que contiene. *También incluye la energía que mantiene esas cosas unidas.* Ya sé, es una idea muy loca. Dale un minuto para que se asiente…

Si nunca has oído antes sobre esta idea probablemente tengas la esperanza de que se trate de un ardid semántico, que estemos usando la palabra "masa" de alguna forma técnica para referirnos a algo diferente a lo que sueles entender por masa. La respuesta breve es: no, hablamos exactamente de lo que crees que hablamos, pero la masa no es exactamente lo que creías que era.

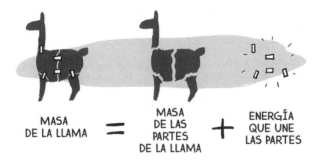

MASA
DE LA LLAMA $=$ MASA
DE LAS
PARTES
DE LA LLAMA $+$ ENERGÍA
QUE UNE
LAS PARTES

La respuesta larga requiere que dejemos muy claro a qué nos referimos cuando hablamos de masa. La masa es la propiedad de los objetos que los hace resistir cambios en la velocidad. En términos sencillos, si empujas algo, esto acelerará (cambiará su velocidad). Pero si empujas distintas cosas con la misma cantidad de fuerza notarás que algunas aceleran mucho y otras casi nada. Inténtalo en casa disparándole dardos de goma a las cosas que encuentres por ahí, como pañuelos o elefantes dormidos. Cada dardo de goma aplica una cantidad casi idéntica de fuerza, pero el efecto sobre el pañuelo es mucho mayor que sobre el elefante dormido.[33] Esto es lo que llamamos masa.

Tu experiencia con la masa en el mundo cotidiano es la misma. No hay trucos. Un elefante tiene más masa que un pañuelo, pero no es *por eso* que sea más difícil de mover; eso es lo que *significa* que tenga más masa: se acelera menos al aplicarle la misma fuerza. A veces se llama "masa inercial", porque la cualidad de resistir la aceleración también se conoce como inercia. Es bastante fácil medir la masa inercial: hay que aplicar una cantidad conocida de fuerza y medir la aceleración. (Nótese que hay una segunda definición de masa, la "masa gravitacional", que discutiremos más adelante.)

Ahora que hemos definido cuidadosamente a qué nos referimos con masa, podemos usar esa definición para medir la masa de la llama en cualquier momento mediante un juego de pistolas de dardos de goma autorizadas por el gobierno y calibradas por ingenieros de la NASA (Administración Nacional de la Aeronáutica y del Espacio, por sus siglas en inglés). Con ellas en mano podemos volver a nuestra llama imaginaria, atomizada para el progreso de la ciencia.

---

[33] Esto depende de a qué parte del elefante le des. Pero pensándolo bien, tampoco intentes este experimento en casa.

Cuando rompes los enlaces que mantienen unidos los átomos de la llama liberas la energía que hay en esos enlaces, y la masa total de la llama rebanada desciende. Para $n = 2$ fragmentos de llama, es difícil darse cuenta. Pero si atomizas por completo a la llama, comienza a sumarse. De hecho, la energía que está almacenada en los enlaces entre los trocitos de llama le dan más masa a ésta. No se trata de una conjetura teórica, sino de una observación experimental.[34]

En el caso de una llama, no es un efecto tan notorio. Por ejemplo, si rompes todos los enlaces químicos que mantienen unidos los átomos de la llama, no habría una gran diferencia entre la masa de la llama y la suma de las masas de todos los átomos de la llama. E incluso si rompieras todos los átomos individuales en los protones, neutrones y electrones que la forman, no habría una gran diferencia de masa (sería del orden de 0.005 por ciento).

Pero con partículas más pequeñas, la historia es distinta. Si separáramos todos los protones y neutrones de la llama en los quarks que los

---

[34] Nadie ha atomizado una llama con éxito, pero se han realizado experimentos similares. (Aclaramos que no apoyamos la atomización de las llamas. A menos que decidas bautizar a tu banda de punk-rock peruano La Atomización de las Llamas. En ese caso, te amamos.)

conforman (recuerda que cada protón y cada neutrón están formados por tres quarks), veríamos una *inmensa* diferencia de masa. De hecho, *la mayor parte* de la masa de un protón o de un neutrón proviene de la energía que mantiene unidos sus tres quarks.

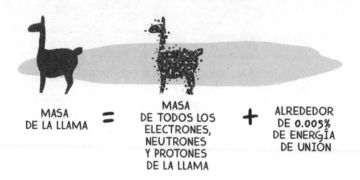

MASA
DE LA LLAMA
=
MASA
DE TODOS LOS
ELECTRONES,
NEUTRONES
Y PROTONES
DE LA LLAMA
+
ALREDEDOR
DE 0.005%
DE ENERGÍA
DE UNIÓN

En otras palabras, si sumaras las masas individuales de los tres quarks (medidas al golpear cada uno con un dardo de goma) y las compararas con la masa de esos mismos tres quarks unidos en forma de un protón o un neutrón (medida al golpear el protón o el neutrón con el dardo de goma) verías una gran diferencia de masa. Las masas de los quarks individuales apenas representan, más o menos, el uno por ciento de la masa del protón o el neutrón. El resto está en la energía que los mantiene unidos.

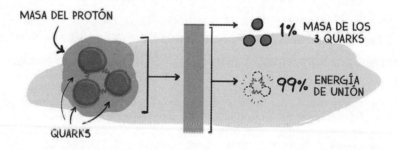

MASA DEL PROTÓN

1% MASA DE LOS 3 QUARKS

99% ENERGÍA DE UNIÓN

QUARKS

Estos ejemplos muestran lo que ocurre cuando la energía está almacenada en los enlaces entre partículas: hace que el objeto combinado sea más masivo que la suma de sus partes.

Para comprobar lo extraño que es esto en términos intuitivos, imagínate que tomas tres frijoles y mides cada una de sus masas. ¿Cuál es la masa de los tres frijoles? Es la suma de sus tres masas. Hasta ahora está fácil. Ahora imagínate que pones los tres frijoles en una bolsita que los mantiene muy apretados, con mucha energía. Notarías que de pronto la bolsa se siente mucho más masiva que las masas de los frijoles que contiene. Pesaría más, y también sería mucho más difícil de transportar de un punto a otro. Lo que ocurre es que la mayor parte de la masa de la bolsa no viene de sumar las masas de los frijoles que contiene, sino de la energía que se necesita para mantenerlos unidos.

¡SI LOS SEPARAS LIBERARÁN
UNA ENORME CANTIDAD DE ENERGÍA!

JUANITO Y LOS FRIJOLES MÁGICOS:
UNA METÁFORA MUY ELABORADA DE LA FÍSICA DE LA MASA

Lo que está muy loco es que la mayor parte de tu cuerpo esté formado por estas bolsas de frijoles (protones y neutrones), de modo que la mayor parte de tu masa no viene de las "cosas" de las que estás hecho (quarks, electrones), sino de la energía que se requiere para mantener tus "cosas" unidas. En nuestro universo la masa de algo incluye la energía que se necesita para mantener ese algo unido.

Y la parte alucinante es que no sabemos por qué.

Lo que queremos decir es que la verdad no sabemos por qué la energía que mantiene unidos los frijoles afecta qué tan rápido o despacio se acelera en respuesta a una fuerza. Si empujas tu bolsita de frijoles, no hay una razón para que puedas sentir la energía que hay dentro. No debería importar si los frijoles están pegados con saliva o con superpegamento. Y sin embargo, importa. Es uno de los grandes misterios de la masa. Aunque podemos medirla, en realidad no sabemos qué es la inercia o por qué tiene que ver tanto con la masa de las partículas como con la energía que las mantiene unidas. Se podría decir que todo lo que sabemos sobre el tema entra en un frijol.

NUESTROS CONOCIMIENTOS SOBRE MASA INERCIAL

Partículas de masa particularmente confusas

Si a estas alturas no te ha alucinado descubrir que la física no puede explicar plenamente algo tan básico como la inercia, prepárate para otra revelación colosal: ni siquiera la masa que les asignamos a partículas básicas como el quark o el electrón es una "cosa" verdadera. En realidad, no hay eso de las "cosas". En la forma en la que entendemos la física, no existen cosas.

Las partículas —en nuestra teoría actual— de hecho son puntos indivisibles del espacio. Eso significa que en teoría ocupan *cero* volumen y están precisamente ubicadas en un punto infinitesimal del espacio tridimensional. Lo cierto es que ni siquiera tienen tamaño.[35] Y puesto que estás hecho de partículas, quiere decir que no es que seas casi puro espacio vacío: ¡no eres *otra cosa* que espacio vacío!

Piensa por un momento cuánto sentido *no tiene* esto para el concepto de masa. Recuerda que algunas partículas tienen diminutas masas que valen casi cero, y otras tienen masas gordas y enormes. Por ejemplo, aquí hay una pregunta que no tiene mucho sentido: ¿cuál es la densidad de un electrón? Un electrón tiene masa distinta a cero y existe en un volumen cero, así que la densidad (la masa dividida entre el volumen) es... ¿indefinida? No tiene sentido.

O toma dos partículas que son idénticas en todo excepto en la masa, como el quark cima y el quark arriba. El quark cima es como el primo supergordo del quark arriba; tiene la misma carga eléctrica, el mismo espín y las mismas interacciones. Se supone que las dos son partículas elementales, pero el quark cima es *setenta y cinco mil veces* más masivo. Y sin embargo, ocupan la misma cantidad de espacio (ninguno) y se comportan casi de la misma forma. Así que ¿cómo es que uno tiene más masa que el otro sin tener más "cosa"?

La razón de que esto no parezca tener sentido es que las partículas son diferentes a cualquier cosa que hayas experimentado en tu vida

[35] Hay algunas definiciones del tamaño de las partículas que incorporan las partículas virtuales que las rodean, pero nosotros adoptamos un enfoque más estricto.

cotidiana. Es totalmente natural que cuando tratamos de entender algo nuevo usemos modelos basados en las cosas que conocemos.[36] ¿Qué otra cosa podríamos hacer? Es como explicarle qué es un tigre a un niño de tres años de edad. Puedes decirle que es *como un gatito grande*, pero eso sólo funciona hasta que el niño de tres años va al zoológico un día y mete la mano en la jaula para acariciar al tigre y tu pareja te grita por ser un mal padre que usa analogías teóricamente incompletas. Estos modelos mentales son útiles, pero siempre tienes que tomar en cuenta sus limitaciones.

Nos gusta pensar en las partículas como bolitas de materia. Funciona para muchos experimentos mentales, aunque las partículas no son bolitas y ni siquiera se parecen un poquito. Según la mecánica cuántica, son pequeñas fluctuaciones superextrañas en los campos que permean todo el universo, así que obedecen reglas que no tienen mucho sentido en el modelo de las bolitas. Por ejemplo, un instante pueden estar de un lado de una barrera impenetrable y al siguiente aparecer del otro, sin pasar por la barrera.[37] Las partículas cuánticas pueden hacer cosas que no parecen tener sentido si piensas en términos de las cosas que sabes, porque son distintas a cualquier cosa que hayas experimentado.

Los modelos que tenemos en la cabeza pueden ser útiles para guiar nuestras intuiciones, o para ayudarnos a imaginar, pero es importante recordar que sólo son modelos, y que pueden dejar de servir. Es lo que pasa en tu cerebro cuando piensas en las masas de partículas puntuales.

---

[36] Describir lo desconocido en términos de lo conocido es la tarea central de la física. Eso y hacerte sonar inteligente en las fiestas.

[37] Efecto túnel. Es un fenómeno tan bien establecido que se usa cotidianamente en algunos supermicroscopios. En verdad ocurre.

¿¿POR QUÉ?? ¿POR QUÉ NO
SOY LO SUFICIENTEMENTE BUENO?

EL MODELO DE PARTÍCULAS SE DESCOMPONE

Considera el extremo contrario: ¿cómo puede ser que una partícula tenga masa cero? Por ejemplo, el fotón tiene exactamente cero masa. Si no tiene masa, ¿es una partícula? ¿O *qué* es? Si exiges que la masa sea igual a una cosa, tienes que concluir que una partícula sin masa sencillamente no es una cosa.

En vez de pensar en la masa de una partícula como en una cantidad de materia embutida en una bolita superdiminuta, piensa en ella como la *etiqueta* que le aplicamos a un objeto cuántico infinitesimal.

Tal vez no te diste cuenta, pero ya piensas así en lo que se refiere a la carga eléctrica de una partícula. Todos sabemos que los electrones tienen carga eléctrica negativa, pero cuando piensas sobre ella, ¿te preguntas *en qué* parte del interior del electrón está la carga? ¿Qué es lo que le da la carga, y hay espacio en el electrón para esa cantidad precisa? Esas preguntas suenan tontas porque pensamos en la carga como algo que la partícula sencillamente tie-ne. Es una etiqueta, y puede tener muchos valores: 0, −1, 2/3, etcétera. Trata de pensar en la masa del mismo modo, y tendrá un poco más de sentido.

¡GUAU!
TIENES QUE
PERDER PESO

1 kg

20 kg

Pero si la carga eléctrica quiere decir que una partícula puede sentir fuerzas eléctricas (por ejemplo, que la rechacen otros electrones), ¿qué quiere decir la masa para una partícula? La masa es aquello que le da inercia (resistencia al movimiento) a una partícula. Pero lo que no entendemos todavía es: ¿por qué las cosas tienen inercia, en primer lugar? ¿De dónde viene? ¿Qué significa? ¿Quién nos ayudará en nuestro momento de necesidad? La respuesta es: el bosón Higgs.

El bosón Higgs

En 2012 los físicos de partículas anunciaron el descubrimiento del bosón Higgs, muy celebrado en todo el mundo. Casi nadie entendía qué era el bosón Higgs, pero mucha gente estaba entusiasmada. El *New York Times* escribió: "representa lo mejor que el proceso científico puede ofrecerle a la civilización moderna". Claro, al parecer el bosón Higgs es mejor que las computadoras, los excusados y los *reality shows*.[38]

Entonces, ¿qué es el bosón Higgs? Aquí hay un test para probar tus conocimientos. Resuélvelo ahora, y otra vez al terminar de leer este capítulo. Esperamos que por lo menos tu puntaje no descienda.

---

[38] Reconocemos que el bosón Higgs puede ser más importante que al menos *uno* de ellos.

LA PRUEBA HIGGS

1. Antes de que la reciclaran como nombre de partícula, el "bosón Higgs" era famoso como:

a) Un amado payaso de televisión
b) El nombre clave del espía más peligroso de la CIA [Agencia Central de Inteligencia, por sus siglas en inglés]
c) El amigo de la infancia de Luke Skywalker en *La guerra de las galaxias*
d) El personaje de Calabozos y Dragones de tu amigo

2. Verdadero o falso: si se consume en forma directa el bosón Higgs es más adictivo que los Doritos Extreme.
3. Verdadero o falso: el bosón Higgs es una partícula que predijeron dos teóricos llamados Higgs y Boson.

Verifica tus respuestas en las notas al pie para comprobar cuánto sabes.[39]

Ya en serio, encontrar el bosón Higgs *fue* un gran triunfo científico y una demostración de que buscar patrones es una buena guía para entender el universo.

La idea de que podía existir el bosón Higgs vino de estudiar los patrones de las partículas que transmiten fuerzas —el fotón, el bosón W y el bosón Z— y de hacer preguntas sobre su masa. Los físicos se preguntaron: ¿por qué una carece de masa (el fotón) y las otras dos (el

---

[39] Si en verdad respondiste alguna de estas preguntas probablemente es una buena noticia que estés leyendo este capítulo.

bosón W y el Z) son muy masivos? En este caso en particular, no tenía sentido que esta extraña etiqueta que llamamos masa fuera cero para una de las partículas y diferente a cero para las otras.

Peter Higgs y varios físicos de partículas más observaron este problema durante un tiempo, hasta que se les ocurrió una solución: inventar cosas. Literalmente. Propusieron que si añades una partícula más (el bosón Higgs) y su campo (el campo Higgs) a la ecuación, empieza a cobrar sentido que la masa sea una etiqueta que le ponemos a una partícula y que unas partículas tengan más masa que otras.

La teoría dice más o menos esto: imagínate un campo que se extiende por todo el universo. Este campo hace algo que ningún otro hace: más que atraer o rechazar cualquier cosa, dificulta que las partículas avancen o se detengan. El efecto de este campo es *idéntico al efecto de tener masa inercial.*

Mientras más interactúa el campo con una partícula, más parece que ésta tiene inercia… o masa. La teoría va un paso más allá y sugiere que la inercia que genera una partícula al interactuar con este campo *es* la masa de la partícula. Eso es tener masa. Algunas partículas sienten este campo muy intensamente, lo cual significa que se requiere mucha fuerza para acelerarlas o frenarlas; estas partículas tienen mucha masa. Otras partículas casi no sienten este campo, así que se necesita muy poca fuerza para acelerarlas o frenarlas; estas partículas casi no tienen masa. Según la teoría Higgs, eso es la masa.

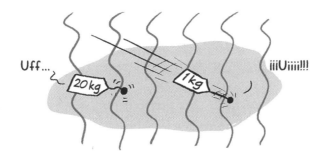

Tómate un momento para considerar esta idea. Es, al mismo tiempo, un paradigma totalmente revolucionario y una *declaración absolutamente trivial.*

Es un paradigma revolucionario porque te da una idea distinta de qué es la masa. Eso es bastante impresionante.

Pero también es trivial, porque una vez que aceptas que la masa es una misteriosa etiqueta cuántica que se le pone a una partícula, en vez de la cantidad de materia que contiene, saber que el tamaño de la etiqueta que llamamos masa proviene de un misterioso campo que abarca todo el universo no te ayuda a entender qué es la masa.

De hecho, no se ocupa para nada de la pregunta más importante: ¿por qué las partículas de materia tienen distintas masas? La teoría Higgs dice que la razón es que sienten en forma distinta el campo Higgs. Así que todo lo que hace la teoría es convertir una pregunta en otra: ¿por qué todas las partículas de materia sienten en forma distinta el campo Higgs?

ES CULPA DEL CAMPO HIGGS.

Según la teoría, las masas de las partículas de materia ocurren sin ton ni son. Es como si las hubieran seleccionado al azar, y perfectamente podrían tener valores completamente distintos. Nuestra teoría no se descompondría para nada si cambiaras las masas. Las mismas leyes de la física que tenemos hoy funcionarían igual de bien. Por supuesto, hacer más o menos masivas algunas de las partículas tendría enormes efectos en otras cosas, como los protones, los neutrones y los electrones que necesitamos para preparar nuestros exorbitantes cafés de temporada (y para la química y la biología en general). Pero según la teoría actual, las masas de las partículas de materia son parámetros arbitrarios que pueden fijarse en cualquier valor que queramos.

La teoría Higgs *sí* explica por qué las partículas de fuerzas (el fotón, el bosón W y el bosón Z) tienen las masas que tienen, pero en general no explica por qué las partículas de materia tienen distintas masas (por qué algunas interactúan mucho con el campo Higgs y otras no). Tal vez existe un patrón para las masas, pero hasta ahora nos ha rehuido. Nuestro nivel de sofisticación es parecido al de Ook y Groog cuando trataban de explicar cosas haciendo listas. Como la de ellos, nuestra teoría más avanzada sólo enumera las masas de las partículas de materia como números arbitrarios.

MAMÁ SIEMPRE DIJO: POR SUS MASAS LOS CONOCERÉIS.

Tal vez alguna científica del futuro lea nuestra lista, ponga los ojos en blanco frente a nuestra ignorancia y escriba una teoría más sencilla en las que los valores de estas masas no sean parámetros arbitrarios, sino el resultado de una descripción más profunda y hermosa de la naturaleza. Aún no tenemos ni idea.

Masa gravitacional

Esto nos lleva a la última pieza de este rompecabezas.

 Unas páginas antes, cuando estábamos pensando sobre cómo medir la masa de algo, quizá se te ocurrió algo distinto a nuestra idea de la pistola de dardos de goma de precisión: ¿por qué no usar una báscula y ya? Una báscula mide el peso de un objeto, es decir, la atracción gravitacional que ejerce la Tierra sobre él. Esto está muy estrechamente relacionado con la masa, porque mientras más masa tiene algo, con más fuerza lo atrae la Tierra. La fuerza que ejerce la Tierra sobre un elefante es mucho mayor que la que ejerce sobre un pañuelo.

En el caso de una partícula, también puedes pensar en la masa gravitacional como una *carga* gravitacional. Cuando dos partículas tienen cargas eléctricas, cada una ejerce una fuerza eléctrica sobre la otra, y la fuerza eléctrica es proporcional a las cargas. Del mismo modo, cuando dos partículas tienen masa, sienten una atracción gravitacional proporcional a sus masas.

LA GRAVEDAD SÓLO ATRAE

Por extraño que parezca, no puedes tener masa negativa, así que no existe tal cosa como la repulsión gravitacional, sólo la atracción.[40] En ese sentido, la gravedad es diferente de otras fuerzas, cosa que exploraremos con mayor detalle en el siguiente capítulo.

[40] *Casi* nunca. La energía oscura y la inflación pueden deberse a la repulsión gravitacional.

¿Los dos tipos de masa son lo mismo?

¿La masa gravitacional es lo mismo que la masa inercial de la que hablábamos hace unas páginas? Sí... y no.

No, porque la que llamamos "masa gravitacional" parece determinar la fuerza de gravedad de un objeto, y la medimos usando una técnica distinta (una báscula) que la que empleamos con la masa inercial.[41]

MANIFESTACIONES MASIVAS

Y sí, porque podemos medir la masa de ambas formas, y hasta ahora jamás hemos observado *una pizca de diferencia* entre la masa gravitacional y la masa inercial de un objeto.

Piensa sobre lo extraño que es eso. No existe ninguna razón intuitiva para que ambas masas sean iguales. Una de ellas (la inercial) es cuán resistente es algo a ser movido, y la otra (la gravitacional) es cuánto *quiere* ser movido por la gravedad.

Puedes hacer un sencillo experimento para confirmarlo. Deja caer dos objetos con diferentes masas (como un gato y una llama) en un vacío (para que no haya resistencia del aire) y verás que caen a la misma velocidad. ¿Por qué ocurre esto? Si la masa gravitacional de la llama es

---

[41] Ésta es la idea newtoniana de las fuerzas gravitacionales. Luego veremos la versión de la relatividad general, en la que no existen fuerzas gravitacionales y tiene más sentido pensar en que la masa deforma el espacio.

mayor, la Tierra la atrae con más fuerza, pero puesto que la llama también tiene una masa inercial mayor, se requiere más fuerza para echarla a andar. Los dos efectos se contrarrestan a la perfección, y el gato y la llama caen a la misma velocidad.

Nuestra comprensión actual de la física no explica por qué ocurre así. Sólo asumimos que ambas fuerzas son la misma. Y esta supuesta equivalencia está en el centro de la teoría general de la relatividad de Einstein, que entiende la gravedad de una forma muy distinta. En vez de pensar en ella como una fuerza que actúa sobre las cargas arbitrarias fijas a las partículas y las energías que las unen, describe la gravedad como la deformación o distorsión del espacio que rodea tanto la masa como la energía. Así que en la teoría de Einstein la conexión es mucho más natural, pero aún no nos explica *por qué* está ahí. ¿Se trata de dos parámetros arbitrarios (la masa inercial y la gravitacional) o están conectados? ¿Podrían una y otra haber sido diferentes sin violar las leyes de la física?

Fuera de la relatividad, nuestras teorías de física de partículas tratan las masas gravitacional e inercial como conceptos distintos, pero experimentalmente las vemos como la misma cosa. Ésa es una indicación bastante contundente de que están íntimamente relacionadas.

Preguntas pesadas

Para recapitular, aquí hay una lista de razones por las que la masa es extraña:

 Es extraña porque la masa de algo no sólo es la masa de las cosas que tiene dentro, también incluye la energía que mantiene juntas las cosas. Y no sabemos por qué es así.

Es extraña porque la masa de hecho es una etiqueta o una carga (en realidad no es "materia"), y no sabemos por qué algunas partículas la tienen (o sienten el campo Higgs) y otras no.

 Y es extraña porque la masa es exactamente la misma ya sea que la midas mediante la inercia o mediante la gravedad. ¡Y tampoco sabemos por qué es así!

Lo interesante es que, a pesar de todos sus misterios, la masa nos ha ayudado a entender más sobre el resto del universo. Recuerda que fue la rotación de las galaxias y el problema de la masa faltante lo que nos dio una pista de que existía un nuevo tipo de masa invisible en el universo: la materia oscura. De hecho, básicamente lo único que sabemos sobre la materia oscura es que tiene masa: masa gravitacional, para ser exactos.

Es increíble que algo tan fundamental para nuestra existencia siga siendo un misterio. ¿Para qué les estamos pagando a todos esos físicos si no es para que nos ayuden a dormir mejor de noche sabiendo que alguien se está ocupando de estos asuntos? Pero no, mientras más te pones a escarbar y a hacer preguntas, más te das cuenta de que aún hay cosas muy enigmáticas sobre la masa.

RESULTA QUE TODO ESTÁ HECHO DE FRIJOLES

Lo que está claro (y es muy emocionante) es que la masa es una propiedad básica del funcionamiento del universo, y evidentemente conecta muchas de sus piezas móviles (la energía, la inercia y la gravedad, por ejemplo). Determinar exactamente cuáles son esas conexiones nos haría avanzar un paso más en la comprensión de este enorme y maravilloso universo en el que vivimos. Y eso sería (está bien, va el último) *masivamente* sensacional.

6

¿Por qué la gravedad es tan distinta de las otras fuerzas?

Es una gran pregunta de poca gravedad

Tú *sabes* qué es la gravedad. Controla el movimiento de las estrellas, crea agujeros negros y deja caer manzanas sobre las cabezas de físicos famosos pero despistados.

¿Pero en verdad *entiendes* la gravedad?

La vemos actuar a nuestro alrededor, pero cuando comparamos la forma en que funciona con los patrones que rigen las otras fuerzas básicas, notamos de inmediato que algo no encaja. Es curiosamente débil, casi siempre atrae, en vez de repeler, y no se lleva bien con una visión cuántica del mundo.

Y esa resistencia a encajar con lo demás es muy misteriosa y frustrante, porque encontrando patrones es justamente como entendemos el universo. Mira a tu alrededor: tal vez primero te abrume la variedad y la complejidad de nuestro hermoso universo, pero al encontrar patrones puedes comenzar a entenderlo. Por ejemplo, piensa en todo lo que puedes saber sobre una persona si estudias sus patrones de búsquedas en internet... aunque, si lo piensas, sería una fracción del universo que no quieres llegar a entender.

Pero el deseo de acomodar las cosas dentro de patrones para entenderlas es la razón por la que a los físicos se les hace agua la boca frente a la idea de unificar toda la física en una sola teoría.[42] Y la resistencia de la gravedad a encajar en el patrón de todas las demás fuerzas es un gran obstáculo para lograrlo. En este capítulo exploraremos por qué la gravedad es tan peculiar y por qué atrae hacia el centro de la Tierra más que sólo papayas o llamas comunes y corrientes. La gravedad nos presenta algunos misterios profundos, así que comencemos y caigamos directamente en ellos. Quizás incluso gravitemos en torno a algunas preguntas.

La debilidad de la gravedad

En algún momento todos nos preguntamos: *¿por qué estoy sobre la Tierra?* Nosotros tenemos la respuesta: la gravedad. Sin gravedad, todos nos

---

[42] Seamos honestos: los físicos salivan fácilmente.

iríamos flotando por el espacio, y el universo sería una enorme nube oscura y amorfa de polvo y gas. No habría planetas, estrellas, exóticas frutas tropicales, galaxias o lindas personas que compran libros de física con sentido del humor. La gravedad es inmensa. Pero también es muy *débil*.

¿Qué tan débil es la gravedad? Pues en términos generales, la gravedad es más o menos 10^{36} veces más débil que las otras tres fuerzas fundamentales. Es una fracción de 1/1,000,000,000,000,000,000,000,000, 000,000,000,000.

¿Cómo le hacemos para entender un número así? Tomemos prestada una de las estrategias con las que aprendimos fracciones en la primaria. Si tienes una papaya y la cortas en cuatro, cada pedazo será un cuarto de papaya. Fácil. Si tienes una papaya y la cortas en 10^{36} pedazos, cada pedazo sería… menos que una sola molécula de papaya.[43] De hecho, tendrías que cortar *dos millones* de papayas para reunir una fracción de $1/10^{36}$ que fuera aproximadamente igual a una molécula de papaya.

Vamos a necesitar un camión más grande.

Una buena forma de comprobar lo débil que es la gravedad es realizar un pequeño experimento que la enfrenta cara a cara con otras fuerzas. Para hacerlo, no necesitas tener un acelerador de partículas en el sótano; sólo ve por un imán común de cocina y úsalo para atraer un clavito de metal. En tu experimento, el clavo está siendo atraído por la fuerza gravitacional de todo un planeta (la Tierra), sin embargo, la

---

[43]   Las moléculas de papaya se llaman papayones, y son dulces y diminutas.

fuerza magnética de un imán diminuto es suficiente para evitar que éste se caiga. Un imancito puede superar la fuerza de todo un planeta porque el magnetismo es mucho más potente que la gravedad.

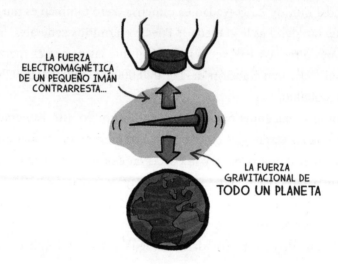

LA FUERZA ELECTROMAGNÉTICA DE UN PEQUEÑO IMÁN CONTRARRESTA...

LA FUERZA GRAVITACIONAL DE **TODO UN PLANETA**

Ahora mismo debes estarte preguntando: si la fuerza de la gravedad es treinta y seis *órdenes de magnitud* más débil que todas las demás, ¿cómo puede tener efectos tan trascendentales en nuestro universo? ¿No la superarían otras fuerzas más poderosas a su alrededor, como un estornudo en un tornado?[44] ¿Cómo puede mantener juntas todas las estrellas y los planetas, y cómo evita que todo salga volando como Supermán? Si las otras fuerzas son tan potentes, ¿no superarían la gravedad y anularían sus efectos sobre el universo?

YO SÓLO VOY PARA UN LADO

La respuesta es que la gravedad es muy importante a enormes escalas y cuando tiene que vérselas con masas colosales. Las fuerzas débil

---

[44] Lo mismo aplica para una flatulencia en un huracán.

y fuerte son de corto alcance, así que básicamente sólo se sienten a niveles subatómicos. Y la razón de que las fuerzas electromagnéticas no desempeñen un papel muy destacado en los movimientos de las estrellas y las galaxias, aunque sean enormes comparadas con la gravedad, tiene que ver con un hecho muy interesante de la gravedad: básicamente sólo actúa en una dirección.

La gravedad sólo atrae las cosas, no las aparta.[45] La razón es sencilla: la fuerza de la gravedad es proporcional a la masa de los objetos involucrados, y sólo puedes tener un tipo de masa: positiva. Por el contrario, las fuerzas electromagnéticas tienen dos tipos de carga eléctrica (positiva y negativa), y las fuerzas débil y fuerte tienen propiedades parecidas a las de la carga eléctrica, llamadas hipercarga y color, que también pueden tener múltiples valores.[46]

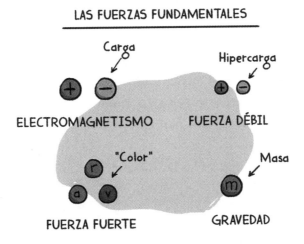

LAS FUERZAS FUNDAMENTALES

Carga

Hipercarga

ELECTROMAGNETISMO

FUERZA DÉBIL

"Color"

Masa

FUERZA FUERTE

GRAVEDAD

[45] Esto casi siempre es cierto; ve el capítulo 14 para una discusión de la gravedad repulsiva durante el Big Bang.

[46] La fuerza fuerte tiene más de dos tipos de carga. ¡Tiene tres! Se llaman "colores" y son "rojo", "azul" y "verde". Para anular una carga roja puedes agregar una partícula azul y una verde para obtener un objeto neutral o "blanco", o puedes encontrar una partícula cuyo color sea antirrojo.

La gravedad se parece un poco, pero no tanto. Puedes pensar en la masa como la "carga gravitacional" de una partícula que determina en qué medida siente la gravedad. Pero no hay masa "negativa". La gravedad no repele partículas con masa.

Es importante, porque implica que no se puede anular la gravedad, que es lo que les ocurre a las fuerzas electromagnéticas a grandes escalas. Si el Sol estuviera hecho básicamente de cargas eléctricas positivas y la Tierra básicamente de cargas eléctricas negativas, la atracción sería *inmensa* y el Sol habría absorbido nuestro planeta hace mucho.

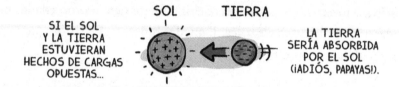

SOL   TIERRA

SI EL SOL
Y LA TIERRA
ESTUVIERAN
HECHOS DE CARGAS
OPUESTAS...

LA TIERRA
SERÍA ABSORBIDA
POR EL SOL
(¡ADIÓS, PAPAYAS!).

Pero como la Tierra está hecha de cantidades casi iguales de cargas positivas y negativas, y el Sol también está hecho de cantidades casi iguales de cargas positivas y negativas, ambos básicamente se ignoran electromagnéticamente. Cada partícula positiva y negativa de la Tierra es tanto atraída como rechazada por las cargas positivas y negativas del Sol (y viceversa), así que todas las fuerzas electromagnéticas se anulan entre sí.

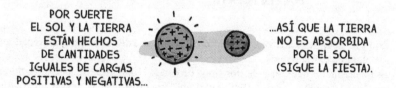

POR SUERTE
EL SOL Y LA TIERRA
ESTÁN HECHOS
DE CANTIDADES
IGUALES DE CARGAS
POSITIVAS Y NEGATIVAS...

...ASÍ QUE LA TIERRA
NO ES ABSORBIDA
POR EL SOL
(SIGUE LA FIESTA).

Esto no es un accidente. La fuerza electromagnética es tan poderosa que absorbe las
cargas en una dirección y otra hasta que
desaparece cualquier desequilibrio resi-
dual. Muy al inicio del universo (cuando
apenas tenía cuatrocientos mil años de edad,
en el periodo pre-papayas) casi toda la materia se organizó dentro de
átomos neutrales, y las fuerzas electromagnéticas hallaron el equilibrio.

Puesto que no hay una fuerza electromagnética entre la Tierra y el
Sol, y ya que las fuerzas débil y fuerte no operan a esta escala, la única
fuerza que queda es la gravedad. Por eso la gravedad es la dominante
a la escala de los planetas y las galaxias: porque todas las otras fuerzas
están en equilibrio. A pesar de ser tan atractiva, la gravedad es como el
último de la fiesta, que se queda con su papaya cuando todos los demás encontraron alguien con quién irse a casa. Y puesto que la gravedad sólo atrae, nunca se anula.

Así que la gravedad tiene dos propiedades curiosas y que aún no
encuentran explicación: la primera es que es muy, muy débil comparada con las otras fuerzas fundamentales. Imagínate que todos los demás
llevaran un sable láser para pelear y la gravedad llegara con un palillo
de dientes. La otra propiedad curiosa es que sólo atrae. Todas las demás
fuerzas atraen o repelen dependiendo de las cargas de las partículas invo-
lucradas. ¿Por qué la gravedad es tan diferente en este sentido? Ni idea.

El enigma cuántico

La gravedad casi entra en el mismo patrón que las otras fuerzas fundamentales. Casi, pero no del todo. Podemos pensar que es una fuerza
como las otras, y podemos pensar en la masa como en las otras cargas. Pero la gravedad es mucho más débil y sólo opera en una dirección. Esta aparente inconsistencia en las fuerzas indica que el patrón
que tenemos no es válido o que nos estamos perdiendo de algo muy
importante.

Resulta que la gravedad también es rara en otras formas, más profundas. Tenemos un marco matemático que sirve para entender todas
las partículas de materia y tres de las cuatro fuerzas fundamentales, llamado mecánica cuántica. En la mecánica cuántica todo se describe
como si fuera una partícula, hasta estas tres fuerzas. Cuando un electrón empuja otro electrón, no emplea la Fuerza o alguna forma de te-
lequinesis invisible para provocar que el otro electrón se mueva. Los
físicos piensan en esa interacción como si un electrón le arrojara otra
partícula al segundo electrón para transferirle parte de su impulso. En
el caso de los electrones, estas partículas portadoras de fuerza se llaman
fotones. En el caso de la fuerza débil, las partículas intercambian bosones W y Z. Las partículas que sienten la fuerza fuerte intercambian
gluones.[47]

[47] Seguro ahora no nos crees porque antes nos inventamos los "papayones", ¡pero los
gluones sí existen!

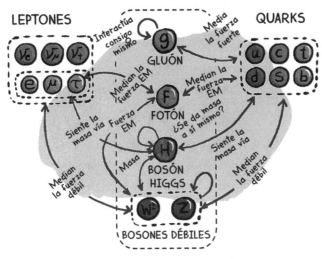

INTERACCIONES ENTRE PARTÍCULAS:
MÁS COMPLICADAS QUE UNA TELENOVELA MEXICANA

Este marco teórico para la mecánica cuántica, el Modelo Estándar de la física de partículas que vimos en el capítulo 4, ha sido increíblemente exitoso para describir la mayor parte del mundo natural (por "mayor parte" nos referimos a un colosal cinco por ciento del universo, ¿recuerdas?). Observar el mundo en términos de partículas cuánticas puede explicar muchos eventos que hemos visto en experimentos, y nos ha permitido predecir cosas que nunca habíamos visto antes, como otras partículas de materia o el bosón Higgs. Incluso explica por qué la fuerza débil es de tan corto alcance: sus partículas de fuerza tienen mucha masa, lo cual limita la distancia a la que pueden viajar. Pero el Modelo Estándar tiene un gran problema: este enfoque no funciona muy bien para describir la gravedad.

El gravitón: ¿partícula elemental o supervillano de cómic?

La mecánica cuántica no puede describir la gravedad por dos razones. La primera es que incluir la gravedad en el Modelo Estándar requiere una partícula que transmita la fuerza de gravedad. Con gran creatividad, los físicos han bautizado esta partícula hipotética el "gravitón". Si existe, significa que cuando estás allí sentado (o parado), siendo atraído por la gravedad, todas las partículas de tu cuerpo arrojan y reciben constantemente diminutas pelotas cuánticas de otras partículas que hay en la Tierra bajo tus pies. Y conforme la Tierra gira en torno al Sol, todas las partículas de uno y otro intercambian un flujo continuo de gravitones. El problema es que nadie ha visto un gravitón, así que esta teoría podría ser totalmente errónea.

NO ES QUE SEAS FLOJO,
LO QUE PASA ES QUE TE MANTIENEN SUJETO
TODAS LAS PARTÍCULAS DEL PLANETA ENTERO.

La otra razón por la que a los físicos les cuesta trabajo incorporar la gravedad en la mecánica cuántica es que *ya* tenemos una teoría de la gravedad: la que se le ocurrió a Einstein en 1915. Se llama relatividad general, y funciona bastante bien solita. Concibe la gravedad de forma totalmente distinta: en vez de pensar en ella como una fuerza entre dos objetos, Einstein veía la gravedad como una distorsión del espacio mismo. ¿Qué quiere decir eso? Einstein se dio cuenta de que la gravedad se vuelve sencilla si dejas de pensar en el espacio como un concepto abstracto, el invisible telón de fondo de toda la materia, y piensas en él como un fluido dinámico o una sábana flexible. La presencia de materia (o energía) deforma el espacio que la rodea y modifica la trayectoria de los objetos. En el esquema de Einstein, no hay fuerza de gravedad, sólo una deformación del espacio.

TEORÍAS PLAUSIBLES SOBRE LA GRAVEDAD:

ES UNA DEFORMACIÓN DEL ESPACIO-TIEMPO.   LA MEDIAN GRAVITONES CUÁNTICOS.   ES EL AFECTUOSO ABRAZO DEL MONSTRUO DE ESPAGUETI GIGANTE.

Según la relatividad general, la razón por la cual la Tierra gira alrededor del Sol en vez de salir despedida hacia el espacio no es que haya una fuerza que la atraiga para que permanezca en órbita. Gira alrededor del Sol porque el espacio alrededor del Sol está deformado de tal manera que lo que la Tierra siente como una línea recta en realidad es un círculo (o una elipse). En este escenario, la masa gravitacional no es una carga que unas partículas tienen y otras no; en realidad, es una medida de cuánto puede distorsionar un objeto el espacio que lo rodea. Por más extraña que pueda sonar esta teoría, ha tenido mucho éxito para describir la gravedad local, la gravedad cósmica y muchas otras cosas extrañas que vemos en el espacio. Explica por qué la luz se desvía alrededor de los objetos y por qué funciona tu GPS, y predijo la existencia de agujeros negros.

El problema es que la relatividad general funciona muy bien, así que creemos que probablemente sea una descripción correcta de la naturaleza, pero no hemos podido combinarla con la otra teoría fundamental, la mecánica cuántica, que *también* parece ser una descripción correcta de la naturaleza.

Parte del problema es que ambas ven el mundo de forma muy distinta. La mecánica cuántica entiende el espacio como un fondo plano, pero la relatividad nos dice que el espacio es parte de una cosa dinámica y flexible: el espacio-tiempo. Entonces, ¿la gravedad es una distorsión del espacio, o son diminutas pelotitas cuánticas que vuelan entre las partículas? Todo lo demás en el universo es mecánico cuántico, así que tendría sentido que la gravedad siguiera las mismas reglas, pero hasta ahora no existe evidencia convincente de que exista el gravitón.

LA GRAVEDAD ES UNA AGUAFIESTAS

Un problema aún más grave es que ni siquiera podemos predecir cómo *se vería* una teoría conjunta de la gravedad cuántica. Con frecuencia los físicos han sido capaces de predecir partículas que luego se descubren en forma experimental (como el quark cima y el bosón Higgs), pero hasta ahora han fallado todas la teorías que tratan de combinar la gravedad con la mecánica cuántica; una y otra vez obtienen resultados absurdos, como "infinito". Los teóricos son unas personas muy listas (en teoría), y tienen algunas ideas muy buenas que algún día podrían conducir a una teoría conjunta —como la teoría de cuerdas o la gravedad cuántica de bucles— pero hasta ahora, el progreso ha sido más bien lento. Para leer una discusión más detallada sobre las teorías que unifican todo el conocimiento ve al capítulo 16.

Colisionadores de agujeros negros

Para resumir, la gravedad parece ser tan diferente del resto de sus hermanas fuerzas que todos especulan que es adoptada o que el señor Universo hizo alguna jugarreta. La gravedad es mucho más pequeña que las otras fuerzas, sólo funciona en un sentido (atrae, no repele), no parece entrar en la misma estructura teórica que las otras fuerzas y no tenemos ni idea de por qué. Éstos son algunos de los grandes misterios del universo. ¿Qué estamos haciendo para responder estos enigmas?

Una estrategia para entender cómo funciona el mundo es ponerlo a prueba con experimentos y luego tener ideas muy astutas que expliquen lo que hemos visto. Lo ideal sería poner a prueba la relatividad general (la gravedad clásica) y la mecánica cuántica al mismo tiempo para ver cuál es correcta (si es que alguna lo es) y cuál fracasa. Por ejemplo, observar dos masas que intercambian un gravitón demostraría en forma concluyente que la gravedad es un fenómeno cuántico.

Eso estaría genial, pero piensa qué difícil sería ese experimento. Recuerda que la gravedad es muy, muy débil. Ni la gravedad de toda la Tierra puede contrarrestar la fuerza electromagnética de un imancito. Si juntaras dos partículas, la fuerza gravitacional entre ellas sería casi cero, y arrasarían con ella las fuerzas electromagnética, débil y fuerte, mucho más poderosas.

Para poder observar gravitones, necesitamos muchísima masa. Hace falta una situación experimental en la que hagamos chocar masas enormes, de tamaño cósmico, que tengan todas sus otras fuerzas en equilibrio. No, no estamos pensando en hacer colisionar un millón de kilos de papayas.[48] Pon a trabajar tu imaginación al límite y trata de evocar en tu mente el increíble concepto de un *colisionador de agujeros negros*.

Dos objetos de escala cósmica que se estrellan entre sí: eso es lo que necesitas para probar la gravedad a nivel cuántico. Obviamente, no es una cosa que puedas construir u operar (cualquier presupuesto razonable hace que la Estrella de la Muerte parezca barata en comparación). Sin embargo, tenemos la suerte de que el universo es un lugar muy grande, lleno de cosas rarísimas. Si observas durante suficiente tiempo, encontrarás casi cualquier cosa que busques, incluyendo colisiones de agujeros negros.

---

[48] Bueno, ahora sí estamos pensando en eso.

COMBATE A MUERTE DE AGUJEROS NEGROS

Estos eventos no pueden programarse y no se repiten, pero cada cierto tiempo dos agujeros negros se acercan tanto uno al otro que tratan de succionarse mutuamente. Esto es exactamente lo que están buscando los científicos. En el cosmos hay lugares en los que dos agujeros negros están enzarzados en una espiral de la muerte, y el choque podría provocar que salgan gravitones disparados en todas direcciones. ¡Todo lo que tenemos que hacer es verlos! Pero resulta que no es tan fácil. Hasta los gravitones producidos por un colisionador de agujeros negros serían muy difíciles de detectar. Puesto que la gravedad es tan débil, si un gravitón pasara a través de ti casi no lo sentirías. ¿Recuerdas a los neutrinos, esas partículas fantasmales que pueden pasar como si nada por bloques de plomo de años luz de ancho? Los gravitones hacen que los neutrinos parezcan unas de esas personitas sociables a las que les gusta hablar con todos los de la fiesta. De hecho, un cálculo sugiere que un detector del tamaño de Júpiter sólo vería un gravitón cada diez años, incluso si estuviera cerca de una intensa fuente de gravitones.

Seamos realistas y visitemos un agujero negro

Si ver un gravitón individual es imposible, ¿cómo vamos a poder entender si la gravedad es una teoría cuántica o no? Otra forma de hacerlo es encontrar una situación física en la que las dos teorías difieran en sus predicciones. Por ejemplo, un escenario un poco más realista es explorar *el interior* de un agujero negro.

La relatividad general nos dice que en el corazón de un agujero negro existe una singularidad, un punto en el que la materia es tan densa que el campo gravitacional se vuelve infinito. Ésta sería una experiencia alucinante (literalmente), porque el espacio-tiempo te deformaría tanto que no habría manera de entender las cosas intuitivamente. La relatividad general no tiene ningún problema con la existencia de estos objetos, pero la mecánica cuántica no está de acuerdo. Según los principios de la mecánica cuántica, es imposible aislar cualquier cosa en un solo punto exacto (como una singularidad), porque siempre existe algún grado de incertidumbre. Así que en esta situación una de las dos teorías tiene que ceder. Si supiéramos lo que en realidad sucede en el interior de un agujero negro, tendríamos algunas pistas muy importantes sobre cómo juegan juntas la mecánica cuántica y la gravedad.

ENTRÉ A UN AGUJERO NEGRO Y TODO LO QUE OBTUVE FUE QUE UNAS FUERZAS INFINITAS ME DEFORMARON MÁS ALLÁ DE TODA COMPRENSIÓN Y ESTA CAMISETA

LOS AGUJEROS NEGROS SON LOS PEORES DESTINOS TURÍSTICOS

Desafortunadamente, las posibilidades de visitar un agujero negro, sobrevivir a él, realizar los experimentos, escapar de su campo gravitacional del que es imposible escapar y volver a la Tierra con los resultados, son un poquito desalentadoras en este momento.

Así que no

Pero aunque no podamos usarlos para descubrir gravitones, hay muchas cosas por aprender de la espiral de la muerte de los agujeros negros, porque producen *ondas gravitacionales*.

Las ondas gravitacionales son ondulaciones en el espacio provocadas por masas en aceleración. Se parece a lo que ocurre cuando metes la mano en una tina llena de agua y la agitas hacia delante y hacia atrás. Tu mano provoca olas en el agua que viajan hasta el otro extremo de la tina. Lo mismo ocurre cuando los objetos masivos se mueven por el espacio: la masa en movimiento deforma el espacio mismo, lo que crea una alteración que puede propagarse como una ola.

Lo genial es que, cuando pasa una onda gravitacional, todo a su paso se alarga y se deforma. Los círculos se convierten por un momento en elipses, los cuadrados en rectángulos. ¿Suena genial, no? Antes de que dejes de leer para comprobar si este libro está cambiando de forma, te conviene saber que las ondas gravitacionales sólo distorsionan el espacio en un factor de unos 10^{-20}. Eso quiere decir que si tuvieras una vara que mide 10^{20} milímetros de largo (diez años luz) una onda gravitacional sólo la acortaría un milímetro. Es un efecto muy difícil de medir.

1 mm

100,000,000,000,000,000,000 mm
(no está a escala)

Pero los científicos pueden ser ingeniosos y pacientes. Construye-ron un experimento llamado LIGO (las siglas de Laser Interferometer Gravitational-Wave Observatory, Observatorio de Interferometría Láser de Ondas Gravitacionales). Tiene dos túneles de cuatro kilómetros de largo que se encuentran en ángulo recto respecto a otro, y usan un láser para medir los cambios de distancia entre los extremos de los túneles. Cuando pasa una onda gravitacional, alarga el espacio en una dirección y la contrae en el otro. Al medir la interferencia de los láseres que rebo-tan entre ambos extremos los físicos pueden medir con gran precisión si el espacio entre ellos se ha ampliado o comprimido.

EL EXPERIMENTO LIGO   EL EXPERIMENTO LEGO

MIDE ONDAS
GRAVITACIONALES.

MIDE CUÁNTO ESTÁN DISPUESTOS
A PAGAR LOS PADRES POR
UNAS PIECECITAS DE PLÁSTICO.

En 2016, tras gastar seiscientos veinte millones de dólares y pa-sar décadas observando, los científicos detectaron la primera onda gra-vitacional. Esto confirmó divinamente la idea de Einstein de que la gravedad deforma el espacio mismo. Desafortunadamente, no nos da ninguna pista sobre cómo funciona la gravedad a nivel cuántico, por-que las ondas gravitacionales no son lo mismo que los gravitones. Es como probar que la luz existe, pero no que está hecha de fotones. Sin embargo, fue un descubrimiento "masivo", y debería tratarse con mu-cha "gravedad" (perdón).

Tal vez la gravedad es especial

Entonces, ¿qué explicaciones se han propuesto para los misterios de la gravedad? ¿Por qué es tan débil, y por qué no comparte los patrones y las teorías de las otras fuerzas?

Tal vez la gravedad es especial. No hay ninguna regla que diga que la gravedad *debe* ser como las otras fuerzas, o que tiene que haber una teoría que los gobierne a todos. Siempre hay que tener en mente que aún ignoramos casi todas las verdades básicas del universo. En muchos casos nuestros supuestos han resultado ser falsos, o verdaderos únicamente en ciertas condiciones especiales. Es posible que la gravedad sea totalmente diferente a todo lo que hemos visto hasta ahora. O no. Recuerda que nuestro objetivo es entender el universo, y tenemos que evitar hacer demasiadas suposiciones sobre cómo es eso que tenemos que entender.

Si resulta que la gravedad es especial y *sí* es diferente de las otras fuerzas fundamentales, también ésa sería una pista sobre cómo funcionan las cosas a un nivel superior; querría decir que la gravedad es una cosa más profunda que está incrustada en la estructura del cosmos. A veces aprendes más de las excepciones que de las reglas. Y no nos faltan ideas emocionantes para explicar estos misterios.

SOY ESPECIAL.

Una forma alucinante de explicar lo débil que es la gravedad es la idea de que existen *otras dimensiones*. No dimensiones alternativas como las que ves en los cómics, sino más dimensiones del espacio que aquéllas en las que crees que vives. Algunos físicos están proponiendo que la gravedad es débil porque se diluye en estas otras dimensiones, que forman diminutos bucles que no podemos ver. Si tomas en cuenta estas dimensiones extra, la gravedad es tan potente como las otras fuerzas. En el capítulo 9 hablaremos más sobre esta idea.

Aunque hemos mencionado algunas de las dificultades que existen para fusionar la mecánica cuántica y la relatividad general, y para detectar un gravitón, eso no quiere decir que los físicos se hayan rendido en su intento de encontrar una teoría unificada que explique todas las fuerzas que conocemos. ¿Qué tan cerca estamos de tener una sola ecuación sencilla que lo prediga todo? Lo exploraremos en el capítulo 16.

Qué puede significar

Entender los misterios de la gravedad tendría un impacto gigantesco en nuestra comprensión del mundo que nos rodea. Recuerda que la gravedad es básicamente la única fuerza que opera a gran escala, así que es una de las únicas fuerzas que determinan la forma y el destino del universo.

El hecho de que la gravedad deforme y distorsione el espacio y el tiempo también podría implicar algunas posibilidades muy emocionantes. Ahora mismo es bastante improbable que alguna vez visitemos un sistema solar distinto al nuestro; las distancias son demasiado grandes. Pero si pudiéramos entender los misterios de la gravedad, podríamos descubrir cómo doblar y controlar el espacio, o cómo crear y manipular agujeros de gusano. Si eso ocurriera se harían realidad nuestros sueños más locos de viajar por el universo plegando el espaciotiempo. Y la gravedad podría ser la clave.

¿Quién dijo que las fuerzas gravitacionales deben mantenerte fijo a la tierra?

¡ESTA TRAMA ES MÁS DÉBIL QUE LA GRAVEDAD!

LOS FÍSICOS SON DUROS CRÍTICOS CINEMATOGRÁFICOS

7

¿Qué es el espacio?

¿Y por qué ocupa tanto espacio?

Los primeros capítulos de este libro han tratado sobre los misterios de las *cosas:* cuáles son los componentes más pequeños del universo y cómo se combinan para formarlo todo. Pero al mismo tiempo que buscamos respuestas a nuestras preguntas sobre las cosas tangibles que nos rodean, en el trasfondo existe un problema aún más grande. Ese misterio es el trasfondo mismo: el espacio.

¿Qué es, pues, el espacio?

Pídele a un grupo de físicos y de filósofos que definan "espacio" y quizá te veas envuelto en una larga discusión que incluya combinaciones de palabras que suenan profundas, pero que no quieren decir nada, tales como "la estructura misma del espacio-tiempo es en sí una manifestación física de conceptos de entropía cuántica entrelazados por la naturaleza universal de la localización". Pensándolo bien, tal vez sea mejor no iniciar conversaciones profundas entre físicos y filósofos.

¿El espacio no es más que un vacío infinito en el que están todas las cosas? ¿O es el vacío *entre* las cosas? ¿Qué tal que el espacio no es ni lo uno ni lo otro, sino un objeto físico en el que puede chapotearse, como en una tina llena de agua?

Resulta que la naturaleza del espacio mismo es uno de los misterios más grandes y extraños del universo. Así que prepárate, porque las cosas están por volverse... espaciosas.

ESTOY HACIENDO
INVESTIGACIÓN ESPACIAL.

El espacio, esa cosa

Como muchas preguntas complejas, la de qué es el espacio al principio suena sencilla. Pero si pones a prueba lo que te dice tu intuición y analizas la pregunta, descubrirás que es difícil encontrar una respuesta precisa.

La mayor parte de la gente imagina que el espacio no es más que el vacío en el que ocurre todo, como una bodega o un escenario teatral vacíos en donde se desarrollan los acontecimientos del universo. Desde esta perspectiva, el espacio es literalmente *la ausencia de cosas*. Es un vacío que está ahí sentado, esperando a ser llenado, como cuando alguien dice: *Dejé espacio para el postre* o *No queda espacio en mi librero*.

PRUEBA A: ESPACIO

Si sigues con este razonamiento, resulta que el espacio es algo que puede existir por sí mismo, sin que haya materia que lo llene. Por ejemplo, si imaginas que el espacio contiene una cantidad finita de material, puedes imaginar que viajas hasta un punto en el que ya no quedan cosas: has dejado atrás toda la materia del universo.[49] Verías puro espacio vacío y, más allá, el espacio se extendería hasta el infinito. Así pues, según esta idea, el espacio es un vacío que se extiende por siempre.

El espacio debe ser un lugar solitario

¿Puede existir algo así?

Esta imagen del espacio es razonable y parece coincidir con nuestra experiencia. Pero una lección histórica es que cada vez que algo nos parece obvio (por ejemplo, que la Tierra es plana o que es bueno comer muchas galletas de chocolate), deberíamos mostrarnos escépticos y dar

---

[49] Esto tardaría mucho. Será mejor que compres dos ejemplares de este libro para llevar en el camino.

un paso atrás para analizarlo cuidadosamente. Es más, también deberíamos considerar explicaciones radicalmente diferentes que describen la misma experiencia. Quizás haya teorías en las que no hemos pensado. O puede haber teorías relacionadas según las cuales nuestra experiencia del universo sólo es una extraña excepción. A veces la parte difícil es identificar cuáles son nuestros supuestos, sobre todo cuando nos parecen naturales y sencillos.

En este caso, hay otras ideas que suenan razonables sobre la naturaleza del espacio. ¿Qué pasaría si el espacio no pudiera existir sin materia: si no fuera otra cosa que la *relación* entre la materia? Según esta perspectiva, no puedes tener "espacio vacío", porque la idea del espacio que está más allá del último fragmento de materia no tiene sentido. Por ejemplo, no puedes medir la distancia entre dos partículas si no tienes ninguna partícula. El concepto de "espacio" terminaría cuando ahí no hubiera partículas de materia que lo definieran. ¿Qué habría más allá? Espacio vacío seguro que no.

PRUEBA B: ESPACIO

Ésta es una forma muy extraña y poco intuitiva de pensar sobre el espacio, sobre todo porque jamás hemos experimentado el concepto de no-espacio. Pero lo extraño jamás se interpone en el camino de la física, así que mantén la mente abierta.

¿Cuál espacio es el espacio?

¿Cuál de estas ideas sobre el espacio es la correcta? ¿El espacio es como un vacío infinito que espera a ser llenado? ¿O sólo existe en el contexto de la materia?

Resulta que sabemos, con bastante certeza, que el espacio no es ninguna de estas cosas. El espacio *no* se define como un vacío, y definitivamente *no* es únicamente una relación entre la materia. Lo sabemos porque hemos visto al espacio hacer cosas que no corresponden con ninguna de esas ideas. Hemos visto que el espacio se *deforma, se ondula y se expande.*

Aquí es donde tu cerebro dice: *¿Quéeeee?*

Si estás prestando atención, debes haberte sentido un poco confundido cuando leíste que el espacio se "deforma" y se "expande". ¿Qué demonios quiere decir eso? ¿Cómo puede tener sentido? Si el espacio es una idea, no podría deformarse ni expandirse, igual que no puede cortarse en cubitos y saltearse con cilantro.[50] Si el espacio es nuestra regla para medir la ubicación de las cosas, ¿cómo mides la deformación o la expansión del espacio?

¡Muy buenas preguntas! La razón por la cual esta idea del espacio es tan confusa es que casi todos crecemos con una imagen mental del espacio como un fondo invisible sobre el cual ocurren las cosas. Quizá te imaginas que el espacio es como ese escenario del que hablábamos antes, con tablones de madera como piso y paredes rígidas por los cuatro costados. Y posiblemente imagines que nada en el universo podría deformar ese escenario, porque este marco abstracto no es parte del universo, sino algo que *contiene* el universo.

Desafortunadamente, allí es donde tu imagen mental se equivoca.

---

[50] Excepto en California. Allí pueden hacer lo que sea con el cilantro.

A MÍ ME PARECE RECTO

Para entender la relatividad general y poder pensar en las ideas modernas sobre el espacio tienes que renunciar a la noción de que el espacio es un escenario abstracto y aceptar que es una *cosa física*. Tienes que imaginar que el espacio tiene propiedades y comportamientos, y que reacciona a la materia del universo. Puedes pellizcarlo, apretarlo y sí, hasta llenarlo de cilantro.[51]

Para este momento las alarmas anti-absurdo del interior de tu cerebro deben sonar algo así como: *¿Pero qué #@#$?¿?!!?* Tal vez incluso arrojes este libro contra la pared y gruñas. Es totalmente comprensible. Una vez que lo recojas, ármate de paciencia porque el delirio apenas empieza. Para cuando terminemos, tus alarmas anti-absurdo se van a quedar sin baterías. Pero tenemos que desempacar con cuidado estos conceptos para entender cada idea y apreciar lo extraños y elementales que son estos misterios sin resolver sobre el espacio.

Una alberca de viscosidad espacial

¿Cómo es posible que el espacio sea una cosa física que se deforma y se ondula, y qué significa esto?

Significa que en vez de ser como una habitación vacía (una muy grande), el espacio es más como una enorme sustancia viscosa. Por lo general, las cosas pueden moverse por esta sustancia sin problema, igual que nosotros podemos movernos por una habitación llena de aire sin

---

[51] No te pierdas la segunda parte de este libro, *Cocinando con físicos*.

notar las partículas que lo forman. Pero bajo ciertas circunstancias esta sustancia puede deformarse, y cambiar así la forma en la que se mueven las cosas en su interior. También puede aplastarse y hacer olas, y modificar la forma de lo que hay adentro.

Esta sustancia viscosa (la llamaremos "viscosidad espacial") no es una analogía perfecta de la naturaleza del espacio, pero ayuda a imaginar que el espacio en el que estás sentado ahora mismo, en este momento, no necesariamente es una cosa fija y abstracta.[52] Por el contrario, estás sentado en una *cosa* concreta, y esa cosa puede estirarse o sacudirse o distorsionarse en formas que no percibes.

PRUEBA C: ESPACIO

Quizás acaba de atravesarte una onda de espacio. O quizás en este preciso instante estamos siendo estirados en una dirección rara, y ni nos enteramos. De hecho, hasta hace poco no sabíamos que la viscosidad pudiera hacer algo más que quedarse ahí sentada sin más, y es por eso que la confundíamos con la nada.

¿Y qué puede hacer esta viscosidad espacial? Resulta que un montón de cosas extrañas.

---

[52] La sustancia viscosa no es una analogía perfecta porque puede existir en el espacio, mientras que el espacio tiene propiedades viscosas pero no sabemos si existe en algún otro lado.

En primer lugar, el espacio puede expandirse. Pensemos por un minuto lo que significa que el espacio se expanda. Quiere decir que las cosas se separan unas de otras *sin moverse a través de la viscosidad espacial.* En nuestra analogía, imagina que estás sentado en la viscosidad, y de pronto empieza a crecer y a expandirse. Si estuvieras sentado frente a otra persona, esa persona ahora estaría más lejos de ti, sin que ni tú ni ella se hubieran movido respecto a la viscosidad.

SIENTO QUE NOS ESTAMOS ALEJANDO.

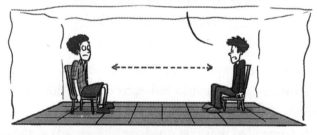

EXPANSIÓN ESPACIAL

¿Cómo podríamos saber que se expandió la viscosidad? ¿No se expandiría *también* la regla que usamos para medir la viscosidad? El espacio entre todos los átomos que forman la regla también se expandiría y los haría alejarse unos de otros. Si nuestra regla estuviera hecha de caramelo extra suave, también se expandiría. Pero si usáramos una regla rígida, todos sus átomos se aferrarían unos a otros (mediante fuerzas electromagnéticas) y la regla permanecería del mismo tamaño, lo que te permitiría darte cuenta de que se creó más espacio.

Y sabemos que el espacio puede expandirse porque lo hemos *visto* expandirse; así es como se descubrió la energía oscura. Sabemos que en el universo primitivo el espacio se expandió y se estiró a unas velocidades sorprendentes, y que aún hoy está ocurriendo una expansión similar. Consulta el capítulo 14 para leer una discusión sobre el Big Bang (la explosión que dio origen al universo) y el capítulo 3 para una discusión sobre la energía oscura, que ahora mismo nos está alejando de todo lo demás que existe en el universo.

MEDIR LA EXPANSIÓN DEL ESPACIO CON:

UNA REGLA DE CARAMELO SUAVE

UNA REGLA RÍGIDA

También sabemos que el universo puede *deformarse*. Nuestra sustancia viscosa puede estrujarse y deformarse igual que el caramelo suave. Lo sabemos porque en la teoría de la relatividad general de Einstein justamente *eso es* la gravedad: la deformación del espacio. Cuando algo tiene masa provoca que el espacio que lo rodea se distorsione y cambie de forma.

Cuando el espacio cambia de forma, las cosas ya no se mueven a través de él como te imaginabas. En vez de moverse en línea recta, una pelota de beisbol que pase a través de una masa de sustancia viscosa deformada se curvará con ella. Si la viscosidad está severamente deformada por algo pesado, como una bola de boliche, la pelota incluso puede trazar un círculo a su alrededor… del mismo modo que la Luna orbita la Tierra, o la Tierra orbita el Sol.

EL TIRO DE FANTASÍA DE EINSTEIN

¡Y esto es algo que podemos comprobar a simple vista! La trayectoria de la luz, por ejemplo, se desvía cuando pasa cerca de objetos masivos como nuestro Sol o las masas gigantes de materia oscura. Si la gravedad sólo fuera una fuerza que opera entre objetos con masa —en vez de una deformación del espacio— no debería poder atraer fotones, que no tienen masa. La única forma de explicar que se curve la trayectoria de la luz es que el espacio mismo es el que se deforma.

Para terminar, sabemos que el espacio puede *ondularse*. Esto no suena tan extraño una vez que sabemos que puede estirarse y deformarse. Pero lo que resulta interesante es que el estiramiento y la deformación pueden *propagarse* por la sustancia viscosa; esto se llama onda gravitacional. Si provocas una distorsión repentina del espacio, ésta irradiará hacia afuera como una onda de sonido o las ondas en un líquido. Este tipo de comportamiento sólo puede ocurrir si el espacio tiene una naturaleza física y no es únicamente un concepto abstracto, puro vacío.

Sabemos que este efecto de onda es real porque a) la relatividad general predice estas ondas y b) de hecho, las hemos visto. A veces en el universo dos agujeros negros masivos se traban en un giro frenético, y conforme dan vueltas provocan enormes distorsiones en el espacio que irradian hacia fuera. Mediante equipos muy sensibles hemos detectado esas ondulaciones aquí en la Tierra.

Puedes imaginarte estas ondulaciones como secciones del espacio que se estiran y se compactan. De hecho, cuando pasa una onda espacial el espacio se encoge en una dirección y se expande en la otra.

COSAS EXTRAÑAS QUE PUEDE HACER EL ESPACIO:

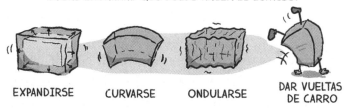

EXPANDIRSE   CURVARSE   ONDULARSE   DAR VUELTAS DE CARRO

Esto suena ridículo. ¿Están seguros?

Aunque esto de que el espacio no es puro vacío suene loquísimo, es lo que nos dice nuestra experiencia del universo. Nuestras observaciones experimentales nos dejan muy claro que la distancia entre objetos en el espacio no puede medirse contra un fondo abstracto e invisible, sino que depende de las propiedades de la viscosidad espacial en la que todos vivimos, comemos galletas y picamos cilantro.

Pero aunque pensar en el espacio como una cosa dinámica con propiedades y comportamientos físicos puede explicar algunos fenómenos extraños, como que el espacio pueda curvarse y estirarse, sólo nos lleva a hacernos más preguntas.

Por ejemplo, tal vez sientas la tentación de afirmar que lo que antes llamábamos espacio ahora debería llamarse moco de físico, pero que esta viscosidad tiene que estar *en* algún sitio, que ahora podemos volver a llamar espacio. Sería muy astuto, pero hasta donde sabemos (que hasta la fecha no es muy lejos), la viscosidad no necesita estar *en* ningún otro lado. Cuando se deforma y se curva, es esta *curvatura intrínseca* la que modifica las relaciones entre partes del espacio, no la curvatura de la sustancia viscosa en relación con una habitación más grande en la que se encuentra.

Pero sólo porque nuestra sustancia viscosa no *requiera* estar en algún otro lado no quiere decir que *no lo esté*. Lo que llamamos espacio podría ocupar un "superespacio" de mayor tamaño.[53] Y quizás ese superespacio *sí sea* como una nada infinita, pero no tenemos ni idea.

¿Es posible tener partes del universo sin espacio? En otras palabras, si el espacio es una sustancia viscosa, ¿es posible que haya una no-sustancia, o la ausencia de sustancia? El significado de esos conceptos no está muy claro, porque todas nuestras leyes físicas suponen la existencia del espacio, así que ¿qué leyes podrían operar fuera del espacio? Ni idea.

---

[53] Resulta sospechoso que el superespacio jamás haya sido visto en la misma habitación que el tímido espacio reportero.

El hecho es que hace poco entendimos que el espacio es una cosa, y apenas estamos entendiendo qué cosa es exactamente. En muchos sentidos, nuestras ideas intuitivas aún nos resultan un lastre. Funcionaban bien cuando los hombres y las mujeres cazaban animales y recolectaban cilantro prehistórico, pero tenemos que desprendernos de los grilletes de estos conceptos y darnos cuenta de que el espacio es muy diferente de lo que imaginábamos.

Pensemos sin rodeos en el espacio curvo

Si todavía no te duele el cerebro de leer todas estas ideas sobre espacios viscosos que se deforman, aquí hay otro misterio para ti: ¿el espacio es plano o curvo (y si es curvo, hacia dónde se curva)?

Son preguntas muy extrañas, pero no son difíciles de formular una vez que aceptas la noción de que el espacio es maleable. Si el espacio puede curvarse alrededor de objetos con masa, ¿podría tener una curvatura general? Es como preguntar si la sustancia viscosa es plana: sabes que si la empujas desde cualquier punto puede sacudirse y deformarse, pero ¿está abollada? ¿O es perfectamente plana? También puedes hacer estas preguntas sobre el espacio.

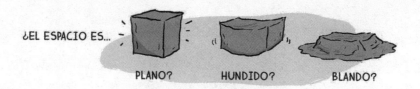

¿EL ESPACIO ES...   PLANO?   HUNDIDO?   BLANDO?

Contestar estas preguntas sobre el espacio tendría un inmenso impacto sobre nuestra noción del universo. Por ejemplo, si el espacio es plano quiere decir que si viajas en una dirección podrías avanzar para siempre, posiblemente hasta el infinito.

Pero si el espacio es curvo, podrían pasar otras cosas interesantes. Si el espacio tiene una curvatura general positiva, avanzar en una dirección podría llevarte a dar una vuelta completa y ¡volver al mismo lugar pero desde la dirección opuesta! Ésta es información útil, por ejemplo, si no te gusta que la gente aparezca de pronto detrás de ti.

LA JUGARRETA MÁS LARGA DEL UNIVERSO

Explicar la idea de un espacio curvo es difícil porque nuestros cerebros sencillamente no están equipados para imaginar conceptos como éste. ¿Por qué lo estarían? La mayor parte de nuestras experiencias cotidianas (como evadir los depredadores o encontrar nuestras llaves) ocurren en un mundo tridimensional que parece estar bastante fijo (aunque si alguna vez somos atacados por alienígenas avanzados que pueden manipular la curvatura del espacio, esperamos también ser capaces de descubrir cómo, y rápido).

¿Qué pasaría si el espacio tuviera una curvatura? Una forma de imaginarlo es fingir por un segundo que vivimos en un mundo bidimensional, como si estuviéramos atrapados en una hoja de papel. Eso quiere decir que sólo podemos movernos en dos direcciones. Ahora, si esa hoja en la que vivimos descansa perfectamente recta, decimos que nuestro espacio es plano.

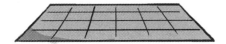

Pero si por alguna razón la hoja de papel se dobla, decimos que el espacio es curvo.

CURVATURA POSITIVA   CURVATURA NEGATIVA

Y hay dos formas en las que puede doblarse el papel. Puede estar curvado todo en una dirección (esto se llama "curvatura positiva") o en diferentes direcciones, como una silla de montar o una papa Pringles (esto se llama "curvatura negativa" o "romper la dieta").

Aquí viene la parte genial: si descubrimos que el espacio es plano en todas direcciones, eso quiere decir que la hoja de papel (el espacio) podría seguir para siempre. Pero si descubrimos que tiene una curva positiva en todas direcciones, sólo hay una forma así: una esfera. O para ser más técnicos, un esferoide (por ejemplo, una papa). Ésta es una de las formas en las que el universo podría cerrarse sobre sí mismo. Todos podríamos vivir en el equivalente tridimensional de una papa, lo cual quiere decir que no importa en qué dirección vayas, terminarías volviendo al mismo punto.

Así que, ¿cuál de las dos opciones es la correcta? ¿El espacio es plano o tiene una curvatura general? Y si tienes el pie plano, ¿quiere decir que tu pie plano no es tan plano, hablando llanamente?

MUNDO PAPA HIPOTÉTICO

Bueno, en este caso resulta que sí tenemos una respuesta, y es que el espacio parece ser "bastante plano", es decir, está a 0.4 por ciento de ser plano. Los científicos han calculado, mediante dos métodos distintos, que la curvatura del espacio (al menos el que podemos ver) es casi cero.

¿Cuáles son estos dos métodos? Uno es medir triángulos. Una cosa interesante sobre la curvatura es que los triángulos en un espacio curvo no siguen las mismas reglas que en un espacio plano. Recuerda nuestra analogía de la hoja de papel. Si dibujas un triángulo en una hoja plana se verá diferente que si lo dibujas sobre una superficie curva.

TRIÁNGULOS EN...

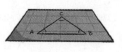

UN ESPACIO PLANO

UN ESPACIO
CON CURVA POSITIVA

UN ESPACIO
CON CURVA NEGATIVA

Los científicos han hecho el equivalente a medir triángulos dibujados en nuestro universo tridimensional observando una imagen del universo primitivo (¿recuerdas el fondo cósmico de microondas del capítulo 3?) y estudiando las relaciones espaciales entre distintos puntos de esa imagen. Y lo que encontraron fue que los triángulos que midieron corresponden a los del espacio plano.

El otro método gracias al cual sabemos que el espacio básicamente es plano es mediante la observación de lo que provoca que el espacio se curve para empezar: la energía del universo. Según la relatividad general, hay una cantidad determinada de energía en el universo (de hecho, densidad de energía) que haría que el espacio se curve en una dirección o en la otra. Resulta que la magnitud de la densidad de energía que podemos medir en nuestro universo es exactamente la cantidad necesaria para que el espacio que vemos no se curve en absoluto (dentro de un margen de error de 0.4 por ciento).

Tal vez alguno de ustedes se sienta decepcionado de enterarse de que no vivimos en una papa cósmica tridimensional en la que puedes dar vueltas si viajas para siempre en una dirección. Y es natural, ¿quién no ha soñado con dar giros estilo Evel Knievel por todo el universo en una motocicleta cohete? Pero en vez de sentirte decepcionado, deberías estar un poquito intrigado. ¿Por qué? Porque hasta donde sabemos, el hecho de que vivamos en un universo plano es una gigantesca coincidencia de nivel cósmico.

] 139 [

Piénsalo. Toda la masa y la energía del universo son lo que le da su curvatura al espacio (recuerda que la masa y la energía deforman el espacio), y si tuviéramos apenas un poquito más de masa y energía de las que tenemos ahora, el espacio se habría curvado en una dirección. Y si tuviéramos apenas un poquito menos de las que tenemos ahora, el espacio se habría curvado en la otra dirección. Pero al parecer, tenemos la cantidad *exacta* para que el universo sea perfectamente plano, hasta donde podemos determinarlo. De hecho, la cantidad exacta es de unos cinco átomos de hidrógeno por metro cúbico de espacio. Si tuviéramos *seis* átomos de hidrógeno por metro cúbico de espacio, o *cuatro*, todo el universo habría sido muy diferente (más curvo y sexy, pero distinto).

Y la cosa se pone aún más rara. Puesto que la curvatura del espacio afecta el movimiento de la materia, y la materia afecta la curvatura del espacio, hay efectos de retroalimentación. Así, si en los primeros días del universo hubiera existido un poquito más de materia o no la suficiente para que nos encontráramos justo en la densidad crítica para hacer que el espacio fuera plano, las cosas habrían estado *lejos* de ser planas. Que el espacio sea bastante plano hoy significa que tuvo que ser *extremadamente* plano al inicio, *o* que hay algo más que lo mantiene plano.

Éste es uno de los grandes misterios del espacio. No sólo no sabemos exactamente qué es, tampoco sabemos por qué es como es. Nuestro conocimiento sobre el tema parece más bien… llano.

La forma del espacio

La curvatura del espacio no es lo único sobre lo que tenemos profundas interrogantes, en lo que a la naturaleza del espacio se refiere. Una vez que aceptas que el espacio no es un vacío infinito, sino una cosa física, tal vez infinita y con propiedades, puedes comenzar a formularte toda clase de preguntas extrañas. Por ejemplo, ¿cuál es el tamaño y la forma del espacio? El tamaño y la forma del espacio nos dicen cuánto espacio existe y cómo está conectado consigo mismo. Quizá pienses que, puesto que el espacio es plano, y no tiene forma de papa ni de silla de montar (o de papa sobre una silla de montar), no tiene sentido hablar de la forma y el tamaño del espacio. Es decir, si el espacio es plano, quiere decir que debe ser infinito, ¿no? ¡No necesariamente!

DEFINITIVAMENTE NO ES
LA FORMA DEL ESPACIO

El espacio podría ser plano e infinito. O podría ser plano y tener una orilla. O, lo que es aún más extraño, podría ser plano y, *aun así*, cerrarse sobre sí mismo.

¿Cómo podría tener una orilla el espacio? De hecho, no hay ninguna razón por la que no pudiera tener un límite, aunque fuera plano. Por ejemplo, un disco es una superficie plana bidimensional con una orilla lisa y continua. Quizás el espacio tridimensional también tiene una frontera en algún punto, gracias a alguna extraña propiedad geométrica de sus orillas.

Una posibilidad más intrigante es que el espacio sea plano y aun así se cierre sobre sí mismo. Sería como jugar uno de esos videojuegos (como *Asteroides* o *Pac-Man*) en los que si rebasas la orilla de la pantalla

sencillamente apareces del otro lado. El espacio podría conectarse consigo mismo de una forma de la que aún no estamos plenamente conscientes. Por ejemplo, los agujeros de gusano son predicciones teóricas de la relatividad general.

En un agujero de gusano dos puntos lejanos del espacio pueden estar conectados entre sí. ¿Qué tal si las orillas del espacio están conectadas de forma similar? Ni idea.

Espacio cuántico

Para terminar, puedes preguntar si el espacio está hecho de trocitos individuales de espacio, como los pixeles de una pantalla de televisión, o es infinitamente uniforme, de modo que hay una cantidad infinita de lugares en los que se puede estar entre dos puntos del espacio.

Tal vez los científicos de la Antigüedad no imaginaron que el aire está hecho de diminutas moléculas individuales. El aire, después de todo, parece ser continuo. Puede llenar cualquier volumen, y tiene interesantes propiedades dinámicas (como el viento y el clima). Sin embargo, sabemos que todas estas cosas que nos encantan del aire (cómo acaricia suavemente tu mejilla con una fresca brisa de verano o cómo evita que nos asfixiemos) en realidad son el comportamiento conjunto de miles de millones de moléculas de aire individuales, no las propiedades fundamentales de las moléculas individuales mismas.

La hipótesis del espacio uniforme parece tener más sentido, porque nuestra experiencia del espacio es que nos deslizamos a través de él en forma fácil y continua. No saltamos de pixel en pixel con saltos espasmódicos, como hace un personaje de videojuego cuando se mueve por la pantalla.

¿O sí?

Dado lo que sabemos hoy sobre el universo, de hecho sería *más* sorprendente que resultara ser infinitamente homogéneo y continuo. Eso es porque sabemos que todo lo demás está cuantizado. La materia está cuantizada, la energía está cuantizada, las fuerzas están cuantizadas, las galletas de animalitos están cuantizadas. Es más, la física cuántica sugiere que puede existir una distancia mínima en el universo, que es de unos 10^{-35} metros.[54] Así que desde una perspectiva de mecánica cuántica tendría sentido que el espacio estuviera cuantizado. Pero, nuevamente, no tenemos ni idea.

¡Pero no tener idea no ha evitado que los físicos imaginen locuras! Si el espacio *en efecto* está cuantizado, cuando nos movemos por él realmente saltamos de unos lugares muy pequeños a otros. Según esta idea, el espacio es una red de nodos conectados, como las estaciones del metro. Cada nodo representa una ubicación, y las conexiones entre ellos representan las relaciones entre estas ubicaciones (es decir, cuál

---

[54] Esta longitud no es un número inventado, aunque es difícil pensar en él. Es la longitud de Planck, la mejor estimación que tenemos para la unidad de distancia más pequeña en la que tiene sentido pensar. Véase el capítulo 16 para leer una discusión detallada.

está junto a cuál otro). Esto es diferente de la idea de que el espacio es únicamente la relación entre la materia, porque estos nodos de espacio pueden estar vacíos y aun así existir.

Curiosamente, estos nodos *no tendrían que existir dentro de un espacio más grande* o una estructura. Sencillamente podrían… ser. En este escenario, lo que llamamos espacio podría no ser más que las relaciones entre los nodos, y todas las partículas del universo serían simplemente propiedades de este espacio, más que elementos que están en él. Por ejemplo, podrían ser modos vibratorios de estos nodos.

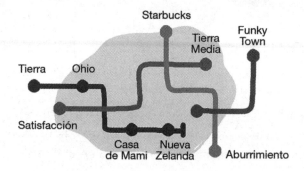

UN MAPA DEL ESPACIO NODAL

Esto no es tan descabellado como suena. La teoría actual de partículas está basada en campos cuánticos que llenan todo el espacio. Un campo significa, sencillamente, que hay un número, o un valor, asociado con cada punto de ese espacio. Según esta idea, las partículas sólo son estados excitados de estos campos. Así que ya no estamos *tan* lejos de este tipo de teoría.

Por cierto, a los físicos les encantan las ideas de este estilo, en las que algo que nos parece fundamental (como el espacio) emana accidentalmente de algo más profundo. Les da la sensación de que han podido asomarse tras la cortina para descubrir un nuevo nivel de la realidad.

Algunos hasta sospechan que las relaciones entre los nodos del espacio están formadas por el entrelazamiento cuántico de partículas, pero es sólo la especulación matemática de una bola de teóricos saturados de cafeína.

Los misterios del espacio

Para resumir, aquí están los grandes misterios sin resolver sobre el espacio que llevamos hasta ahora:

- El espacio es una cosa, pero ¿qué cosa?
- ¿El espacio que conocemos es todo lo que existe, o está dentro de un metaespacio aún más grande?
- ¿Hay partes del universo que no tengan espacio?
- ¿Por qué el espacio es plano?
- ¿El espacio está cuantizado?
- ¿Por qué Ana, la de contabilidad, no respeta el espacio personal de los demás?

Puesto que leíste hasta aquí, y entendiste todo perfectamente o pusiste en silencio tu alarma anti-absurdo, no dudaremos en explorar los conceptos más delirantes sobre el espacio (sí, se pone más delirante).

Si el espacio es una cosa física —no un fondo o un escenario— con propiedades dinámicas como torsiones y ondas, y tal vez hasta está hecho de fragmentos cuantizados de espacio, tenemos que preguntarnos: ¿qué *más* puede hacer el espacio?

Como el aire, podría tener distintos estados y fases. Bajo condiciones extremas, quizá puede organizarse en formas inesperadas o tener propiedades extrañas, del mismo modo que el aire se comporta de manera distinta si se encuentra en estado líquido, sólido o gaseoso. El espacio que todos conocemos y queremos y ocupamos (a veces más de lo que nos gustaría) podría ser únicamente un tipo infrecuente de espacio, y existen otros tipos en el universo esperando que descubramos la forma de crearlos y manipularlos.

OTROS TIPOS POSIBLES DE ESPACIO:

ESPACIO FLORAL   ESPACIO INTERIOR   ESPACIO EN EL ESCRITORIO   ¡¡ESPAAAAACIO!!

La herramienta más curiosa que tenemos para contestar esta pregunta es el hecho de que el espacio sea deformado por la masa y la energía. Para entender qué es el espacio y qué puede hacer, la mejor alternativa es llevarlo hasta el extremo observando cuidadosamente los lugares en los que hay masas de escala cósmica que se compactan y se estiran: agujeros negros. Si pudiéramos explorar las regiones cercanas a los agujeros negros, veríamos el espacio desgarrado y destazado de formas que harían que nuestras alarmas anti-absurdo estallaran.

Y lo más emocionante es que estamos más cerca que nunca de ser capaces de investigar estas deformaciones extremas del espacio. Si antes estábamos sordos a las distorsiones de las ondas gravitacionales que se movían por el universo, ahora podemos escuchar los eventos cósmicos que agitan y perturban la viscosidad del espacio. Tal vez en el futuro próximo entendamos más sobre la naturaleza exacta del espacio y podamos ocuparnos de estas profundas interrogantes que literalmente nos rodean a todos.

Así que date espacio y guarda en tu cerebro algo de espacio para las respuestas.

8

¿Qué es el tiempo?

En donde descubrimos que el tiempo es oro (en realidad no sabemos qué es)

Hasta ahora hemos visto que conceptos básicos como espacio, masa y materia resultan ser mucho más misteriosos de lo que seguramente habías pensado. ¿Qué otros elementos básicos de nuestro mundo estarán ocultando sus excentricidades a plena vista? Es hora de hacer esta oportuna pregunta:

¿Qué es el tiempo?

Si fueras un extraterrestre que visita la Tierra y trataras de aprender nuestra lengua espiando las conversaciones en los cafés y los supermercados, te costaría mucho trabajo responder esta pregunta. Los humanos pasamos mucho tiempo hablando sobre el tiempo, ¡pero casi no hablamos sobre lo que es el tiempo!

Vemos la hora todo el tiempo. Hablamos sobre los buenos tiempos, los malos tiempos, los viejos tiempos, los tiempos locos. Ahorramos tiempo, vigilamos el tiempo, hacemos tiempo, pasamos tiempo, reducimos el tiempo, tenemos pasatiempos. El tiempo puede acabarse, agotarse, correr, detenerse. ¡No espera a hombres ni a mujeres! A veces vuela, a veces te sobresalta y a veces se arrastra. La mayor parte del tiempo se nos acaba el tiempo.

Pero ¿qué es? ¿Es una cosa física (como la materia o el espacio) o un concepto abstracto que superponemos a nuestra experiencia del universo?

Si esperabas que los físicos tuvieran una respuesta para esta pregunta profunda y un poco confusa sobre el tiempo, pues todavía no es tiempo para eso. El tiempo sigue siendo uno de los grandes misterios de la física, uno que pone en entredicho la definición misma de física. Así que tomémonos nuestro tiempo y exploremos con cuidado este tema intemporal.

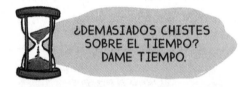

¿DEMASIADOS CHISTES SOBRE EL TIEMPO? DAME TIEMPO.

Una definición de tiempo

De todas las preguntas que puedes responder sobre el universo, las *más* divertidas son las que suenan sencillas pero en realidad son muy difíciles de contestar. Son el tipo de preguntas que hacen que te rasques la cabeza y te des cuenta de que hay cosas básicas que están justo frente a nosotros y para las que no tenemos una explicación convincente.

Este tipo de preguntas nos plantean la posibilidad de que estemos viendo las cosas en forma incorrecta, como hemos hecho en el pasado (por ejemplo, *La Tierra es plana* o *¡Déjame ponerte unas sanguijuelas para curarte esa enfermedad!*), y que obtener una respuesta sólida y concreta podría cambiar la forma en la que pensamos sobre el universo y nuestro lugar en él. ¡Hay mucho en juego!

Lo primero que deberíamos hacer es tratar de definir qué es el tiempo. Porque así es como los físicos abordamos las preguntas difíciles. Primero ideamos una definición cuidadosa de aquello que estamos tratando de entender, y luego seguimos con una descripción matemática que nos permita aplicar el poder de la lógica y la experimentación que nos guiará el resto del camino.

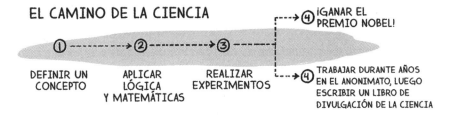

EL CAMINO DE LA CIENCIA

①────▶②────▶③────▶④ ¡GANAR EL PREMIO NOBEL!

DEFINIR UN CONCEPTO

APLICAR LÓGICA Y MATEMÁTICAS

REALIZAR EXPERIMENTOS

④ TRABAJAR DURANTE AÑOS EN EL ANONIMATO, LUEGO ESCRIBIR UN LIBRO DE DIVULGACIÓN DE LA CIENCIA

Entonces, ¿qué *es* el tiempo? Si detuvieras gente al azar en la calle y le pidieras que definiera el tiempo, obtendrías respuestas como:

El tiempo es la diferencia entre entonces y ahora.
El tiempo es lo que nos dice cuándo ocurren las cosas.
El tiempo es lo que miden los relojes.
¡El tiempo es oro, así que déjame en paz!

Todas son definiciones plausibles de tiempo, pero todas plantean aún más preguntas. Por ejemplo, puedes preguntar: *¿Por qué hay un 'entonces' y un 'ahora' en primer lugar?* o *¿Qué significa 'entonces'?* o *¿Los relojes también están sujetos al tiempo?* o *¿Quién tiene tiempo para esto?*

DEFINICIONES LITERARIAS DE TIEMPO

ESO QUE PUEDE SER, SIMULTÁNEAMENTE, LO MEJOR Y LO PEOR   UN GRAN REMOLINO TAMBALEANTE DE COSAS TEMPORALES   HAMMER TIME

Suena difícil que avancemos si ni siquiera podemos describir qué es el tiempo, pero no te alarmes. Aunque la interrogante *¿Qué es el tiempo?* suena como algo que preguntaría un niño de cinco años, no sería la primera vez que tenemos problemas para definir o describir con precisión algo con lo que estamos muy familiarizados.[55] También ocurre en otros campos: los biólogos llevan décadas discutiendo la definición de "vida" (los activistas por los derechos de los zombis son un poderoso grupo de cabildeo), los neurocientíficos se pelean por la definición de "conciencia" y los godzilólogos no pueden ponerse de acuerdo en la definición de "monstruo".[56]

Parte de nuestras dificultades para definir el tiempo provienen de lo profundamente interiorizado que está en nuestra experiencia y nuestra forma de pensar. El tiempo es la forma en la que relacionamos el "ahora" que tenemos ahora con el "ahora" que tuvimos antes. Lo que estamos sintiendo en este instante es lo que llamamos el presente, pero el presente es fugaz y efímero: no hay forma de saborearlo o alargarlo como harías con un rico trozo de pastel de chocolate. Cada instante se escapa inmediatamente de nuestra intensa experiencia del presente y se convierte en un recuerdo del pasado que se esfuma poco a poco.

---

[55] Físicos: niños de cinco años que nunca crecieron.
[56] Ni modo, niños, no se trata de un trabajo verdadero.

LA INSOPORTABLE LEVEDAD DEL AHORA

Pero el tiempo también tiene que ver con el futuro. Ser capaz de conectar el futuro con el pasado y el presente es muy importante. Si eres un cavernícola que espera sobrevivir al próximo invierno o una mujer moderna que necesita un lugar para cargar su teléfono, pensar sobre el futuro y extrapolar del pasado es de una importancia absolutamente primordial para tu supervivencia. Así que es difícil imaginar la experiencia humana sin el concepto de tiempo.

Lo mismo aplica para la forma en la que los físicos piensan sobre el tiempo. ¡De hecho, el tiempo está incluido en la definición misma de física! La física, según una autoridad muy confiable (Wikipedia), no es más que "el estudio de la materia y su movimiento en el tiempo y el espacio". Hasta la palabra "movimiento" supone el concepto de tiempo. El trabajo básico de la física es usar el pasado para entender los futuros posibles y cómo podemos afectarlos. La física no tiene sentido sin el tiempo.

La verdad es que cualquier definición de tiempo que se nos ocurra a los humanos probablemente esté distorsionada por la naturaleza de nuestra experiencia. Piénsalo: ¡hasta pensar sobre el tiempo *requiere* tiempo! Podría ser que los físicos extraterrestres no tengan el mismo concepto de tiempo que nosotros, porque sus experiencias y sus patrones de pensamiento son distintos, de alguna profunda forma alienígena, a los nuestros, y que nuestras experiencias subjetivas actuales nos impidan entenderlo plenamente.

Bueno, dinos de una vez: ¿qué es el tiempo?

Hablemos sobre hurones.

Para entender mejor cómo piensan los físicos sobre el tiempo, consideremos un escenario cotidiano. Por ejemplo, supón que tus hurones están planeando dejar caer un globo de agua sobre tu cabeza en cuanto llegues a casa del trabajo. Pasa todo el tiempo, ¿no?

Ahora, en vez de pensar en el tiempo como un flujo continuo de experiencias, córtalo en trozos e imagínate que funciona como una película: uniendo muchas instantáneas estáticas.

Para los físicos, cada una de estas instantáneas describe el estado de las cosas en algún punto. Así que tienes una serie de instantáneas:

1. Caminas inocentemente hasta la puerta de tu casa, silbando y sin una sola preocupación en el mundo.
2. Los hurones colocan el globo en posición.
3. Metes la llave en la cerradura.
4. Los hurones lanzan la carga.
5. Te empapan.
6. Los hurones se tronchan de risa.

Cada instantánea es una descripción de la situación local: dónde está cada cosa y qué está haciendo en un momento dado. Cada una está congelada, estática, sin cambios. Si no tuviéramos la noción de tiempo, el universo sería una de estas instantáneas congeladas, incapaz de cambio o de movimiento.

Por suerte, nuestro universo es mucho más interesante. Estas instantáneas no existen independientemente unas de otras. El tiempo las vincula en dos formas importantes.

En primer lugar, une las instantáneas en una cadena y las coloca en un orden particular. Por ejemplo, sentiríamos que hay algo mal con esta secuencia si estuviera ordenada de un modo distinto.

En segundo lugar, requiere que las instantáneas estén conectadas en forma causal una con otra. Eso quiere decir que cada momento del universo depende de lo que ocurrió justo antes. No es más que causa y efecto. Por ejemplo, no puedes estar en tu sillón comiendo helado un momento y a medio maratón un momento después.

Éste es, precisamente, el trabajo de la física: decirnos cómo puede cambiar el universo y cómo no puede cambiar. Dada una instantánea particular, la física nos dice qué instantáneas son posibles en el futuro, cuáles son probables y cuáles imposibles. Y el tiempo es la base de estos requisitos. Sin tiempo, tenemos que imaginarnos un universo estático, porque cualquier tipo de cambio o de movimiento requiere tiempo.

EN UN UNIVERSO SIN TIEMPO
NUNCA SABRÍAS QUÉ PASA A CONTINUACIÓN.

¿Qué tiene que ver esto con que experimentemos una continuidad temporal? Bueno, pues podemos unir todas estas instantáneas para hacer una película tan fluida y continua como queramos haciendo que la separación entre instantáneas sea tan pequeña como queramos.[57]

TIEMPO = ÁLBUMES
DE RECORTES

Para esto exactamente se inventó el idioma matemático de la física —el cálculo—: para convertir muchas rebanadas diminutas en una variación continua. Cuando ves una película, no te das cuenta de que en realidad es una secuencia de imágenes congeladas, porque las separan tiempos muy cortos. Del mismo modo, nuestra descripción de un universo lleno de cambio y movimiento es un conjunto de instantáneas estáticas y ordenadas, relacionadas entre sí por las leyes de la física. El tiempo es el ordenamiento y el espaciamiento de estas instantáneas.

---

[57] Casi. El principio de incertidumbre también se aplica al tiempo, así que hay cierta imprecisión de base.

¡Todavía estoy algo confundido!

Si esa definición de tiempo te pareció un poquito vaga e insatisfactoria, fórmate en la fila. Los físicos, los filósofos y los niños de cinco años llevan siglos discutiendo qué es exactamente el tiempo. Hasta la fecha no hay un conjunto de palabras universalmente aceptado para describir el tiempo.[58] Ni siquiera todos los libros de física se ocupan del tema. Éste es uno de los misterios centrales del tiempo: se resiste a admitir una definición exacta. Está tan enraizado en la forma en la que vemos el mundo, y en nuestras herramientas para entender ese mundo, que lo mejor que podemos hacer es hablar en términos generales y tratar de distraerte con palabras elegantes como "cálculo" y "hurones".

Todos los dispositivos que tenemos para entender nuestro lugar en el universo dan por sentada esta experiencia continua del tiempo, y por lo general funcionan bien.[59] Pero aun así hay muchas preguntas que podemos hacer sobre este vago concepto. Por ejemplo, ¿por qué lo tenemos, en primer lugar? ¿Por qué parece moverse hacia adelante? En verdad, ¿sólo se mueve hacia adelante? Algunos dicen que es parte del

TAL VEZ NO PODAMOS DEFINIRLO, PERO DEFINITIVAMENTE LO ESTOY SINTIENDO JUSTO AHORA.

---

[58] Para ser justos, tal vez no existe ningún conjunto de palabras universalmente aceptado para describir *nada*.

[59] Al menos para el cinco por ciento del universo con el que estamos familiarizados.

espacio-tiempo, pero ¿por qué es tan distinto del espacio? ¿Podemos volver en el tiempo y comprar acciones de Google en 2001?

Es tiempo de adentrarnos más en el tiempo.

El tiempo es la cuarta dimensión (¿o no?)

Quizás hayas notado que la idea del tiempo como un largo continuo por el cual podemos viajar suena sorprendentemente similar a otra parte fundamental del universo: el espacio.

La misma lógica de rebanar nuestro viaje por el tiempo en instantáneas estáticas puede aplicarse a nuestro movimiento por el espacio. Esto nos lleva a considerar la posibilidad de que el tiempo y el espacio estén estrechamente emparentados.

De hecho, la física moderna nos dice que el tiempo y el espacio *sí* son muy similares, y en muchos sentidos es totalmente correcto pensar en el tiempo como en otra dirección en la que podemos movernos. Dejemos que la idea se asiente un minuto. Como suele ocurrir, es más fácil pensar sobre esto si simplificas nuestro universo. Imagínate que hay una sola dirección en la que puedes moverte por el espacio, en vez de las tres con las que estamos familiarizados.

Ahora imagínate un día en la vida de tu hurón unidimensional. Se despierta en la mañana y tiene mucho trabajo que hacer (¡las bromas pesadas con globos de agua no se planean y se organizan solas!). Imaginemos que hace varios viajes a la tienda de globos antes de que regreses.

La gráfica muestra al hurón moviéndose a lo largo de esa dimensión durante el día. Pero también puedes pensar en la ruta de tu hurón a lo largo de un plano bidimensional llamado espacio-tiempo. De hecho, en física las matemáticas del movimiento son más sencillas y limpias si consideras el tiempo como la cuarta dimensión (eso asumiendo

que sólo tengamos tres dimensiones espaciales; consulta el capítulo 9 para enterarte de otras posibilidades).

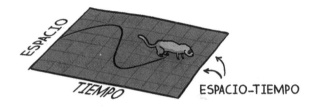

Siempre es muy satisfactorio conectar dos conceptos distintos y comprobar que son parte de una estructura mayor. Éste suele ser el primer paso para tratar de entender las cosas con mayor profundidad. Como cuando descubres que el chocolate y la mantequilla de cacahuate saben tan bien juntos que deben formar parte de algún continuo universal de chocolate-cacahuate.

Pero no te emociones mucho. Esta conexión entre el espacio y el tiempo no quiere decir que puedas pensar en el tiempo como una dimensión del espacio, con todas las implicaciones que esto tiene. El tiempo es distinto del espacio de muchas formas. Éstos son algunos de los misterios sobre el tiempo que aún persisten, y esperamos que nos den las claves para entender el panorama general del espacio-tiempo. Hasta ahora apenas sabemos cómo formular las preguntas.

Pregunta #1: ¿en qué son distintos el tiempo y el espacio (y por qué)?

Conectar el tiempo y el espacio es útil porque nos muestra que son parecidos, pero también destaca las formas en las que son distintos. Tienes una relación muy distinta con el tiempo que con el espacio.

Para empezar, puedes moverte por el espacio en la dirección que quieras. Puedes caminar en círculos o caminar para atrás hacia lugares en los que ya has estado. También puedes moverte por el espacio a la velocidad que quieras, rápido o lento. O puedes sentarte en un mismo lugar y no moverte para nada durante un rato. Pero el tiempo es distinto. Con el tiempo no puedes darte estas libertades.

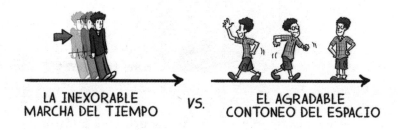

LA INEXORABLE
MARCHA DEL TIEMPO vs. EL AGRADABLE
CONTONEO DEL ESPACIO

Te mueves por el tiempo a un paso regular y constante (segundo por segundo, para ser precisos).[60] No puedes ir para atrás o dar vueltitas en el tiempo. No puedes decidir de pronto retroceder en el tiempo y estar en un punto diferente del espacio del que estabas en ese momento anterior. Aunque puedes estar en la misma posición del espacio en diferentes momentos, no puedes estar en diferentes posiciones del espacio al mismo tiempo.

---

[60] Si estás cerca de un agujero negro o te mueves a grandes velocidades, tu tiempo puede ir más rápido o más despacio para otras personas, pero tú sigues experimentando segundo por segundo.

Igual de raro: es normal pensar que algo tiene una ubicación fija (una posición en el espacio), pero sería rarísimo que tuviera un tiempo fijo. Esto es porque el tiempo avanza como el frente de una ola. Una vez que pasa un momento, se ha ido para siempre (como esas galletas de chocolate que estaban sobre la mesa de la cocina). En contraste, tu ubicación en el espacio es variable y libre. Hay muchos puntos del espacio en los que nunca vas a estar, y muchos que vas a visitar gran número de veces. Pero entre el momento de tu nacimiento y el de tu muerte, sólo te mueves en una dirección a través del tiempo. A menos que tu historia sea bastante peculiar (por ejemplo, que vivas en una nave colonizadora que realiza un viaje generacional entre galaxias), tu viaje por el tiempo resultará ser muy distinto de tu viaje por el espacio.

EL VIAJE DE TU VIDA

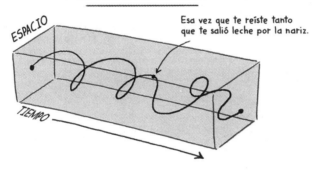

ESPACIO

Esa vez que te reíste tanto
que te salió leche por la nariz.

TIEMPO

Si bien pensar en el tiempo como otra dimensión es matemáticamente conveniente para nuestras teorías, es importante recordar que el tiempo tiene diferencias significativas que lo hacen único. El tiempo funciona diferente que el espacio porque no es un conjunto de lugares interconectados. En cambio, pensamos que el tiempo vincula instantáneas estáticas del universo que están causalmente conectadas, y esto tiene consecuencias enormes para lo que podemos (y no podemos) hacer con el tiempo.

Pregunta #2: ¿podemos volver en el tiempo?

Las lecciones que has aprendido en este libro deberían haberte enseñado a ser escéptico cuando te dicen que algo es imposible. Después de todo, tal vez lo que ahora decimos que es imposible cambiará una vez que entendamos mejor el universo. Muchas cosas que antes parecían imposibles, hoy son de las más comunes, como tener acceso a la mayor parte del conocimiento humano y a una infinidad de datos curiosos perfectamente insustanciales mediante un teléfono que cabe en el bolsillo.[61]

Pero en el caso de los viajes en el tiempo, la física moderna está tan segura como se puede estarlo de que no son posibles. Cualquier escenario en el que puedas viajar hacia atrás en el tiempo rápidamente conduce a paradojas que violan supuestos básicos y fundamentales sobre el funcionamiento del universo.

¿QUÉ CLASE DE DOCTOR ERES, "DOC" BROWN?

En algunas historias de ciencia ficción, los extraterrestres o unos humanos muy avanzados son capaces de entender el tiempo como una dimensión espacial y de moverse hacia adelante y hacia atrás en él; esto les permite ir por el tiempo del mismo modo que tú y yo recorremos un pasillo. Y aunque es muy divertido leer estas historias, tienen serios problemas desde una perspectiva física.[62]

---

[61] Una cosa aún imposible: tener buena recepción cuando en verdad la necesitas.
[62] Así es la física: aguafiestas desde la Antigüedad.

Para empezar, ir hacia atrás en el tiempo puede romper la causalidad. Si quieres que el universo tenga sentido, ése es un *gran problema*. Si no te importa que los efectos ocurran antes que sus causas (que carguen a tu tarjeta de crédito este libro antes de que lo compres, o que tus hurones se coman tu desayuno antes de que lo prepares), eres mucho más flexible que nosotros.

Sin la causalidad nada tiene sentido. Por ejemplo, si tus hurones se cansan de lanzarte globos de agua sobre la cabeza cuando llegas a casa porque has comenzado a sospechar y a anticipar sus maldades, podrían construir una máquina del tiempo para viajar al pasado, a un momento en 2005, *antes* de que tuvieras hurones, cuando todavía eras inocente y fácil de sorprender. Si tuvieran éxito en su plan de darte una ducha, podría haber consecuencias imprevistas. ¿Qué tal que estuvieras dudando de tener hurones y esto te ayudara a decidirte? Si decidieras no comprar hurones ¡entonces no hay hurones para empaparte hasta que se aburran y construyan una máquina del tiempo! Esto, a su vez, implica que no te bañarían en 2005, de modo que entonces sí comprarías hurones, etc. Estás atrapado en un ciclo eterno de inconsistencias huronales. La moraleja de la historia es que no es posible viajar en el tiempo porque viola la causalidad, y que deberías pensártelo dos veces antes de comprar hurones. Se trata de la famosa paradoja del hurón.[63]

PARADOJAS ANIMALES FAMOSAS

LA PARADOJA DEL HURÓN

LA PARADOJA DEL PAR DE PATOS

LA PARADOJA DEL PERRO Y LA PERA

EL PERICO DE LA PARADOJA

---

[63] Famosa según nosotros.

Lo que es más importante, piensa cuidadosamente lo que ocurre en estas divertidas historias de ciencia ficción. Los extraterrestres se *mueven* a través de este espacio-tiempo ficticio, pero recuerda: el *movimiento* implica tiempo. Estos extraterrestres tienen una ubicación en el espacio-tiempo y luego tienen otra. ¿Qué quiere decir "luego"? Estos autores bienintencionados han reintroducido la noción de tiempo lineal sobre su universo de espacio-tiempo. La lección es que es difícil inventarse un universo consistente (incluso uno ficticio) en el que el tiempo se parezca más al espacio.

Pregunta #3: ¿por qué el tiempo se mueve hacia adelante?

Puesto que no podemos ir hacia atrás en el tiempo, tal vez te parezca razonable preguntar: *¿Por qué el tiempo se mueve hacia adelante?*

La idea de un tiempo que *no* se mueva hacia adelante nos parece descabellada. No esperamos que el horno convierta la comida cocida en comida cruda, o que en los días calurosos se formen cubitos de hielo en tu bebida, o que esas galletas de chocolate se descoman solas. Todas estas cosas nos resultan muy familiares cuando van hacia adelante, pero si ocurrieran en reversa te harían pensar que es buena idea bajarle a tus medicinas.

Del mismo modo, puedes recordar cosas que ocurren en el pasado, pero no cosas que ocurren en el futuro.[64] El tiempo parece tener una dirección predilecta, y *no tenemos ni idea de por qué es así.*

---

[64] Si recuerdas el futuro, háblanos. Tenemos cosas que preguntarte.

Esta pregunta básica —¿por qué el tiempo sólo se mueve hacia adelante?— ha intrigado a los físicos durante mucho tiempo. Es más, ¿qué quiere decir "hacia adelante en el tiempo"? En un universo en el que el tiempo fluyera en la otra dirección, sus científicos llamarían *esa* dirección hacia adelante. Así que la pregunta en realidad debería ser: ¿por qué el tiempo se mueve en la dirección en la que lo hace?

Lo primero que hay que considerar es si el universo funcionaría si el tiempo fuera en el otro sentido. ¿Las leyes de la física exigen que el tiempo fluya en una dirección? Imagínate que estás viendo la grabación de un universo. ¿Podrías determinar, mediante un cuidadoso análisis, si el video está siendo reproducido hacia adelante o en reversa? Por ejemplo, digamos que estás viendo el video de una pelota que rebota. Siempre y cuando la pelota bote perfectamente (y no pierda nada de energía a causa de la fricción o la resistencia del aire) las versiones hacia adelante y hacia atrás del video *¡se verían exactamente iguales!* Lo mismo ocurre con las partículas de gas que rebotan dentro de un contenedor o con las moléculas de agua que fluyen en un río. Hasta la mecánica cuántica funciona perfectamente bien hacia atrás.[65] De hecho, casi todas las leyes de la física funcionarían igual de bien hacia adelante que en reversa.

Pero no todas.

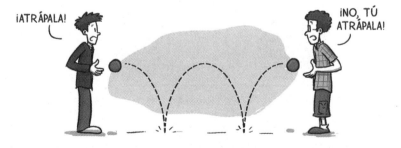

[65] Excepto por el colapso de la función de onda, que unos argumentan que es irreversible y otros argumentan que es una pérdida de coherencia. Algunos más sólo argumentan por argumentar.

El ejemplo de la pelota que rebota perfectamente no es realista, porque ignora la fricción de la pelota en el suelo y la resistencia del aire, y muchas otras formas en las que la energía de la pelota se disipa en forma de calor. Tras algunos rebotes, hasta la Superpelota favorita de tu hurón dejará de botar tan alto y terminará por reposar en el suelo. Toda su energía habrá calentado las moléculas de aire o las moléculas de la pelota o las moléculas del suelo.

Ahora imagínate qué estrafalario se vería un video real de una pelota que rebota proyectado en reversa: una pelota que reposa en el suelo súbitamente comienza a rebotar más y más alto. El flujo de energía se vería aún más raro: el aire, la pelota y el suelo se enfriarían un poco, y el calor perdido se convertiría en el movimiento de la pelota.

En este ejemplo, definitivamente podrías determinar la diferencia entre adelante y atrás. Lo mismo ocurre con los otros ejemplos que dimos: cocinar alimentos, derretir cubitos de hielo y comer galletas. Pero si casi todas las leyes de la física funcionan bien en reversa —sobre todo, la microfísica del calor y la difusión—, ¿por qué estos procesos macroscópicos parecen ocurrir en una sola dirección? La razón es la cantidad de desorden del sistema, conocida como entropía, que tiene una preferencia muy marcada por una dirección en el tiempo.

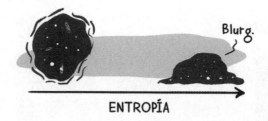

Blurg.

ENTROPÍA

La entropía siempre aumenta con el tiempo. Esto se conoce como la segunda ley de la termodinámica. Piensa en la entropía como la cantidad de desorden que existe en algo. Cuando olvidas alimentar a tu hurón y éste destroza tu sala y tira tu pila perfectamente ordenada de ejemplares autografiados de este libro, ha aumentado la entropía de tu sala mediante un aumento en el desorden.

Si vuelves a casa y reorganizas todo, disminuyes la entropía de la sala, pero hacerlo requiere bastante energía, que liberas en forma de calor y frustración y murmullos por lo bajo sobre la vez que le dijiste a tu compañera de cuarto que era mala idea tener un hurón. La energía que liberas cuando ordenas tu sala conserva el aumento en la entropía total. Cada vez que creas algún tipo de orden localizado —apilas libros, haces marcas en una hoja de papel o prendes el aire acondicionado— simultáneamente estás creando desorden como subproducto, por lo general en forma de calor. La segunda ley dice que es imposible reducir la entropía total *promedio* cuando el tiempo avanza hacia adelante.

(Nota: ésta es una afirmación probabilística. Técnicamente es posible que una turba de hurones furiosos se organice accidentalmente en una cuadrilla perfectamente ordenada y por lo tanto disminuya su entropía, pero es una probabilidad diminuta. Se permiten los accidentes aislados, pero en promedio la entropía siempre aumenta.)

LIMPIARÍA MI CUARTO, PERO VA CONTRA LA SEGUNDA LEY DE LA TERMODINÁMICA.

Esto tiene algunas consecuencias espeluznantes: puesto que la entropía no hace más que aumentar, muy, muy, muy, muy en el futuro el universo alcanzará una cantidad máxima de desorden, acontecimiento que recibe el entrañable nombre de "muerte térmica del universo". En este estado, todo el universo tendrá la misma temperatura, lo que quiere decir que todo estará totalmente desordenado, sin útiles regiones con estructuras ordenadas (como los humanos). Hasta entonces, crear regiones con un orden local haciendo regiones de desorden para compensarlas sólo resulta posible porque el universo aún no alcanza el desorden máximo, así que todavía tenemos espacio de maniobra.

Ahora piensa hacia atrás en el tiempo. En cada momento del pasado, el universo tenía *menos* entropía (más orden) que ahora, hasta llegar al momento del Big Bang. Piensa en el Big Bang como el momento en el que los camiones de la mudanza y tus hijos pequeños llegan a tu inmaculada casa nueva. Esta condición inicial del universo, cuando la entropía estaba en su punto más bajo, determina cuánto tiempo pasa entre el nacimiento y la muerte térmica del universo. Si el universo hubiera comenzado con grandes cantidades de desorden, no le quedaría mucho tiempo antes de morir térmicamente. En nuestro caso, parece que el universo comenzó muy ordenado, así que tenemos mucho tiempo antes de alcanzar la entropía máxima.

¿Por qué el universo empezó en una configuración muy organizada y con muy poca entropía? Ni idea. Pero es una suerte que haya sido así, porque deja mucho tiempo, entre el principio y el fin, para hacer cosas interesantes, como planetas, personas y paletas heladas.

¿La entropía nos ayuda a entender el tiempo?

La entropía es una de las pocas leyes de la física a la que le importa, de un modo u otro, en qué dirección fluye el tiempo.

La mayor parte de los procesos que la entropía afecta, como las leyes de la cinemática que determinan cómo rebotan entre sí las moléculas de un gas, funcionarían perfectamente en reversa. Pero en conjunto siguen una ley que requiere que la cantidad de orden disminuya con el tiempo. Así que el tiempo y la entropía están conectados de algún modo. Pero hasta ahora sólo tenemos una correlación: la entropía aumenta con el tiempo.

POSIBILIDADES DEL TIEMPO

ENTROPÍA / TIEMPO
LA ENTROPÍA ES UNA FUNCIÓN DEL TIEMPO

TIEMPO / ENTROPÍA
EL TIEMPO ES UNA FUNCIÓN DE LA ENTROPÍA

TIEMPO/ ENTROPÍA / CHISTES MALOS
EL TIEMPO Y LA ENTROPÍA SON UNA FUNCIÓN DE LA CANTIDAD DE CHISTES SOBRE EL TIEMPO EN ESTE CAPÍTULO

¿Eso significa que la entropía *provoca* que el tiempo sólo vaya hacia adelante, del mismo modo que una colina provoca que el agua sólo fluya hacia abajo? ¿O la entropía *sigue* la flecha del tiempo como los escombros atrapados en un tornado?

Incluso si aceptas que la entropía aumenta con el tiempo, esto no explica por qué el tiempo sólo va hacia adelante. Por ejemplo, puedes imaginar un universo en el que el tiempo vaya hacia atrás y la entropía *disminuya* con un tiempo *negativo*, ¡lo cual mantendría la relación *y* no violaría la segunda ley de la termodinámica!

Así que la entropía no es tanto una revelación como una pista. Es una de las pocas pistas que tenemos sobre la forma en que funciona el tiempo, así que merece que le prestemos toda nuestra atención. ¿La entropía es la clave para entender la dirección del tiempo? Aunque muchos especulan con esto, aún no lo sabemos. Es más, tenemos muy pocas formas de descubrirlo.

Tiempo y partículas

Las partículas pequeñas por lo general parecen ser ambivalentes respecto a la dirección del tiempo. Por ejemplo, a un electrón le da lo mismo emitir un fotón o absorberlo. Dos quarks pueden fusionarse para hacer un bosón Z, o un bosón Z puede decaer para dar lugar a dos quarks. En general, no podrías determinar en qué dirección fluye el tiempo en nuestro universo únicamente viendo cómo interactúan las partículas. Pero no es así en todos los casos: hay un tipo de interacción entre partículas que funciona de forma distinta si haces correr el tiempo hacia adelante y hacia atrás.

La fuerza débil, la responsable del decaimiento radioactivo, mediada por los bosones W y Z, tiene una parte que prefiere una dirección. No es terriblemente importante entender los detalles, y el efecto es pequeño, pero real. Por ejemplo, cuando un par de quarks están sujetos entre sí por la fuerza fuerte, a veces hay dos disposiciones posibles. Pueden pasar de una de estas disposiciones a la otra usando la fuerza débil, pero ir en una dirección toma más tiempo que ir de regreso. Así que reproducir un video de este proceso en reversa se vería distinto que reproducirlo hacia adelante.

¿Y esto qué tiene que ver con el tiempo? No estamos seguros, pero huele a que es una pista útil.

] 170 [

Pregunta #4: ¿todos sentimos el tiempo del mismo modo?

Antes del siglo xx, la ciencia consideraba que el tiempo era bastante universal: todos y todo en el universo sentían el tiempo del mismo modo. Se asumía que si ponías relojes idénticos en diferentes partes del universo permanecerían coordinados para siempre. Después de todo, eso es lo que experimentamos en nuestra vida diaria. ¡Imagínate el caos que resultaría si todos los relojes funcionaran a distintas velocidades!

Pero entonces la teoría de la relatividad de Albert Einstein cambió las cosas al fusionar el espacio y el tiempo en un solo concepto: espacio-tiempo.[66] Einstein predijo que los relojes en movimiento corren más despacio. Si viajas a una estrella cercana a una velocidad cercana a la de la luz, experimentarás *menos tiempo* que la gente que se quedó en la Tierra. Esto no quiere decir que sientas que el tiempo se mueve más despacio, como en *Matrix*. Significa que la gente y los relojes que se quedaron en la Tierra medirán el paso de más tiempo que los relojes de tu nave espacial. Todos experimentamos el tiempo del mismo modo (al ritmo normal de segundo por segundo), pero nuestros relojes discrepan si unos se mueven a gran velocidad en relación con los otros.

En algún lado, en Suiza, un relojero acaba de tener un ataque cardiaco.

Que haya relojes idénticos que funcionan a diferentes velocidades parece desafiar la lógica y la razón; sin embargo, eso es lo que hace el universo. Sabemos que es cierto porque lo vemos en nuestra vida diaria. Los receptores de GPS de tu teléfono (o tu automóvil o tu avión) asumen que el tiempo se mueve más despacio para los satélites de GPS que orbitan la Tierra (y que se mueven a miles de kilómetros por hora en el espacio curvado por la gigantesca masa de la Tierra). Sin esta

---

[66] El genio de Einstein no consistía en ponerles nombres creativos a las cosas.

información, tu dispositivo de GPS no podría sincronizar y triangular con exactitud tu posición a partir de las señales que transmiten estos satélites. La clave es que el universo sigue reglas lógicas, aunque a veces esas reglas no son lo que tú esperas. En este caso, el culpable es el límite de velocidad del universo: la velocidad de la luz.

Según la teoría de la relatividad de Einstein, nada, ni siquiera la información o la pizza caliente a domicilio, puede viajar más rápido que la velocidad de la luz. Este límite máximo a la velocidad (es decir, la distancia que se viaja en un tiempo dado) tiene algunas consecuencias extrañas que desafían nuestra noción de qué es el tiempo.

Primero, asegurémonos de que entendemos cómo funciona este límite de velocidad. La regla más importante es que éste tiene que aplicarse a cualquiera que mida cualquier velocidad desde cualquier lugar. Cuando decimos que no puede observarse nada que vaya más rápido que la velocidad de la luz queremos decir *nada*, sin importar qué perspectiva tengas.

Así que hagamos un sencillo experimento mental. Supón que estás sentado en tu sillón y enciendes una linterna. Para ti, la luz de esta linterna se aleja de ti a la velocidad de la luz.

Pero ¿qué pasaría si amarráramos el sillón a la punta de un cohete y el cohete despegara y comenzara a moverse muy rápido? ¿Qué pasa ahora si enciendes tu linterna? Si apuntas la linterna hacia el frente del cohete, ¿la luz se mueve a la velocidad de la luz *más* la velocidad del cohete?

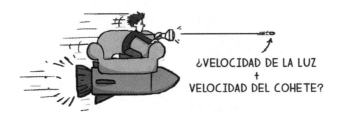

¿VELOCIDAD DE LA LUZ
+
VELOCIDAD DEL COHETE?

En el capítulo 10 abundaremos un poco más sobre estas ideas, pero el tema es que para que la luz que sale de esa linterna parezca viajar a la velocidad de la luz para todos los observadores (para ti, en el cohete, y para el resto de nosotros, aquí en la Tierra) algo tiene que ser diferente, y ese algo es el tiempo.

Para entender el tema ayuda que volvamos a pensar en el tiempo como la cuarta dimensión del espacio-tiempo. Y también ayuda imaginarse que el límite de velocidad del universo aplica para tu velocidad total tanto a través del espacio como del tiempo. Si estás sentado en tu sillón en la Tierra, no tienes velocidad a través del espacio (en relación con la Tierra), así que tu velocidad por el tiempo puede ser alta.

VELOCIDAD
POR EL TIEMPO

VELOCIDAD
POR EL ESPACIO

VELOCIDAD
MÁXIMA

Pero si te encuentras en un cohete que se mueve a una velocidad cercana a la de la luz en relación con la Tierra, entonces tu velocidad a través del espacio es muy alta. De esta manera, para que tu velocidad total a través del espacio-tiempo en relación con la Tierra se mantenga dentro del límite de velocidad del universo, tu velocidad por el tiempo debe disminuir, medida por los relojes en la Tierra.

¿Sigues aquí?

Es posible que la idea de que distintas personas pueden reportar el paso del tiempo de formas diferentes te provoque dolor de cabeza, pero tal es el camino del universo. Lo que es aún más extraño es que la gente puede discrepar, en algunos casos, sobre *el orden en el que ocurrieron las cosas*, pero todos estarían reportando correctamente lo que observaron.

Por ejemplo, dos observadores honestos pueden discrepar sobre quién ganó unos arrancones si los dos están moviéndose a diferentes velocidades.

Si tienes una carrera entre tu llama y tu hurón, dependiendo de qué tan rápido te estés moviendo en relación con la carrera podrías ver cómo la gana una u otra de tus adoradas mascotas. Cada una tendrá su propia versión de los acontecimientos, y si tu abuela es capaz de viajar a una velocidad cercana a la de la luz, ella podría discrepar con todos ustedes. Y *¡todos estarían en lo correcto!* (Nótese, sin embargo, que también discreparían sobre los tiempos de *inicio*.)

Es difícil metabolizar la idea de que la gente puede experimentar el tiempo en formas distintas, porque nos gusta pensar que hay una historia absoluta y verdadera del universo. Imaginamos que, en principio, alguien podría escribir una sola historia (muy, muy larga y básicamente superaburrida) sobre todo lo que ha ocurrido hasta ahora en el universo. Si existiera, todos podrían contrastarla con su propia experiencia, y excepto por algunos errores honestos y algo de visión borrosa, la historia concordaría con lo que la gente vio. Pero la relatividad de Einstein dejó claro que todo es relativo, e incluso la descripción de los eventos del universo depende de quién está registrando esa descripción.

En definitiva, debemos renunciar a la idea de que el tiempo es un reloj único y absoluto para el universo. A veces, esto nos conduce hacia áreas que no parecen tener sentido, intuitivamente, pero lo sorprendente es que dicha forma de entender el tiempo ha sido puesta a prueba, y resulta ser cierta. Como sucede con muchas revoluciones en la física, nos vemos obligados a divorciarnos de nuestra intuición y a seguir el camino matemático, menos influido por nuestra experiencia subjetiva del tiempo.

Pregunta #5: ¿alguna vez se detendrá el tiempo?

Uno se ve tentado a desestimar la idea de que el tiempo pueda detenerse de pronto. Nunca hemos visto que haga otra cosa que ir hacia adelante, así que ¿cómo podría hacer algo distinto? Puesto que para empezar no sabemos muy bien por qué el tiempo se mueve sólo hacia adelante, es difícil decir con seguridad si siempre será así.

Algunos físicos están convencidos de que la "flecha" del tiempo está determinada por la regla de que la entropía tiene que aumentar, o que la dirección del tiempo es la misma cosa que la dirección del aumento de la entropía. Pero si eso es cierto, ¿qué pasa cuando el universo alcanza su máxima entropía? En este universo todo permanecerá en equilibrio y no podrá crearse ningún orden. ¿El tiempo se detendrá en ese punto, o dejará de tener sentido? Algunos filósofos especulan que en este momento la flecha del tiempo y la ley del aumento de la entropía podrían revertirse, llevando al universo a encogerse nuevamente hasta volver a ser una diminuta singularidad. Pero esto está más en la categoría de especulación nocturna inducida por alguna sustancia herbácea que una predicción científica real.

Otras teorías sugieren que en el momento del Big Bang se crearon *dos* universos, uno en el que el tiempo fluye hacia adelante y otro en el que fluye hacia atrás. Hay unas teorías aún más locas que proponen que existe más de una dirección para el tiempo. ¿Por qué no? Hay tres (o más direcciones) en las que podemos movernos por el espacio, ¿por qué no tener dos o más direcciones en el tiempo? La verdad es que, como de costumbre, no tenemos ni idea.

Tiempo de concluir

Estas preguntas sobre la naturaleza del tiempo son muy profundas, y las respuestas podrían cimbrar las bases mismas de la física moderna.

Pero si bien la escala de las interrogantes hace emocionante considerarlas y pensar en ellas, también las vuelve difíciles de abordar.

¿Cómo te aproximas a un problema como éste? A diferencia de otras preguntas que hemos presentado en este libro, no hay un experimento concreto que puedas hacer para tener alguna respuesta. No podemos detener el tiempo para estudiarlo, y no podemos hacer varias mediciones temporales del mismo evento. Este tema es tan delirante que pocos científicos trabajan directamente en él. Por lo general, es el territorio de profesores eméritos y de los pocos jóvenes investigadores que están dispuestos a adentrarse en un territorio tan peligroso.

Tal vez logremos algún avance si abordamos estos problemas en forma directa, o nos topemos con alguna revelación crucial mientras trabajamos en un problema diferente. El tiempo dirá.

9

¿Cuántas dimensiones hay?

En donde llevamos nuestra falta de conocimiento en nuevas direcciones

Obtener nuevas revelaciones sobre la naturaleza del universo a veces exige que cuestionemos supuestos básicos y que reexaminemos algunas cuestiones bien establecidas. Por ejemplo, puedes preguntar:

- ¿A John F. Kennedy lo asesinaron los extraterrestres?
- ¿Hay más de tres dimensiones en el espacio?
- ¿La energía del universo viene de los unicornios?
- ¿Puedes perder peso con una dieta exclusiva de malvaviscos?

En la mayor parte de los casos la respuesta es *No* o *Por favor, ve con un psiquiatra*. Pero a veces hacer estas preguntas abre la puerta a una manera totalmente nueva de pensar, una que puede conducirnos a descubrimientos alucinantes que tienen un gran impacto en nuestras vidas cotidianas.

Si apenas ahora te estabas sintiendo cómodo con la idea de que el espacio es una cosa física viscosa en vez del telón de fondo vacío del universo, sujétate firmemente de la barandilla de tu cerebro y prepárate para ir aún más lejos, porque vamos a explorar el tema de la *cantidad de dimensiones del espacio*.

¿Hay más dimensiones en el espacio que las tres a las que estamos acostumbrados (arriba-abajo, izquierda-derecha, adelante-atrás)? ¿Podría haber partículas o seres que se mueven en estas otras dimensiones? Y si existen dimensiones extra, ¿cómo se ven? ¿Podríamos usarlas para guardar nuestros zapatos o para esconder la grasa extra de nuestra panza? ¿O construir atajos para ir al trabajo o incluso a estrellas lejanas? Estas ideas suenan absurdas, pero la naturaleza no es ajena al absurdo.

Como de costumbre, no tenemos ni idea de cuáles son las respuestas, pero hay teorías muy atractivas que sugieren que las dimensiones extra pueden ser reales. Así que pongámonos nuestros lentes multidimensionales y exploremos este lado (o lados) potencialmente oculto de nuestro misterioso universo.

LAS DIMENSIONES BÁSICAS

ARRIBA Y ABAJO   IZQUIERDA Y DERECHA   ADELANTE Y ATRÁS   EBRIO O DROGADO

¿Qué es una dimensión, exactamente?

Lo primero que debemos hacer es definir exactamente qué queremos decir con dimensión. En los libros y las películas de ciencia ficción la palabra "dimensión" suele usarse como sinónimo de universo paralelo: una existencia aparte en la que las reglas son diferentes y la gente puede obtener poderes sobrenaturales o encontrarse con desconocidos que brillan en la oscuridad. A veces, hasta puedes abrir una "puerta a otra dimensión" para moverte entre universos. Esas historias son muy divertidas, y es verdad que pueden existir universos paralelos, pero en ciencia la palabra "dimensión" tiene un significado totalmente distinto.

¿Cómo es posible que una palabra tenga un significado en la cultura popular y otro en la ciencia? La mayor parte del tiempo puedes echarles la culpa a los científicos.

Cada vez que los científicos necesitan una palabra para describir una cosa extraña que acaban de descubrir o de imaginarse, o bien a) inventan una nueva palabra (por ejemplo, "exoplanetas" para hablar de planetas fuera de nuestro sistema solar), b) tratan de reciclar una palabra que tenga un significado parecido (por ejemplo, "espín cuántico" para describir la física de partículas diminutas que en realidad no tienen espín pero que hacen algo con unas propiedades matemáticas similares a las del espín físico) o c) toman prestada una palabra que ya existe pero que tiene un significado totalmente distinto (por ejemplo, el "quark encanto", que no es muy encantador, o las "partículas de color", que no tienen color, y además suena políticamente incorrecto).

Ahora que descubriste que en ciencia el significado de "dimensión" no es un universo alternativo en el que todo está hecho de chocolate y las deudas se pagan con malvaviscos, tal vez te sientas tentado a señalar con el dedo a esos fastidiosos científicos por robarse la palabra y darle un significado diferente. Bueno, pues guarda tu dedo antes de que pases vergüenzas, porque en este caso la culpa recae únicamente en los escritores de ciencia ficción. Los matemáticos y los científicos han estado usando esta palabra con una perfecta precisión durante *siglos*.

¡TU MANUSCRITO ES TAN DENSO QUE NECESITAS OTRA DIMENSIÓN PARA PUBLICARLO!

¿AH, SÍ? ¡PUES VETE AL ESPACIO DE HILBERT!

CÓMO USAN LAS DIMENSIONES LOS CIENTÍFICOS

En ciencia y matemáticas la palabra "dimensión" indica una posible dirección del movimiento. Si dibujas una línea recta, el movimiento a lo largo de esa línea es un movimiento en una dimensión.

En un mundo con una dimensión, todo vive en una cuerda infinitamente delgada. Puesto que no hay otra dirección para moverse, los científicos unidimensionales nunca podrían colarse en la fila o cambiar de lugar con otro. Son como las cuentas de un collar o los malvaviscos en una brocheta, condenados a tener siempre los mismos lindos y dulces vecinos.

Ahora dibuja una segunda línea que esté en ángulo recto (noventa grados) de la primera. Dibujamos la segunda línea en ángulo recto en relación con la primera para que el movimiento a lo largo de ella sea totalmente independiente del movimiento a lo largo de la primera. Si el ángulo fuera menos que recto, el movimiento a lo largo de la segunda línea también crearía movimiento en la primera. Estas dos líneas crean un plano, que te permite moverte en dos dimensiones.

Así que el movimiento a lo largo de una sola línea tiene una dimensión, y el movimiento sobre un plano definido por dos líneas tiene dos dimensiones. Hasta ahora hemos descrito un mundo 1-D (una cuerda) y un mundo 2-D (un plano). Para obtener una tercera dimensión, todo lo que tienes que hacer es dibujar una tercera línea que sea perpendicular a las dos primeras. En este caso sería en la dirección que apunta arriba y abajo del plano.

Esto es una dimensión: cada una es una dirección única en la que puedes moverte de forma que el movimiento en una dirección sea independiente del movimiento en las otras direcciones.

CÓMO REPRESENTAR NÚMEROS DE DIMENSIÓN

1	2	3	4
UNA LÍNEA	UN PLANO	UN CUBO	UN PLANO CUBISTA

¿Podemos tener más de tres dimensiones?

Al dibujar esas tres dimensiones, cubrimos todos los movimientos a los que estamos acostumbrados: arriba-abajo, izquierda-derecha y adelante-atrás. En nuestro mundo 3-D, no hay lugar para meter una cuarta línea perpendicular, así que al parecer vivimos en un lugar muy sólidamente tridimensional, ¿verdad? Pero los científicos no han descubierto ninguna buena razón para *no* tener más de tres dimensiones espaciales. En matemáticas, cuatro dimensiones servirían igual de bien que siete o que dos mil treinta y cinco.

Para ahora debes estar pensando: *¡Ay, por favor! Si hubiera más de tres dimensiones espaciales me daría cuenta, ¡obvio!*

Pero ¿te darías cuenta? ¿Si existieran más de tres dimensiones habría forma de notarlo? Es una pregunta que podemos hacer seriamente. Por ejemplo, ¿qué tal si el mundo físico tiene más dimensiones, pero nuestras mentes no pueden percibirlas? Aunque tu cerebro esté firmemente convencido de que sólo hay tres dimensiones espaciales, quizá lo que sucede es que no hemos notado que en realidad hay más.

Imagínate que eres un físico 2-D que vive en un plano, atrapado del mismo modo que todas las palabras y dibujos de esta página están atrapados en una página plana de papel. Tu conciencia y tu percepción se limitan a lo que está en el plano (no puedes "ver" fuera de la página), así que no podrías saber si tu mundo plano en realidad está flotando en un mundo 3-D. Del mismo modo, el mundo 3-D que conocemos y queremos bien podría estar flotando en un espacio dimensional superior. Podría ser que todo este tiempo nos observen unos físicos en 4-D (o 5-D o 6-D) que se burlan de lo limitado de nuestra perspectiva, del mismo modo que nosotros nos reímos de las hormigas atrapadas en una granja de hormigas.

Pero ¿por qué no seríamos capaces de ver o de sentir estas otras dimensiones? A primera vista parece extraño (e injusto), pero piensa por un momento en cómo funciona la percepción. Nuestro cerebro crea un modelo tridimensional del mundo porque esto ha probado ser útil para sobrevivir en la Tierra, lo cual no quiere decir que seamos capaces de percibir toda la naturaleza de nuestro entorno. Por el contrario, somos terriblemente ciegos a las características de nuestro universo que pueden ser irrelevantes para nuestra supervivencia diaria, pero que son cruciales para entender la naturaleza básica de la realidad.

Por ejemplo, eres muy sensible a la luz porque te dice muchas cosas sobre dónde están los depredadores y los malvaviscos. Pero no puedes percibir la presencia de la materia oscura, que te rodea y que nos daría información valiosa sobre cómo funciona el universo. Aquí tienes otro ejemplo: no puedes sentir los 10^{11} neutrinos que pasan por cada centímetro cuadrado de tu piel cada segundo, pero si pudieras detectarlos descubrirías muchas cosas sobre el Sol y sobre las interacciones entre partículas.

Vivimos sumergidos en información que es valiosa para los físicos modernos, pero que nuestros cuerpos no pueden percibir en forma directa ni natural. Y esto es así porque este conocimiento o es muy difícil de obtener o no era útil para sobrevivir en la sabana plagada de malvaviscos de nuestro pasado evolutivo.

No veo ningún tigre.

NUESTROS ANCESTROS   EL ANCESTRO DE NADIE

Así pues, la respuesta a la pregunta: *¿Podemos tener más de tres dimensiones?* es sí. Matemáticamente hablando, no hay razón por la que sólo deba haber tres dimensiones. Es posible que exista otra dimensión sin que podamos sentirla, sobre todo si no se parece a nuestras tres dimensiones, pero abundaremos en eso en un momento.

Cómo pensar en cuatro dimensiones

¿Cómo sería moverse a través de una dimensión extra que sea similar a nuestras tres favoritas? Para nosotros, gente 3-D, es difícil imaginarnos cómo sería moverse en cualquier cosa distinta a las tres dimensiones. Para ayudarnos a tener una idea de cómo sería esa posibilidad, demos un paso dimensional atrás y finjamos que en realidad somos personas 2-D que de pronto se encuentran moviéndose por un mundo 3-D.

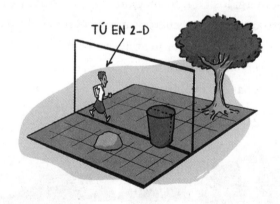

TÚ EN 2-D

Si fueras una persona 2-D en un mundo 3-D, tu cuerpo 2-D sólo sería capaz de pensar y percibir en "rebanadas" bidimensionales o planos dentro de ese mundo 3-D. Por lo general, ése sería el límite de tu experiencia. Pero si obtuvieras el poder de moverte en la otra dimensión,

la tercera, ahora podrías flotar entre distintas rebanadas en ese mundo 3-D. Tus sentidos y tu idea del mundo 2-D no serían capaces de sentir tu movimiento en esa nueva dirección, pero si las cosas fueran distintas en cada rebanada percibirías cómo tu mundo 2-D cambia a tu alrededor. Y si pudieras abrir tu mente 2-D a un concepto espacial tridimensional (sin que te indujera demasiadas migrañas 2-D), podrías pegar todas esas rebanadas para formar una imagen 3-D completa de ese mundo, súbitamente mucho más grande.

Ahora usa esa idea y extrapólala a nuestra situación. Si el mundo, en efecto, tiene una cuarta dimensión espacial y de algún modo obtuviéramos el poder de movernos a través de ella, podrías observar cómo éste cambia a lo largo de la dirección del movimiento. Al moverte a través de esa cuarta dimensión, podrías ver cómo cambia tu mundo 3-D a tu alrededor. Si tienes el poder de procesamiento mental y la imaginación suficientes podrías incorporar toda esa información en un modelo mental holístico 4-D.

LA CUARTA DIMENSIÓN

En cierto sentido, ya lo haces. Si consideras que el tiempo es una cuarta dimensión de movimiento, la situación se vuelve muy similar. El mundo 3-D que hay a tu alrededor cambia con el tiempo, y tu cerebro pega muchas rebanadas distintas de tiempo para formar una imagen cuatridimensional del mundo (tres dimensiones espaciales + una dimensión temporal). No puedes percibir las cuatro dimensiones en forma simultánea, pero tomas instantáneas 3-D a lo largo de una línea del tiempo.

¿Dónde están?

Si *en verdad* existe una cuarta dimensión espacial (además del tiempo), ¿por qué nunca la vemos? Es una pregunta muy razonable.

Bueno, sabemos que debe ser más bien irrelevante e inútil para nuestra supervivencia, y es por eso que no podemos controlar o percibir nuestros movimientos en esa dimensión. También sabemos que si fuera una lineal como las otras dimensiones (regulares), probablemente ya la habríamos notado. Aunque sólo pudiéramos percibir tres dimensiones, notaríamos cosas que aparecen y desaparecen si se acercan o se alejan de nosotros en esta otra dimensión.

Así que podemos estar bastante seguros de que no hay una cuarta dimensión espacial que se parezca a las otras tres. Si hay una cuarta dimensión, tiene que ser furtiva, de tal modo que nos resulte difícil verla. Una posibilidad es que todas las partículas de fuerza y de materia que conocemos sean incapaces de moverse por estas dimensiones extra del espacio. Esto evitaría que los objetos se deslizaran hacia la cuarta dimensión y que la energía (mediante partículas de fuerza como los fotones) se dispersara en esas dimensiones adicionales. ¿Podrían existir estas dimensiones impenetrables? Sí, pero si en verdad son impenetrables para todas las partículas conocidas, tenemos pocas posibilidades de descubrirlas o explorarlas.

Otra posibilidad es que sólo algunas partículas selectas puedan penetrar estas dimensiones, algunas de las más raras y difíciles de estudiar, lo cual las haría más difíciles de percibir. Y además de todo, estas dimensiones podrían estar ocultas a plena vista por el simple hecho de ser un poco diferentes.

¿Qué tan diferentes? Imagínate que estas dimensiones extra son curvas y forman circulitos o bucles. Eso querría decir que moverte por estas dimensiones no te haría llegar muy lejos. De hecho, en una dimensión con bucles, terminarías llegando al mismo lugar del que saliste.

Si la idea de una dimensión curva que forma un bucle te parece un extraño sinsentido, bienvenido al club: tiene el mismo efecto hasta en las personas más inteligentes. De hecho, es posible que *todas* las dimensiones espaciales sean bucles. En el caso de las tres dimensiones que conocemos, los bucles tendrían que ser muy, muy grandes, más grandes que el universo observado (ya discutimos detenidamente esta posibilidad cuando hablamos sobre el espacio).

DIMENSIONES RIZADAS

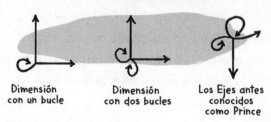

Dimensión con un bucle

Dimensión con dos bucles

Los Ejes antes conocidos como Prince

Si dichas dimensiones extra son pequeñas y rizadas, y sólo unas cuantas partículas selectas pueden moverse en ellas, eso explicaría por qué no las hemos notado. Las cosas que se movieran en estas diminutas dimensiones rizadas no cambiarían mucho en las tres dimensiones que *podemos* percibir, aunque *existen* formas de buscarlas, como describiremos más adelante, en este capítulo.

¿Existen estas dimensiones extra? ¿Vivimos en un universo que tiene más de tres dimensiones espaciales? La respuesta corta es que no tenemos ni idea. Pero, de hecho, hay buenas razones físicas para que el universo tenga más de tres dimensiones espaciales y, lo que es aún más emocionante, tal vez tengamos formas de descubrirlas. Sigue leyendo para descubrir cómo podemos zanjar esta cuestión y aun así sorprender a los presumidos de los físicos 4-D que creen que nunca vamos a llegar a ningún lado.

¡PUEDO VERTE!

SU HUMOR ES TAN... PLANO

¿Es la respuesta a otros misterios?

Una de las razones principales por las que los físicos creen que puede haber dimensiones adicionales es que su existencia ayudaría a contestar otras grandes preguntas que tenemos sobre el universo. Por ejemplo, las dimensiones extra podrían explicar por qué la gravedad es tan débil.

Si comparamos la fuerza de la gravedad con las otras fuerzas, encontramos que ésta no sólo es un poco débil: es *absurdamente* débil. Las otras fuerzas (la débil, la fuerte y el electromagnetismo) tienen algunas diferencias entre ellas, pero comparadas con la gravedad todas son superheroínas fisicoculturistas llenas de músculos, y la gravedad es el mono de los Gemelos Fantásticos. A los físicos no les gustan estos desacuerdos. Les gusta estar en desacuerdo entre sí sobre toda clase de cosas, pero esperan que entre las leyes de la física reine la armonía. Así que una de muchas preguntas sobre la gravedad es si su extraña debilidad es una pista de que está pasando algo más.

¿Por qué la gravedad es mucho más débil que el electromagnetismo y todas las otras fuerzas? Bien, pues las dimensiones extra pueden ser la explicación. La mayor parte de las fuerzas se hacen más débiles con la distancia. Pero la medida en la que disminuye la magnitud de una fuerza según la distancia depende específicamente de las dimensiones espaciales que existen. Mientras más dimensiones hay, más puede *diluirse* la fuerza en todas las dimensiones diferentes.

Piensa en lo que ocurre cuando alguien se echa una flatulencia en una fiesta. Si estás muy cerca de la fuente, el olor es fuerte. Pero conforme te alejas del culpable, las moléculas de la peste (es decir, partículas de flatulencia o "flatulénculas") se difunden en el aire y se diluyen.

EL QUE LA HACE,
EXPERIMENTA.

Ahora bien, si la flatulencia se libera en un pasillo estrecho, todos en ese pasillo lo sentirán con fuerza.[67] Pero si se libera en la intersección de varios pasillos, la flatulencia se dispersará en varias direcciones distintas y la sentirán con menos fuerza las personas en esos pasillos. La tasa de dilución depende de qué tan rápido crece el volumen de aire, que es mayor si hay más pasillos.

EL QUE LA HACE EN MÚLTIPLES
DIMENSIONES NO LO HUELE.

---

[67] En un mundo unidimensional, no hay manera de escapar de las flatulencias.

Algo parecido ocurre con las fuerzas (pero sin el olor). Supón que hay dos dimensiones espaciales extra además de las tres que conocemos. Si es así, la fuerza que proviene de un objeto (ya sea gravedad o electromagnetismo) se dispersaría en estas otras dimensiones, *además* de hacerlo en las tres normales. Como resultado, al alejarse de la fuerza su magnitud se reduciría más rápidamente de lo que sería de esperarse si sólo hubiera tres dimensiones.

Una advertencia: estas dimensiones extra tienen que estar rizadas y ser muy pequeñas, de menos de un centímetro, para explicar por qué no las hemos visto hasta ahora. Y la gravedad tiene que ser la única fuerza que se ve afectada por estas dimensiones extra, lo cual implica que las demás fuerzas no la sienten.

Entonces, ¿qué pasa si hay dos dimensiones extra rizadas que miden un centímetro y sólo la gravedad puede dispersarse por ellas y no otras fuerzas? Para objetos que están a menos de un centímetro uno de otro, la fuerza de gravedad se diluiría en las dimensiones extra y su magnitud se reduciría muy rápidamente. Para objetos separados por más de un centímetro las dimensiones extra no desempeñarían ningún papel. Esto explicaría por qué la gravedad nos parece tan débil: es tan potente como las otras fuerzas para distancias cortas, pero una vez que te alejas más de un centímetro la mayor parte se ha diluido en las otras dimensiones.

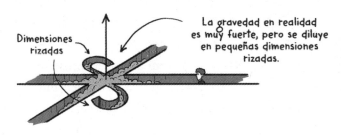

CÓMO LAS DIMENSIONES EXTRA
EXPLICAN LO DÉBIL QUE ES LA GRAVEDAD:

Dimensiones rizadas

La gravedad en realidad es muy fuerte, pero se diluye en pequeñas dimensiones rizadas.

¿En verdad la gravedad se está diluyendo como una flatulencia en un pasillo? No estamos seguros. La posibilidad de que haya dimensiones extra y su papel en el debilitamiento de la gravedad aún es muy teórica. Sorprendentemente, sin embargo, existen formas de buscar estas dimensiones extra.

Cómo buscar nuevas dimensiones

La idea de que haya dimensiones extra suena fantástica porque nos daría una explicación muy simple y geométrica de lo débil que es la gravedad en relación con las otras fuerzas. Pero justo ahora, debes estar pensando que tendría que ser fácil comprobar si es correcto: todo lo que tienes que hacer es medir la gravedad a cortas distancias y si la fuerza de gravedad es más potente de lo esperado, sin duda quiere decir que existen estas dimensioncitas rizadas.

Desafortunadamente, no es tan sencillo. Medir la gravedad suena simple (es lo que haces cada vez que te subes a una báscula para pesarte), pero es porque estamos acostumbrados a medirla a través de enormes distancias. Cuando te paras en una báscula, lo que estás midiendo es la fuerza de gravedad que hay entre tu cuerpo y *todo* el planeta Tierra, y uno de ustedes dos es enorme.

NUESTRO GRAVITÓMETRO
FAVORITO

Medir la gravedad a corta distancia, sin embargo, es un animal distinto. Para probar la fuerza de la gravedad entre dos objetos que están a un centímetro de distancia, tienes que colocar los *centros* a un centímetro uno del otro, lo cual quiere decir que tienen que ser muy pequeños, así que no tienen mucha masa. Y si las masas son pequeñas, la fuerza de gravedad va a ser tan diminuta que resultará casi imposible de medir (recuerda que la gravedad es débil). Por ejemplo, si pones dos balines hechos de plomo a un centímetro de distancia uno del otro, la fuerza de gravedad que sienten mutuamente sería mucho menor que el peso de una mota de polvo.

Pero eso tienen los físicos: si dices que algo es *casi imposible*, sólo se ponen como locos. Súmale la posibilidad de que esta medición pueda probar la existencia de dimensiones extra y tendrás a un montón de personas muy inteligentes echando espuma por la boca e inventando alucinantes dispositivos de medición.

Tras mucho trabajo, en los últimos años los físicos fueron capaces de medir cómo cambia la fuerza de gravedad con la distancia a la escala de un milímetro. Descubrieron que, al menos a distancias de un milímetro, la fuerza de gravedad se comporta igual que para las grandes escalas. Esto no quiere decir que no existan dimensiones extra; sólo que si existen miden menos de un milímetro.

Esto es otra cosa que tienen los físicos (tienen muchas particularidades, éstas sólo son dos): mientras no hagas mediciones que confirmen o desmientan un fenómeno, los teóricos siguen libres de especular con desenfreno sobre cómo funcionan las cosas. La física puede afirmar que algo es cierto sólo hasta la escala más pequeña en la que nuestros experimentos sigan siendo precisos. Así pues, en este momento lo único que podemos decir con certeza es que si existen dimensiones extra que sean relevantes para nosotros, miden menos de un milímetro.

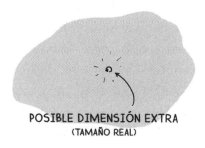

POSIBLE DIMENSIÓN EXTRA
(TAMAÑO REAL)

Hagamos volar cosas

Medir la gravedad es una de las formas de buscar dimensiones extra, pero no es la única. Resulta que podemos buscar dimensiones extra usando el poder de los colisionadores de partículas. Sí, esas máquinas de diez mil millones de dólares y veintisiete kilómetros de largo no sólo sirven para encontrar bosones bautizados en honor de Peter Higgs.

¿Cómo podemos usar los colisionadores de partículas para detectar dimensiones extra? Imagínate que tienes una partícula diminuta, como un electrón, frente a ti. Tal vez la tienes sobre la palma de la mano. Esa partícula no sólo está ahí, sentadita en las tres dimensiones del espacio que nos son familiares, quizá también se esté moviendo *al mismo tiempo* a lo largo de otras dimensiones extra. Recuerda que estas otras dimensiones son bucles, así que la partícula no dará la impresión de estar yendo a ningún lado en nuestras dimensiones, pero de todos modos estaría moviéndose. ¿Qué efecto tendría este movimiento adicional en nuestra percepción de esta partícula?

Pues si la partícula estuviera moviéndose en las dimensiones extra significa que lleva impulso en estas otras dimensiones, de modo que tiene energía extra. Pero puesto que la partícula no se está moviendo en *nuestras* dimensiones, experimentaríamos esa energía extra como masa extra (recuerda que según Einstein la masa y la energía son lo mismo). En otras palabras, te darías cuenta de que una partícula está moviéndose en dimensiones extra porque sería más pesada que una que no lo hiciera.

Así es como podemos usar los colisionadores de partículas para detectar dimensiones extra. Si hacemos chocar unas partículas contra otras, y un día observamos una que se ve, digamos, *exactamente* como un electrón (misma carga, mismo espín, etc.), salvo porque es mucho más pesada, sería razonable que sospecháramos que en realidad se trata de un electrón que también se mueve en otras dimensiones.

PARTÍCULA NORMAL

PARTÍCULA QUE VIBRA EN LAS DIMENSIONES EXTRA

De hecho, si en verdad existen dimensiones extra sería razonable esperar encontrarnos con copias exactas de todas las partículas que conocemos, excepto que serían más pesadas a causa de su movimiento en las dimensiones extra. La teoría predice que encontraríamos "torres" (llamadas torres de Kaluza-Klein) de partículas idénticas con masas más y más pesadas a intervalos regulares.[68] Si encontráramos esta secuencia de partículas más y más pesadas sería la prueba contundente de que existen otras dimensiones.

TORRE DE KALUZA-KLEIN

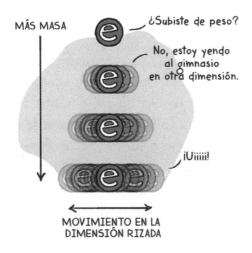

MÁS MASA

¿Subiste de peso?

No, estoy yendo al gimnasio en otra dimensión.

¡Uiiiii!

MOVIMIENTO EN LA DIMENSIÓN RIZADA

[68] Los muones y los taus no son versiones extradimensionales de los electrones, porque no tienen un espaciamiento regular de masas ni las mismas interacciones que los electrones.

¿Qué más predicen las dimensiones extra?

La existencia de dimensiones extra, incluso las pequeñas y rizadas, tendría otras consecuencias interesantes. Si los físicos están en lo correcto y la debilidad de la gravedad puede explicarse porque se diluye en otras dimensiones, la gravedad es igual de poderosa que las otras fuerzas a pequeñas escalas. Tal vez la gravedad no es una debilucha, sino una superheroína superfuerte *disfrazada* de debilucha.

¡Eso quiere decir que hacer un agujero negro puede ser más fácil de lo que pensábamos!

Por lo general, para hacer un agujero negro necesitas tener una cantidad colosal de masa y de energía en un espacio muy pequeño. A las partículas, en especial las que tienen la misma carga eléctrica (como los protones) no les gusta estar muy cerca unas de otras. Se requiere un evento cataclísmico (como el colapso de una estrella) para acercarlas lo suficiente como para alcanzar la densidad crítica necesaria para formar un agujero negro. Pero si la gravedad de hecho es superfuerte a pequeñas distancias, esta fuerza de gravedad extra podría ser lo suficientemente fuerte para ayudar a los protones a formar un agujero negro en situaciones más sencillas, por ejemplo, digamos, cuando los haces estrellarse unos con otros en un acelerador de partículas en Ginebra.

Así que sí, el Gran Colisionador de Hadrones de Ginebra podría crear agujeros negros. Si la escala de las dimensiones extra es de cerca de un milímetro, es posible que el GCH haga un agujero negro por segundo.

Pero ¿es tan terrible como suena? ¿Estos agujeros negros terminarán por engullir el planeta entero y todos nuestros malvaviscos? Relájate, la respuesta es no. Si tienes alguna duda, hay una página de internet que puedes revisar para comprobar que el mundo no haya sido destruido.[69] Sus diseñadores prometen mantenerla siempre al día.

Afortunadamente para nuestra existencia, los diminutos agujeros negros que podría estar creando el GCH son distintos de los colosales agujeros negros cósmicos que forman las estrellas que colapsan; se trata de lindos agujeritos negros que, en vez de devorar Suiza y el resto del planeta, se evaporarán muy rápidamente. Otra razón por la que puedes relajarte es que la Tierra ha sido bombardeada durante eones por partículas de muy altas energías, así que si las colisiones entre partículas crearan agujeros negros devoradores de planetas ya habría ocurrido, y no estaríamos aquí.

SI PUEDES LEER ESTO
EL MUNDO NO
SE HA TERMINADO

ESTE LIBRO TAMBIÉN SIRVE
COMO UN DETECTOR DE AGUJEROS NEGROS

Teoría de cuerdas

Los físicos están buscando formas de describir todas las fuerzas fundamentales (la gravedad, la fuerte, la débil y el electromagnetismo) como

---

[69] hasthelargehadroncolliderdestroyedtheworldyet.com [Significa: ¿Ya destruyó el mundo el Gran Colisionador de Hadrones? *N. de la T.*]

parte de una sola teoría general en la que todo funcione en armonía y no queden preguntas sin respuesta. Sea o no posible, se trata de una tarea muy noble, y los físicos han hecho avances considerables, aunque la humanidad no está cerca de obtener una respuesta definitiva.

Por el camino, sin embargo, han aparecido algunos candidatos muy curiosos. Uno de ellos es la teoría de cuerdas, que sugiere que el universo no está hecho de partículas puntuales de cero dimensiones, sino de diminutas cuerdas unidimensionales, no diminutas como un malvavisco pequeño, sino diminutas como 10^{-35} metros. La teoría dice que estas cuerdas pueden vibrar de muchas formas, y cada modo vibracional corresponde a una partícula diferente. Cuando miras las cuerdas desde una distancia suficiente (una resolución de apenas 10^{-20} metros) parecen partículas puntuales, porque no puedes ver su naturaleza filamentosa.

Una característica de esta teoría es que las matemáticas que la describen son mucho más sencillas y más naturales si tienes dimensiones especiales adicionales. Hay diferentes sabores de teoría de cuerdas, y cada uno predice una cantidad distinta de dimensiones en nuestro universo. La teoría de supercuerdas prefiere trabajar en un universo que tiene diez dimensiones espaciales. A la teoría de cuerdas bosónica le gusta un universo con veintiséis dimensiones. ¿Dónde están estas veintitrés dimensiones adicionales y cómo es que nos las hemos perdido? Es como pensar que tu familia tiene cuatro integrantes y luego descubrir a veintidós hermanos más escondidos en el clóset.

TODO EL QUESO ES QUESO DE CUERDAS

Como la teoría que explica la debilidad de la gravedad, las teorías de cuerdas tratan de ser consistentes con nuestra experiencia cerrando estas dimensiones sobre sí mismas para que formen círculos, en vez de hacer las dimensiones infinitamente largas.

VAMOS A NECESITAR MÁS QUESO.

Para ir cerrando estas nuevas direcciones

Saber cómo está organizada la geometría fundamental del universo es un componente bastante básico de la comprensión del mundo que nos rodea. Descubrir una verdad inesperada sobre el universo, y aprender que el mundo en el que vivimos es diferente de lo que pensábamos, produce una satisfacción incomparable. ¿No te gustaría saber si en el espacio hay más de lo que puedes ver en tu vida cotidiana?

Pero encontrar dimensiones extra también tendría implicaciones prácticas. Podría resultar que son buenas para algo. Si pueden almacenar energía o permitirnos el acceso a regiones del espacio a las que normalmente no podemos ir, quién sabe lo que podríamos hacer con ellas.

ES UN DESFLATULANTE INTERDIMENSIONAL.

Además, descubrir dimensiones extra nos daría algunas pistas sobre cómo funciona el universo (es decir, el otro noventa y cinco por ciento del universo). Incluso descubrir que *no* existen ya sería importante. Entonces podríamos preguntarnos por qué tenemos tres dimensiones (y no cuatro o treinta y siete o un millón). ¿Qué hace que las tres dimensiones sean tan especiales?

Hasta ahora, los experimentos que miden la gravedad a cortas distancias no han visto nada inesperado, y el GCH no ha descubierto agujeros negros ni partículas que se mueven en otras dimensiones. En otras palabras, no tenemos ninguna evidencia de que la imagen de la realidad según la teoría de cuerdas sea correcta, o de que la gravedad se mueva en dimensiones extra. Hasta ahora no tenemos ni idea de cuántas dimensiones espaciales hay en nuestro universo.

Y, aún más extraño, podría ser que nuestro universo tuviera una dimensionalidad diferente en distintas regiones; nuestro parchecito del universo es 3-D, pero otras partes del universo podrían tener cuatro o cinco dimensiones espaciales.

Una cosa está clara: el universo aún tiene muchos secretos por descubrir. Sólo tenemos que buscar en la dirección correcta.

10

¿Podemos ir más rápido que la luz?

No.

De acuerdo, tal vez habría que abundar.

En física hay muchas cosas de las que no estamos seguros, pero casi nadie duda de que nada en el universo (la luz, las naves espaciales, los hámsteres) puede viajar por el espacio más rápido que la luz en el vacío: trescientos millones de metros por segundo.[70]

Para ponerlo en perspectiva, los hámsteres pueden correr a cerca de medio metro por segundo (cuando tienen prisa). El hombre más rápido del mundo puede correr a unos diez metros por segundo. La velocidad más alta que ha alcanzado una persona en un vehículo terrestre es de trescientos cuarenta metros por segundo, y el transbordador espacial viajaba a unos ocho mil metros por segundo cuando estaba en órbita, a cerca de 0.0025 por ciento de la velocidad de la luz. No es muy probable que te topes con este límite de velocidad en tu vida diaria, pero está ahí: una regla inquebrantable, un recordatorio constante de que incluso este universo extraño y maravilloso tiene límites.

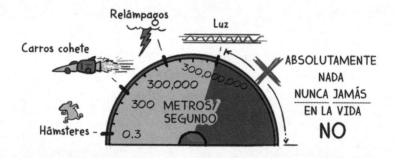

Prácticamente no cabe duda de que este límite de velocidad es real. La física que lo describe —la relatividad— se ha puesto a prueba una y otra vez con una enorme precisión. Es un principio básico hilado en la urdimbre de las teorías físicas modernas. Si este límite de velocidad no

---

[70]   "Por el espacio" es una salvedad importante. Sigue leyendo.

fuera un hecho, es casi seguro que ya lo habríamos notado. No importa lo que hagas, a quién conozcas o lo que seas, no puedes ir más rápido que trescientos millones de metros por segundo.

Esta velocidad máxima es una extraña característica de nuestro universo. Como veremos, conduce a toda clase de consecuencias raras, desde evitar que interactúen alguna vez distintas partes del universo hasta hacer que las personas honestas discrepen sobre el orden en el que ocurren las cosas.

Y aunque este límite de velocidad está profundamente consagrado en la física moderna, aún existen al respecto misterios básicos que intrigan a los físicos. Por ejemplo: ¿por qué existe una velocidad máxima en primer lugar? ¿Por qué el límite de velocidad es de trescientos millones de metros por segundo y no trescientos billones, o tres metros por segundo? ¿Podría cambiar el límite? Mejor amárrate bien, porque estamos por lanzarnos a toda velocidad hacia uno de los mayores misterios del universo.

El límite de velocidad del universo

Cuando Einstein presentó la idea de que hay una velocidad máxima en el universo, no resultaba muy intuitiva. Después de todo, ¿por qué *debería* haber un límite de velocidad en el universo? ¿Por qué algo debería evitar que te trepes a un cohete, despegues, pises el acelerador hasta el fondo y aceleres para siempre hasta rebasar galaxias a diestra y siniestra a una velocidad absurda? Si el espacio está vacío, ¿qué evita que vayas tan rápido como quieras?

Esta intuición de que el espacio está vacío y de que podemos acelerar para siempre es donde nos metemos en problemas. Como aprendiste en el capítulo 7, el espacio no es un escenario vacío por el que puedas pasearte como quieras. Por el contrario, sabemos que el espacio es una cosa física, propensa a doblarse, estirarse y ondularse, y tal vez no se tome muy a bien que lo cruces a velocidades irresponsables. Es más, descubrir el límite de velocidad del universo fue lo que les dio a los físicos la primera pista de que el espacio era algo más que un enorme vacío.

Así que, ¿qué sabemos sobre este límite de velocidad? Lo primero es que no es abrupto. Si tratas de ir más rápido que la velocidad de la luz, no chocas de pronto con un muro ni te detiene la policía galáctica. Tus motores no explotan de repente. Tu ingeniero escocés (a quien apodas Scotty porque no eres muy amable) no empieza a gritarte que no sabe si la nave puede soportarlo más.

Si fueras en una nave espacial y aceleraras a fondo ocurriría lo siguiente: en primer lugar, te tomaría *mucho* tiempo acercarte a los alrededores de la velocidad de la luz. Si aceleraras a 10g (diez veces la fuerza de gravedad, o cerca de 100m/s^2), que es la aceleración máxima que pueden tolerar hasta los mejores pilotos de combate, tardarías *meses* en acercarte a los trescientos millones de metros por segundo. Y todo el tiempo estarías aplastado contra tu asiento, incapaz de rascarte la nariz o de ir al baño. No son las condiciones más agradables para viajar.

Después de acelerar por mucho tiempo, esto es lo que ocurriría: no rebasarías la velocidad de la luz. Básicamente, eso es todo. No sucedería nada dramático; simplemente no llegarías. Irías más y más rápido, pero en algún momento descubrirías que se hace más y más difícil ganar velocidad. Da igual con cuánto entusiasmo o durante cuánto tiempo pisaras el acelerador o cuán decidida fuera tu expresión facial, jamás llegarías a los trescientos millones de metros por segundo. Aquí hay una gráfica, para aquellos que tengan una mente matemática.

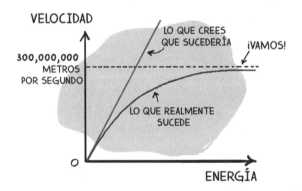

Lo que dice esta gráfica es que sin importar cuánta energía inyectes a tu sistema de motores, tu velocidad aumentaría más lentamente, así que nunca llegarías a alcanzar la velocidad de la luz. Es como si alguien tratara de volver a conseguir esa figura esbelta que tenía a los veinte años: consume una cantidad imposible de tiempo y energía, y de todos modos jamás lo consigue.

Es *extrañísimo* que el universo tenga un límite de velocidad. Piénsalo: cuando tratas de moverte más rápido que la luz, algo evita que lo hagas, aunque no haya ninguna otra fuerza actuando sobre ti. Es un límite asintótico interconstruido en la estructura misma del espacio y el tiempo. De hecho, lo experimentas ahora mismo, cuando caminas por el pasillo o manejas tu auto (esperemos que escuchando el audiolibro, y no leyendo mientras conduces). Como posiblemente notaste en la gráfica, el efecto opera incluso a bajas velocidades. Claro que no es muy evidente; de hecho, es casi insignificante, pero está presente. Eso quiere decir que la relatividad no es algo que se pone en funcionamiento sólo cuando estás cerca de la velocidad de la luz. Todo el tiempo se está metiendo con tu movimiento, curvándolo sólo por si acaso alguna vez quieres ir más rápido que la luz. ¿Crees que puedes marcar un triple? Más te vale arrojar el balón con un poquito más de fuerza, porque el espacio mismo está tratando de que falles el tiro.

FRENA.

El límite de velocidad del universo no es únicamente un tope máximo, o un techo. Es una distorsión de la forma en la que funcionan las velocidades en el espacio en comparación con nuestra intuición sobre cómo deberían funcionar. Es parte del espacio y el tiempo, y limita todas las velocidades de formas extrañas.

¿Y por qué tanto escándalo?

Ya debes estar pensando: *Bueno, muy bien, entonces no podemos viajar más rápido que la luz. ¿Cuál es el problema? No tenía planes de rebasar los cien (de acuerdo, más bien los ciento cuarenta) kilómetros por hora.*

Eso es cierto. El límite de velocidad de trescientos millones de metros por segundo en el universo no te afecta en tu vida diaria. Pero este límite de velocidad tiene algunas implicaciones serias para nuestra concepción del universo. Por ejemplo, tenemos que renunciar a la idea de que el tiempo, e incluso el orden en el que ocurren las cosas, es el mismo para todos en todas partes.

Las personas razonables esperan que lo que pasó, pasó y que todos, frente a evidencias obvias, estemos de acuerdo en lo que pasó. Pero esto no ocurre en el universo en el que naciste. Una secuencia de acontecimientos puede tener un aspecto totalmente distinto para diferentes personas, y todo tiene que ver con el límite de velocidad del universo.

Para entender bien por qué un límite de velocidad en el universo puede provocar que ocurran cosas tan raras con el espacio y la planeación de eventos, imaginémonos una situación muy común: supón que le das una linterna a tu hámster. Es más, ¿sabes qué? Dale *dos* linternas.

Ahora supón que tu hámster apunta las linternas hacia lados opuestos y las enciende al mismo tiempo. Hagamos una pregunta muy sencilla: ¿qué tan rápido viajan los fotones de las linternas?

Está fácil, ¿verdad? La respuesta es *c:* la velocidad de la luz (la luz está hecha de fotones, ¿recuerdas?). Cada fotón viaja en ambas direcciones a la velocidad de la luz. Eso es lo que descubriría tu hámster si midiera la velocidad a la que se mueven esos fotones respecto al piso (por supuesto, asumimos que tiene un doctorado en física experimental).

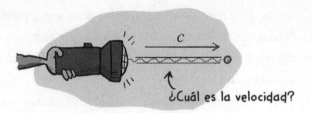

¿Cuál es la velocidad?

Tiene sentido, ¿verdad? Hasta aquí ninguna controversia. Todos estamos de acuerdo en que si enciendes una linterna, su luz irá a la velocidad de la luz.

Ahora demos un salto mental. Recuerda que tu hámster está parada en una enorme roca llamada Tierra que viaja por el espacio. Ahora da un graaan paso atrás e imagínate que flotas en el espacio, usas un traje espacial y observas cómo la Tierra pasa frente a ti de izquierda a derecha, llevando con ella a tu amada hámster y sus dos linternas que arrojan fotones.

No está a escala.

V_{Tierra}

Entonces ves cómo la Tierra se mueve hacia la derecha con la velocidad V_{Tierra}. Ahora preguntémonos: ¿a qué velocidad ves (tú, el lector astronauta) moverse esos fotones?

Si los fotones se mueven a la velocidad de la luz respecto a Bertha (así se llama tu hámster, por cierto) y ves cómo ella pasa frente a ti, tu intuición te dice que hay que sumar las velocidades. Así que podrías pensar que el fotón de la derecha tendría una velocidad de c + V_{Tierra} y el de la izquierda una velocidad de c – V_{Tierra}. Pero si *c* es la velocidad de la luz, ¿quiere decir que verás que un fotón se mueve más rápido que la luz y el otro más lento?

¡No! Eso es imposible, ¿verdad? ¡Nada, ni siquiera la luz, puede ir más rápido que la velocidad de la luz (de aquí el nombre)! Entonces, ¿qué está pasando?

Primero, piensa en el fotón que se mueve en la misma dirección que la Tierra (hacia la derecha). Éste es el fotón que tu intuición te dice que debería estar moviéndose más rápido que la velocidad de la luz. Pero puesto que hay un límite de velocidad, verás que se mueve *exactamente* a la velocidad de la luz (respecto a ti). Pero está raro, porque *también* es lo que ve Bertha *respecto a ella*. Aunque tú y la hámster viajen a diferentes velocidades, ambos ven que el fotón se mueve a la *misma* velocidad respecto a cada uno de ustedes.

¿Cómo puede ser que esto no dé al traste con cualquier lógica o razón? Aquí lo que realmente se va al traste son nuestras expectativas de que todos tenemos que ver las cosas del mismo modo. Es innegable que vivimos en un universo extraño con fenómenos contraintuitivos.

Igual de raro es lo que sucede con el fotón que se mueve hacia la izquierda. Tal vez, en tu inocencia, esperas que el fotón vaya más lento que la velocidad de la luz (c – V_{Tierra}) puesto que el fotón viene de la Tierra, que se está moviendo hacia la derecha. Pero otra rara propiedad de las partículas sin masa (como los fotones) en el vacío es que *siempre viajan a la máxima velocidad permitida por el universo*. Nunca frenan.[71]

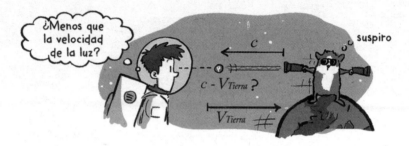

Así que la luz siempre viaja a la velocidad de la luz, sin importar quién la esté midiendo y qué tan rápido vaya quien la mide. De modo que mientras flotas en el espacio viendo cómo pasa la Tierra, verás que ambos fotones se mueven exactamente a la velocidad de la luz con respecto a ti, y la profesora Bertha, en la Tierra, verá que ambos fotones se mueven a la velocidad de la luz respecto *a ella*.

Ésta es una de las cosas alucinantes sobre el límite de velocidad del universo: aplica a las velocidades *relativas* entre objetos, no a las *absolutas*.

---

[71] ¿Qué hace que las partículas sin masa (como los fotones) sigan moviéndose a la velocidad de la luz? Aunque suene extraño, sería aún más raro si pudieran frenar. Si una partícula sin masa pudiera moverse a una velocidad menor a la máxima, un objeto masivo podría ir lo suficientemente rápido para alcanzarla. ¿Cómo sería eso? Una partícula sin masa no es otra cosa que energía de movimiento (no tiene masa). Pero si pudieras alcanzarla, de modo que no estuviera moviéndose en relación contigo, entonces no tendría ni movimiento ni masa, y no sería *nada*. Probado. Por más extraño que sea, tiene más sentido que la luz siempre viaje a la máxima velocidad.

Esto es así porque en este universo *no existe* tal cosa como una velocidad absoluta. Seguro piensas que eres muy especial, allí flotando en el espacio, sintiéndote una autoridad sobre la velocidad a la que viajan las cosas, pero en realidad tú y la Tierra también están moviéndose respecto a algo (digamos, el Sol o el centro de la galaxia o el centro del cúmulo galáctico que nos alberga). Incluso si *hubiera* un centro del universo (que no hay), quién sabe cuál sería tu velocidad relativa respecto a *él*. Así que las velocidades absolutas no significan nada.

El límite de velocidad del universo dice que no puede *verse* nada que se mueva más rápido que la velocidad de la luz. Ésa es una de sus excentricidades, y es la razón de que las cosas estén por ponerse más raras aún.

Las cosas se ponen más raras

Muy bien, entonces tanto tú como tu hámster ven que la luz de las linternas se mueve a la misma velocidad, aunque tu hámster se aleje de ti. Sí, es muy raro, pero va a ponerse peor.

Supón que ponemos dos blancos, uno a cada lado de tu hámster, y le hacemos esta pregunta: ¿qué blanco golpearán primero los fotones de sus linternas?

No está a escala.

Si le preguntas a Bertha, que ve que los fotones se mueven a la misma velocidad, cada uno en su dirección, te diría que los fotones dan en ambos blancos al mismo tiempo, porque ambos blancos están a la misma distancia de ella.

AMBOS FOTONES DAN EN EL BLANCO
AL MISMO TIEMPO

Pero eso es distinto a lo que ves TÚ.

Tú ves que los dos fotones abandonan las linternas a la velocidad de la luz (respecto a ti), pero también ves que Bertha (y los blancos) se mueven. Así que mientras los fotones recorren el camino hacia los blancos, verás que uno de los blancos se *acerca* a los fotones, mientras el otro se *aleja* de ellos. Y como resultado, ves que uno de los fotones (el de la izquierda) da en el blanco *antes* que el otro.

En otras palabras, ¡ves una secuencia de eventos totalmente diferente! Bertha ve que la luz golpea ambos blancos al mismo tiempo, pero *tú* ves que la luz golpea primero a uno. Aquí viene lo raro: ¡ambos están en lo correcto!

¡Y se hace aún más extraño si agregas más mascotas![72] Supongamos que en el mismo instante en el que estás descubriendo lo estrambótico que es el universo en compañía de tu hámster, tu gato (llamémosle Lorenzo) regresa a casa en su nave espacial (el *SS Minino*). Vuelve a la Tierra en la misma dirección en la que ésta se mueve respecto a ti (a la derecha), pero en este momento viaja *más rápido* que la Tierra. Así que cuando Lorenzo se asoma por la ventana de su nave, ve que Bertha y la Tierra se mueven hacia la *izquierda* respecto a su nave.

LORENZO EL GATO

---

[72] Esta afirmación siempre es verdadera.

Lorenzo también ve que los fotones de Bertha se mueven a la velocidad de la luz, como deben hacerlo para conservar la velocidad límite del universo, pero puesto que ve a Bertha moverse hacia la izquierda, ¡reportará que es el fotón de la *derecha* el que da primero en el blanco!

* ¡LA LUZ DA PRIMERO EN EL BLANCO DERECHO!

Ahora tenemos tres reportes que se contradicen: Bertha ve que la luz da en ambos blancos al mismo tiempo, tú ves que da primero en uno de los blancos y Lorenzo, tal vez sorprendido de encontrarlos haciendo experimentos de física en el espacio, ve que da primero en el otro blanco. ¡Y todos están en lo correcto!

Entonces, no sólo tenemos que aceptar que existe una velocidad máxima en el universo, sino que ahora tenemos que renunciar a la idea de que los acontecimientos suceden al mismo tiempo para todos en todos lados. Ya no podemos dar por sentada la idea, muy razonable, de que existe una sola descripción de lo que sucede en el universo, en la que todos estén de acuerdo. ¡Depende de a qué mascota le preguntes!

RESUMEN DEL EXPERIMENTO DE LA DOBLE LINTERNA DE LA HÁMSTER

	OBSERVADOR	ACTIVIDAD	OBSERVACIÓN
	TÚ	TE RELAJAS EN EL ESPACIO.	EL FOTÓN DE LA IZQUIERDA DA PRIMERO EN EL BLANCO.
	DOCTORA BERTHA LA HÁMSTER	SE PREGUNTA SI ESTÁ DESPERDICIANDO SU DOCTORADO EN FÍSICA.	AMBOS FOTONES DAN EN EL BLANCO AL MISMO TIEMPO.
	LORENZO EL GATO EXPLORADOR ESPACIAL	VUELVE A CASA A REABASTECERSE DE BOLAS DE ESTAMBRE.	EL FOTÓN DE LA DERECHA DA PRIMERO EN EL BLANCO.

La historia es historia

Todo esto debe prender tus alarmas anti-absurdo. En primer lugar, implica que no hay un orden absoluto para las historias o los acontecimientos en el universo. ¡Todas las personas razonables (y sus mascotas) pueden hacer un relato diferente de lo que ocurrió!

Piénsalo de otra manera: puedes cambiar el orden de los acontecimientos observándolos a diferentes velocidades. Tú, tu hámster y tu gato ven que las cosas ocurren en distinto orden porque se mueven a diferentes velocidades. Esto es muy contraintuitivo, porque nos gusta imaginar que el universo tiene una sola historia común: una lista definitiva, cronológica, de cuándo pasaron las cosas. Pero eso no es posible en nuestro universo. El concepto de un reloj universal o de la simultaneidad universal está muerto, y el culpable es el hecho de que la luz viaje a la misma velocidad para todos, lo que se desprende de tener un límite máximo de velocidad en el universo.

Rompiendo la causalidad

¿Hasta dónde puede llegar este reordenamiento de los acontecimientos? El observador más rápido que tenemos hasta ahora es el gato, y él ve que el fotón de la derecha da primero en el blanco. ¿Qué pasaría si el gato resultara ir en una nave que de hecho *puede* romper el límite de velocidad del universo? Conforme el gato fuera más y más rápido, empezaría a ver cómo el tiempo que pasa desde que el fotón abandona la linterna hasta que toca el blanco se acorta más y más. En algún momento, Lorenzo el gato iría tan rápido que vería cómo el fotón da en el blanco ¡*antes* de que abandone la linterna!

* ¿¡EL FOTÓN DA EN EL BLANCO
ANTES DE ABANDONAR LA LINTERNA!?

Pero esto no tiene sentido, porque violaría la causalidad (ya sabes, la idea de que los efectos son provocados por las causas, y no al revés). En un universo que no tiene causalidad, las cosas son delirantes: el agua hierve antes de que enciendas la estufa, las mascotas te encierran a ti en el clóset por un abandono del que aún no eres culpable. En este universo demencial, es difícil entender cómo ocurren las cosas, y podría ser imposible construir leyes físicas razonables.

Por cierto, así es como sabemos que el límite de velocidad del universo es, pues, universal. En 1887 dos científicos llamados Michelson y Morley llevaron a cabo un experimento parecido a nuestra situación hipotética con la hámster (aunque sin la hámster). Arrojaron un haz de luz y lo separaron en dos direcciones perpendiculares. Luego midieron si a los dos haces resultantes les tomaba la misma cantidad de tiempo rebotar en un espejo y volver a su punto de partida. Como Bertha la hámster, descubrieron que a la luz le tomaba el mismo tiempo viajar en cualquier dirección. Y puesto que la Tierra se mueve a una velocidad desconocida respecto al resto del universo, llegaron a la conclusión de que la velocidad de la luz siempre es la misma, sin importar qué tan rápido o lento sea tu movimiento relativo.

¡Haremos que M&M sea un nombre famoso!

EL EXPERIMENTO DE MICHELSON Y MORLEY

De esto podemos concluir que *nada* puede ir más rápido que la luz porque resultaría en situaciones en las que se rompe la causalidad (como que Lorenzo viera que el fotón da en el blanco antes de abandonar la linterna). Y romper la causalidad no es cosa menor, ni siquiera para infractores primerizos. El universo se lo toma muy a pecho.

Causas locales

¿Entonces por qué hay una velocidad máxima? ¿Por qué al universo debería importarle qué tan rápido van nuestros gatos y hámsteres? ¿Cuál puede ser el propósito de esto?

¿Hay alguna forma de que deduzcamos este límite de velocidad a partir de cualquier primer principio, o de que le encontremos algún significado? La respuesta corta es que no tenemos ninguna explicación pura y dura para la existencia de un límite de velocidad en nuestro universo, pero *sí* hay una muy buena excusa para tenerlo. Un límite de velocidad es útil para tener un universo que es *local* y *causal*.

Ya hablamos sobre causalidad, y parece un requisito razonable para un universo. Por "localidad" nos referimos a la idea de que la cantidad de cosas que te afectan está limitada por la cantidad de cosas que están cerca de ti. Si no hubiera un límite de velocidad en el universo, las cosas que ocurren en cualquier lugar podrían tener efectos instantáneos sobre la Tierra. En un universo así, versiones extraterrestres de la NSA (la Agencia de Seguridad Nacional de Estados Unidos, por sus siglas en inglés) podrían, en teoría, leer los textos (hasta los snapchats) que les mandas a tus amigos en tiempo real, o los científicos extraterrestres podrían desarrollar herramientas que maten instantáneamente a todos en la Tierra. En cambio, tenemos una regla que limita lo rápido que puede viajar todo (la luz, las fuerzas, la gravedad, las selfies, los rayos de la muerte extraterrestres), lo cual quiere decir que sólo las cosas en tu entorno local pueden tener conexiones causales contigo.

Si queremos tener un universo en el que no seamos susceptibles a las armas instantáneas de destrucción masiva construidas por los alienígenas, y en el que se respeten las causas y los efectos, tenemos que aceptar algunas cosas que nos parecen un poco raritas, como que la gente y sus mascotas difieran en cuanto al orden de acontecimientos no causales.

Pero ¿por qué esta velocidad?

Ya sostuvimos que tener *alguna* velocidad máxima tiene sentido en un universo que obedece la causa y el efecto, y la localidad.

Pero como ocurre con frecuencia en física, encontrar una respuesta lleva a hacerse preguntas más profundas y básicas: ¿por qué el universo respeta la relación causa-efecto? No cabe esperar que el universo esté diseñado para ser sensible a nuestras mentes particulares.[73] ¿Por qué tenemos esta velocidad máxima y no otra?

El tema de por qué el universo es causal es difícil hasta de discutir, ya no digamos encontrar una respuesta satisfactoria. La causalidad está tan incorporada en nuestra forma de pensar que no podemos salirnos de nuestra mente y considerar un universo que no la tenga. No podemos usar la lógica y la razón para considerar un universo sin lógica y donde la razón sea imposible o inadecuada. Se trata sin duda de un gran misterio, y puesto que la ciencia asume que existe causalidad y lógica, posiblemente se trate de una pregunta que esté fuera del alcance de la ciencia. Puede ser que nunca la respondamos, o podría ser que esté inextricablemente vinculada con el espinoso tema de la conciencia.

---

[73] Aunque es razonable argumentar que en un universo con causa y efecto, la vida inteligente descubrirá esto y lo incorporará a sus sistemas lógicos, aunque no entiendan de dónde proviene.

Una pregunta más manejable es: ¿por qué *esta* velocidad máxima *en particular*? Ninguna de nuestras teorías nos da una buena razón para escoger un valor sobre otro. Un universo causal con una velocidad de la luz más alta sería menos local que el nuestro; un universo causal con una velocidad de la luz menor sería hiperlocal. Pero cada uno de esos universos seguiría funcionando, y la física permite cualquier ajuste para la velocidad de la luz. Sencillamente resulta que la hemos medido en nuestro universo y hemos encontrado que es de trescientos millones de metros por segundo: muy rápida comparada con la experiencia humana, pero muy lenta comparada con las distancias que hay que recorrer para viajar entre estrellas o galaxias.

EL LÍMITE DE VELOCIDAD DEL UNIVERSO:

Suficiente
para ver las estrellas...   ...pero no
                                  para alcanzarlas.

Ahora mismo no tenemos ni idea de por qué el límite de velocidad es el que es. Pero podemos especular sobre distintas posibilidades.

Quizá sea el único valor posible y la velocidad de la luz revela algo muy profundo sobre la naturaleza del espacio-tiempo. Por ejemplo, si el espacio-tiempo en efecto está cuantizado, la velocidad de la luz podría provenir de la forma en la que esa información se transmite entre nodos contiguos de espacio-tiempo. En las cuerdas de una guitarra, la velocidad de las ondas que corren a lo largo de las cuerdas está determinada por el grosor del cable y la tensión de la cuerda. Algo como eso podría determinar la velocidad de la luz.

O quizás un día concibamos una teoría unificada del espacio-tiempo que vuelva evidente por qué la luz y la información tienen que propagarse a cierta velocidad, y todas nuestras preguntas sean respondidas. Pero ahora mismo parece igual de probable que tus mascotas te preparen la cena.

Por el otro lado, tal vez el universo podría tener una velocidad de la luz con cualquier valor entre (pero no incluyendo) cero e infinito. El cero correspondería a un universo no interactivo, y el infinito a un universo no local. Si el universo podía tener cualquier velocidad límite, ¿cómo se escogió ésta? En verdad, no tenemos ni idea, y cualquiera que te diga que la tiene es un físico que viene del futuro o alguien con serios delirios de grandeza. No le pidas a ninguno que cuide a tus mascotas.

La velocidad de la luz podría ser una ley local de la física, no una universal, y es válida en nuestra región del universo por la forma en la que cuajó el espacio-tiempo, cuando terminó el Big Bang. Quizás en cada región del universo la velocidad de la luz esté determinada por procesos mecánicos cuánticos fortuitos. Eso sugeriría que hay otras zonas del universo que tienen velocidades de la luz muy distintas. Ninguna de estas conjeturas alcanza la categoría de idea completa, por no decir de hipótesis científica demostrable. Pero es divertido pensar en ellas.

El pasado y el futuro

Si no tenemos ninguna razón para que la velocidad de la luz sea la que es, ¿cómo sabemos que no cambiará en el futuro o que no ha sido diferente en el pasado?

No podemos viajar al pasado para llevar a cabo experimentos, pero el universo nos ha dado una hermosa galería de viejos eventos astronómicos: el cielo nocturno.

Recuerda que cuando vemos hacia el cielo, no estamos viendo lo que ocurre allí ahora mismo, sino lo que sucedió en el pasado. Mientras más lejos esté un objeto, más tarda su luz en alcanzarnos y más vieja es ahora su imagen. Al observar objetos que están más y más lejos de nosotros, podemos ver de manera efectiva hacia el pasado. Los astrónomos han aplicado las leyes actuales de la física —incluyendo la velocidad de la luz— a las órbitas, colisiones y explosiones que vemos en el cielo, y no hay señal de violaciones al límite de velocidad.

En lo que respecta al futuro, las predicciones son difíciles. Podemos extrapolar con base en catorce mil millones de años de historia; parece una estrategia sólida, pero para ello hay que suponer, implícitamente, que en el futuro el universo seguirá funcionando del mismo modo que en el pasado. Y ésta es una mera suposición: sabemos que en el pasado el universo ha vivido periodos radicalmente diferentes (pre-Big Bang, inflación del Big Bang, era actual de inflación), así que predecir que el universo no cambiará en el futuro huele a exceso de confianza.

¡VEO MÁS MULTAS POR EXCESO DE VELOCIDAD EN TU FUTURO!

Pero quizá podamos viajar a otras estrellas

Ir más rápido que la luz es una posibilidad fascinante, no porque alguien quiera ganarle una carrera a los fotones, sino porque los humanos tenemos un deseo fundamental de explorar el universo que nos rodea. Aterrizar en planetas distintos, visitar soles distantes, conocer extraterrestres y hacernos amigos de sus bobas mascotas… pocas personas rechazarían la oportunidad de hacer todas estas cosas.

A aquéllos de ustedes que están ansiosos por saltar a bordo de la primera nave espacial que visite otro sistema estelar o explore una galaxia vecina les entristecerá escuchar que lo más rápido que podemos viajar por nuestro universo son unos míseros trescientos millones de metros por segundo. Y la estrella más cercana a nuestro sistema solar está a 40,000,000,000,000,000 metros de distancia.

Pero quizás estamos haciendo la pregunta incorrecta. Qué tal si en vez de preguntar: *¿Puedo viajar más rápido que la luz?*, preguntamos: *¿Podemos viajar a estrellas lejanas en un plazo razonable?*, porque la respuesta en este caso es un enigmático: *Podría ser, pero es muy caro.*

Recuerda que la velocidad de la luz es lo más rápido que tú (o yo o tu gato) puedes viajar por el espacio. Pero el espacio no es un fondo abstracto de papel milimétrico. Es una cosa física dinámica con propiedades extrañas, incluyendo la habilidad de expandirse y contraerse.

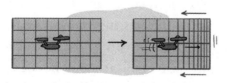

UNA IDEA DISTORSIONADA

Esta última parte es crucial: ¿qué pasaría si pudiéramos *comprimir* el espacio mismo que nos separa de algunos lugares lejanos para poder llegar allí en un plazo razonable, sin tener que viajar muy rápido por el espacio? ¿Podría hacerse? *Esa* idea es un contundente *tal vez*. Hay mucho que nos falta entender sobre la naturaleza del espacio-tiempo, pero sabemos que puede deformarse y contraerse. Desafortunadamente, hacerlo requiere cantidades inmensas de energía, el equivalente de chorrocientos mil millones de ruedas de hámster girando tan rápido como puedan correr con sus rechonchos cuerpecitos. Los científicos calculan que para ir lejos, un motor warp que pudiera comprimir el espacio frente a la nave devoraría cantidades irreales de energía.

¡ESTÁ DANDO TODO LO QUE PUEDE, CAPITÁN!

¿O tal vez agujeros de gusano?

Otra forma de acortar nuestros viajes sin ir más rápido que la luz es usar agujeros de gusano. No las lindas lombricitas que tienes en tu terrario para alimentar a tus lagartos, sino ésos que predice la relatividad general. En las circunstancias correctas, un agujero de gusano en el espacio podría conectar dos lugares en el universo que estén alejados entre sí y te permitiría viajar de uno a otro. En la ciencia ficción, atravesar un agujero de gusano suele implicar montones de luces extrañas, crujidos y una vergonzosa pérdida de control de la vejiga.[74] En realidad,

---

[74] Esto lo inventamos, pero los otros aspectos de los viajes por agujeros de gusano también son inventados, así que ¿por qué no?

nadie sabe cómo sería; quizá no muy distinto de cruzar el umbral de una puerta.

En efecto, si el espacio tiene más de tres dimensiones, es posible que los lugares que en el espacio 3-D parecen muy lejanos de hecho estén justo al lado en otras dimensiones. Imagínate que nuestro universo es como un papel de baño enrollado, y que el espacio se enrolla sobre sí mismo en capas. Las cosas que están sobre la misma hoja son las que solemos pensar como adyacentes, pero podría haber cerca otras hojas que pudieran ser cruzadas mediante agujeros de gusano que las atraviesan.

ES UN UNIVERSO SUAVE Y RESISTENTE

Los agujeros de gusano pueden sonar a fantasía, pero de hecho no son inconsistentes con ninguna ley de la física. Lamentablemente, hasta ahora todos los cálculos sugieren que serían muy inestables y colapsarían casi instantáneamente, así que casi no te daría tiempo de tomar una bebida a bordo antes de que se cerrara a tu alrededor.

Además, no tenemos ni idea de cómo hacer agujeros de gusano, así que tendríamos que tropezarnos con uno y ver a dónde conduce.

Eso es tan útil como tambalearse por Manhattan con los ojos vendados, subirse al azar a automóviles de personas desconocidas y cruzar los dedos para que se dirijan a Los Ángeles.

Mantengamos el sueño vivo

Dejemos a un lado las consideraciones de tipo práctico —las imposibles cantidades de energía requeridas y nuestra falta de tecnología para crear motores warp y agujeros de gusano— porque estos fastidiosos detalles interfieren con la fantasía de los viajes interestelares a la que tú, perseverante lector, tienes derecho tras leer tantos párrafos que insisten en arruinarte la fiesta de viajar más rápido que la luz (MRL).

Los desafíos de comprimir el espacio o viajar a través de agujeros de gusano son enormes, pero ¡ánimo!: los científicos han pasado el problema de los viajes interestelares de la categoría de *totalmente imposible* a *muy difícil y monstruosamente caro*, que es mejor que nada.

Cualquier predicción sobre el avance de la tecnología en un futuro lejano va a resultar accidentalmente correcta o vergonzosamente ingenua, así que nos rehusamos a hacer una. Pero la trayectoria de la humanidad sugiere que hay maravillas tecnológicas que nos esperan en el futuro. Y puesto que no hay ninguna ley fundamental de la física que impida que los viajes interestelares se hagan realidad, aún hay esperanza. ¿Cuándo ocurrirá esto? Ni idea.

EL SISTEMA DE ALERTAS DE LA FÍSICA

"TOTALMENTE IMPOSIBLE"

"MUY DIFÍCIL
Y MONSTRUOSAMENTE CARO"

"VEROSÍMIL"

"REALIZABLE"

"YA HAY UNA APP PARA ESO"

¡Los muones lo hacen todo el tiempo!

La física es muy cuidadosa con la letra chiquita. Cada vez que hay una laguna en una ley natural puedes apostar que por ahí anda una partícula, violándola con desenfreno. Si relees las leyes con ojo de abogado, notarás que la velocidad máxima es la de la luz *en el vacío*. ¿Por qué dice "en el vacío"? Porque la velocidad de la luz depende del lugar por el que pase. La velocidad de la luz en el aire o en el vidrio o en el agua o en el caldo de pollo es menor que la velocidad de la luz en el vacío. La razón es que los fotones tienen que pasar tiempo interactuando con las latosas partículas del caldo de pollo (llamémoslas "caldones"), así que su velocidad promedio es menor.

De modo que si preguntas: *¿Es posible ir más rápido que la velocidad de la luz?*, la respuesta es *Técnicamente… sí*. Aquí el tecnicismo es que es posible viajar más rápido que la luz en algunos medios, aunque nunca más rápido que la luz en el vacío. Por ejemplo, un muón de alta energía puede pasar por bloques de hielo más rápido de lo que la luz pasa por ellos. Técnicamente, viaja "más rápido que la luz", aunque esto suena un tanto abogadesco y poco satisfactorio.

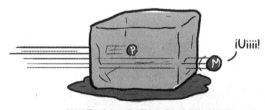

HASTA LA VICTORIA SIEMPRE

Ahora bien, esto no es de gran ayuda para que fundes tu propia colonia en un planeta distante y te entronices como el dios de tu propio sistema solar, pero sí produce algunos efectos elegantes. Cuando una lancha de carreras se desplaza sobre la superficie de un lago más rápidamente que las ondas que hace en el agua, esas ondas se suman para hacer una estela. Si un avión va más rápido que la velocidad del sonido, crea una onda de choque de aire llamada explosión sónica. ¿Qué pasa cuando un muón atraviesa un bloque de hielo más rápido que la luz? ¡Crea una explosión lumínica! Esto también se conoce como radiación de Cherenkov, y los físicos con frecuencia usan los tenues anillos de luz azul que genera dicha explosión para detectar estas partículas y medir su velocidad.

Así que si todo el universo de pronto se inundara de caldo de pollo cósmico (o de hielo), *técnicamente* podrías viajar por él más rápido que la luz, emitiendo brillantes anillos azules durante todo el camino hasta tu nuevo hogar.

Resumen

¿Podemos ir más rápido que la luz?
    Respuesta: sí, pero no, pero sí, pero no.

11

¿Quién dispara partículas superrápidas hacia la Tierra?

En donde descubres que el espacio está lleno de proyectiles diminutos

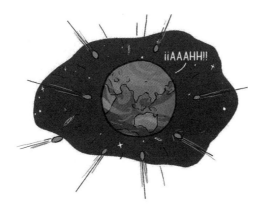

Si despertaras una mañana para descubrir que tu casa está siendo rociada de balas, seguramente pensarías que se trata de una emergencia. No te relajarías, te vestirías y harías tu vida normal esperando que unos científicos mal financiados descubrieran eventualmente qué está pasando, ¿verdad?

Pero resulta que ésta es tu situación en este preciso instante... si piensas que la Tierra es tu casa y los rayos cósmicos son balas. Estas balas golpean nuestra atmósfera por millones todos los días, y llevan consigo más energía combinada que la de una explosión nuclear.

Y lo más alarmante es que no tenemos *ni idea* de qué (o quién) está disparándolos hacia nosotros.

No sabemos exactamente de dónde provienen, o por qué hay tantos. Y no sabemos qué proceso natural puede fabricar municiones tan llenas de energía. Podrían ser extraterrestres, o algo totalmente nuevo que jamás hemos visto. La respuesta rebasa cualquier cosa que hayan soñado hasta los más imaginativos de nuestros científicos.

De modo que, ¿qué son estos intrigantes rayos cósmicos, y por qué nos bombardean con inmensas cantidades de energía? Ponte a cubierto y sigue leyendo para descubrir más sobre este misterio cósmico.

¿Qué son los rayos cósmicos?

Tal vez el nombre "rayo cósmico" es innecesariamente misterioso; tan sólo indica que es una partícula que viene del espacio. Las estrellas y otros objetos disparan continuamente fotones, protones, neutrinos y hasta algunos iones pesados.

RAYOS FAMOSOS

RAY CHARLES   RAY BRADBURY   RAYO CÓSMICO   ¡RAYADO!

Nuestro Sol, por ejemplo, es un importante productor de partículas espaciales. Además de fabricar la luz visible que lo hizo famoso, el Sol también hace fotones de alta energía (luz ultravioleta, rayos gama) que pueden penetrar lo suficiente en tu cuerpo como para causarte cáncer. Y eso no es nada comparado con los neutrinos que vienen de sus hornos de fusión: unos cien mil millones de neutrinos provenientes del Sol pasan por la uña de tu dedo cada segundo. Puesto que los neutrinos casi nunca interactúan con otros fragmentos de materia no es algo que sientas o que deba preocuparte. De esos cien mil millones de neutrinos sólo uno, en promedio, se dará cuenta de que estás ahí y rebotará contra alguna partícula de tu pulgar. Un neutrino promedio atravesará la Tierra sin interactuar con nada, así que si bien la mala noticia es que no hay manera de escudarse de esos enemil neutrinos, la buena es que los neutrinos ni se toman la molestia de hacerte daño.

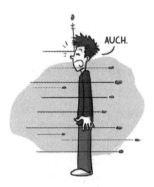

Las partículas más pesadas y con carga, como los protones o los núcleos atómicos, son mucho más peligrosas para la delicada maquinaria del cuerpo humano. Un protón de alta energía puede provocar bastante destrucción cuando atraviesa el cuerpo humano. Los astronautas tienen que tener particular cuidado y asegurarse de estar siempre protegidos, lo cual requiere más que bañarse en bloqueador solar. Y encima, el Sol, como cualquier enorme bola de fuego, puede ser impredecible.

La mayor parte del tiempo hierve tranquilamente a chorrocientos mil grados, pero a veces le da una indigestión que produce llamaradas solares. Estas llamaradas lanzan hebras de plasma al espacio y liberan dosis extra de partículas peligrosas. Cualquiera que pase tiempo en el espacio tiene que tener predicciones certeras sobre el clima solar y buscar refugio muy rápido cuando se detecta una de estas llamaradas.

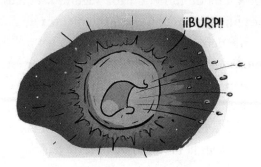

El tema es que hay chorrocientas mil partículas espaciales bombardeando la Tierra *todo* el tiempo. Y traen consigo *mucha* energía.

Por suerte para los que vivimos en la superficie,[75] la atmósfera de la Tierra nos protege casi por completo. La mayor parte de las partículas de alta energía que golpean la Tierra chocan contra las moléculas de aire y de gas que cubren la superficie de la Tierra y se rompen, lo que provoca colosales lluvias de partículas de menor energía. Si alguna vez te preguntaste de dónde vienen la aurora boreal y la aurora austral, éstas son el brillo provocado por el torrente de cósmicos rayos que el campo magnético desvía de la Tierra hacia los polos sur y norte.

Pero esta protección sólo funciona cuando estás en la superficie. Si pasas una cantidad considerable de tiempo muy por encima de la

---

[75] Si estás leyendo este libro en la Estación Espacial Internacional, *por favor* mándanos una foto.

superficie —como sobrecargo o polizón— recibirás más de esta radiación. Desafortunadamente, usar bloqueador solar en un avión no sirve de nada.

¿Qué tan rápido viajan estas partículas? Aquí, en la superficie de la Tierra, el récord mundial de fabricación de partículas rápidas lo tiene el Gran Colisionador de Hadrones, que las acelera a casi diez teraelectronvoltios (10^{13} eV). Cualquier cosa con el prefijo "tera" suena impresionante, pero comparado con la energía de las partículas que vienen del espacio, es más bien mediocre. Todo el tiempo hay rayos cósmicos que golpean la Tierra a un nivel de energía de diez teraelectronvoltios. Ahora mismo golpean la atmósfera de la Tierra a un ritmo de cerca de uno por metro cuadrado. Si te suena a mucho, pues así debería ser, porque la energía que llevan es como si un autobús escolar viajando despacio cayera sobre cada metro cuadrado de nuestro planeta cada segundo.

NO CREO QUE ESO VAYA A AYUDAR.

Pero luego están los rayos cósmicos que golpean la Tierra a energías *aún más altas*… mucho, *mucho* más altas. Hacen que, en comparación, las partículas que aceleramos en el GCH parezcan un bebé que gatea en cámara lenta sobre mantequilla de cacahuate. La partícula más energética que hemos visto golpear la Tierra checó tarjeta a más de 10^{20} eV, es decir, era casi *dos millones* de veces más energética que las partículas más rápidas del GCH. Esta partícula espacial iba tan rápido que los físicos la apodaron la partícula Ay-Dios-Mío. Y cuando unos físicos para nada impresionables suenan como adolescentes atónitos, uno sabe que en verdad están impresionados.

Las partículas con este nivel enloquecido de energía son sorprendentemente comunes. Casi quinientos millones de ellas golpean la Tierra cada año, más de un millón al día, o trescientas cada segundo. Ahora mismo, mientras lees esta oración, más de mil de ellas (la energía equivalente a dos mil millones de autobuses viajando lentamente) golpean la tierra.

Pero ahí está el dato alucinante sobre las partículas que se encuentran en este punto tan alto del espectro energético: *no conocemos nada en el universo que sea capaz de producir partículas de tan alta energía.*

Así es, todos los días nos bombardean millones de partículas con energías extremadamente altas, y no tenemos ni idea de qué puede estar creándolas. Si les pides a los astrofísicos[76] que calculen cuál es la velocidad más alta que puede tener *jamás* una partícula en *cualquier parte* del espacio (con base en lo que sabemos hoy), a) te agradecerán por hacerles una pregunta tan fantástica, b) inventarán algunas situaciones delirantes, como partículas que se deslizan por supernovas en explosión o agujeros negros que lanzan partículas como si fueran resorteras, y c) aun así, se quedarán cortos. Si tomas en cuenta todas las cosas que sabemos ahora mismo sobre el universo, la energía más alta que podría tener una partícula en el espacio es de unos 10^{17} eV, que aún es más de mil veces menos que las que golpean la Tierra todos los días.

Imagínate que el vendedor de Ferraris te dijo que el automóvil que te vendió tiene una velocidad máxima de trescientos cincuenta kilómetros

[76] Ya lo hicimos.

por hora y tú le demuestras que alcanza los trescientos cincuenta mil kilómetros por hora. Llegarías a la conclusión de que ni los expertos mundiales en Ferraris tienen idea de lo que dicen.[77]

Esto es lo que sucede con los rayos cósmicos. Hay rayos cósmicos que golpean la Tierra a niveles de energía que no puede explicar nada de lo que conocemos en el universo, lo cual sólo puede significar una cosa: en el universo debe haber *un nuevo tipo de objeto* que no conocemos.

De acuerdo, eso suena lógico una vez que lo escribes, pero aun así es una afirmación sobrecogedora. A pesar de todo lo que sabemos sobre el universo (al menos sobre cinco por ciento de él) y siglos de mirar hacia las estrellas y construir herramientas de una precisión increíble, aún hay cosas en el universo que no hemos observado. Lo que sea que fabrica estos rayos cósmicos con energías alucinantes sigue siendo un misterio. Y lo divertido es que estas partículas nos envían pistas sobre *dónde* está la fuente y *qué* podría ser, lo cual lo convierte en un rompecabezas muy específico al que podemos hincarle el diente de inmediato.

---

[77] Sí, en esta analogía los astrofísicos son los vendedores de Ferraris.

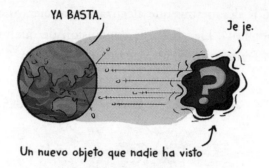

¿De dónde vienen?

Si algo estuviera arrojándote cosas superenergéticas (bolas de nieve, fruti lupis, mocos, etc.), lo primero que harías sería mirar a tu alrededor para saber de dónde provienen. ¿Estas extrañas partículas de alta energía vienen de algún tipo de estrella? ¿O de un agujero negro supermasivo? ¿O de un planeta (¡o planetas!) de extraterrestres? O *de todas direcciones.*

Por suerte, mientras más alta sea la energía de las partículas, más indicaciones nos darán sobre su origen, porque las partículas muy energéticas no serán tan desviadas por los campos magnéticos o gravitacionales que se interpongan entre nosotros y lo que sea que las produce.

Pero para determinar de dónde vienen, necesitas algunos ejemplos. Es como los francotiradores de los tejados: mientras más disparos hacen, más fáciles son de localizar. Lo difícil de precisar de dónde vienen estos rayos cósmicos es que la Tierra es un blanco más bien grande. Aunque todos los días la golpean millones de partículas, es muy difícil poner un detector y atraparlas en el momento justo. Dijimos antes que cientos de ellas golpean la Tierra a cada segundo, y no mentíamos, pero la Tierra es un lugar muy grande. Así que una cifra más relevante es cuántos rayos cósmicos golpean un área del tamaño de un detector típico, que se cuenta en kilómetros cuadrados.

Las partículas de energías del nivel del GCH (10^{13} eV) llegan a la Tierra a un ritmo de una por cada mil kilómetros cuadrados por segundo. Las partículas con energías absurdas (10^{18} eV) llegan con menos frecuencia, a un ritmo de una por kilómetro cuadrado *por año*. Pero las joyas de la corona, partículas sobre 10^{20} eV, son mucho más raras. Llegan a un ritmo de aproximadamente una por kilómetro cuadrado por *milenio*.

BIEN, AHORA ESPÉRATE AHÍ MIL AÑOS.

Esto hace muy difícil descubrir de dónde vienen, porque incluso si construyeras un detector muy grande, tus probabilidades de atrapar una de estas partículas de alta energía son diminutas. Hasta la fecha, sólo hemos detectado un puñado de partículas superrápidas en todos los telescopios de rayos cósmicos que hemos construido. Y aún no podemos detallar la fuente de ninguna de estas extrañas balas espaciales.

La buena noticia es que tenemos una pista muy importante sobre su origen: no pueden venir de muy lejos. La luz visible puede viajar miles de millones de kilómetros sin dispersarse ni disminuir su velocidad, y por eso podemos ver galaxias lejanas a pesar de que están a distancias apabullantes. Compara eso con ver las montañas cercanas cuando vives en una ciudad contaminada, y comprobarás lo increíble que resulta que podamos ver a tales distancias en el espacio.[78] Pero aunque

---

[78] También comprobarás que estas ciudades no son buenos lugares para respirar.

el espacio nos parece muy claro y vacío, para una partícula con carga eléctrica y altas energías es como moverse a través de una abarrotada estación de tren. La luz que forma la foto de bebé del universo, el fondo cósmico de microondas, llena el universo con una especie de niebla fotónica. Los rayos cósmicos interactúan con esta niebla, que los frena rápidamente. Una partícula a 10^{21} eV sólo puede avanzar unos cuantos millones de años luz antes de ser frenada a energías menores a 10^{19} eV, más o menos.

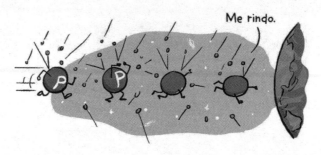

Esto quiere decir que las partículas de alta energía que vemos deben provenir de una fuente relativamente cercana; de otra manera, la niebla fotónica las habría frenado. Sólo podrían venir de algún lugar muy lejano si hubieran comenzado a niveles de energía totalmente *absurdos*. Si podemos descartar lo totalmente absurdo, debemos llegar a la conclusión de que lo que sea[79] que las produce debe estar en nuestro vecindario galáctico. Es una pista útil, porque elimina un gran volumen de espacio de la competencia, pero tampoco tanto porque el volumen de espacio que sigue siendo viable aún es gigantífero (científicamente hablando).

[79] O quien sea (chan chan chan chaaaaan).

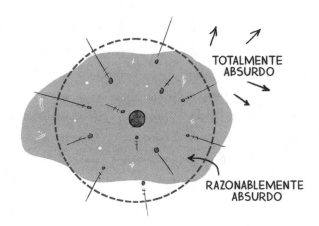

En suma, estas pistas nos permiten hacer esta sorprendente afirmación:

ALGÚN OBJETO CERCANO ESTÁ DISPARÁNDONOS PARTÍCULAS DELIRANTEMENTE ENERGÉTICAS, Y NO TENEMOS NI IDEA DE QUÉ ES.

Eso cuenta, sin duda, como un indicio cósmico de que aún quedan cosas por descubrir en el universo.

¿Cómo las vemos?

Cuando una partícula con superenergía golpea la parte superior de la atmósfera, (afortunadamente) no puede llegar hasta la superficie de la Tierra sin estrellarse con un montón de moléculas de aire y gas. Cuando una partícula de 10^{20} eV golpea una molécula en la atmósfera, se parte en dos partículas, cada una con la mitad de esa energía. Estas dos partículas golpean otras moléculas, y se crean cuatro partículas con una cuarta parte de la energía, etcétera. Eventualmente, hay billones de partículas con una energía de 10^9 eV que bañan la superficie de la Tierra en un instante. Esta lluvia de partículas suele medir uno o dos kilómetros de ancho, y básicamente consiste en fotones de alta energía (rayos gama), electrones, positrones y muones. Esta extensa y poderosa lluvia es lo que nos indica que golpeó la Tierra una partícula superenergética.

POLVO DE HADAS

Pero observar una lluvia de uno o dos kilómetros requiere un telescopio muy grande. Por suerte, si bien el telescopio tiene que ser muy amplio, no tiene que ser continuo. A nadie le alcanza para construir un detector de partículas de dos kilómetros de ancho, así que en vez de esto, tomas un terreno y lo salpicas de detectores de partículas pequeños. El Observatorio Pierre Auger en América del Sur es esa clase de telescopio. En tres mil kilómetros cuadrados de tierra tienen mil seiscientos detectores de partículas y más de diez mil vacas.[80]

---

[80] Las vacas no tienen ningún propósito científico… hasta donde sabemos.

Este detector es muy bueno para observar lluvias de rayos cósmicos de ultra alta energía, y si suena muy, muy grande es porque es muy grande. Pero recuerda que en un kilómetro cuadrado las partículas de superalta energía llegan una vez cada mil años. Así que incluso si cubres tres mil kilómetros cuadrados, tal vez sólo veas una partícula al año, que incluso tras décadas de observación puede no ser suficiente para resolver el acertijo.

¿Qué más podemos hacer? Para acotar la fuente y entender algo sobre el origen de estas partículas vamos a necesitar muchos más ejemplos. Pero construir un telescopio más grande usando las tecnologías actuales sería carísimo. El telescopio Auger costó alrededor de cien millones de dólares.

Una idea absolutamente interesante es tratar de encontrar algo que haya sido construido para otros propósitos y adaptarlo como telescopio de rayos cósmicos.[81] Si tuvieras que escribir una descripción del telescopio perfecto de rayos cósmicos, seguramente querrías que tuviera una de estas características:

• Cobertura planetaria.
• Precios bajos.

---

[81] La verdad: a uno de los autores de este libro se le ocurrió la idea. No, no al dibujante, al otro.

- Asombroso sistema de sonido.
- Que ya esté construido e instalado.

Antes de que te burles de lo absurdas que son estas especificaciones, considera por un momento si son posibles. ¿Existe ya una red de detectores de partículas difundida por todo el mundo y que se deja sin usar durante largos periodos en el día? Si tecleaste esta pregunta en Google desde tu teléfono inteligente, estás más cerca de la respuesta de lo que te imaginabas.

Resulta que las cámaras digitales de los teléfonos inteligentes funcionan como detectores de partículas. La misma tecnología que los hace buenísimos para tomarle fotos a tu sushi o a la función de tus hijos en la clase de Teatro (en verdad, tus chicos son geniales) también los hace sensibles a las lluvias de partículas que se producen cuando las partículas de alta energía se estrellan en la atmósfera. Y los teléfonos inteligentes están en todos lados —hay más de tres mil millones activos mientras escribimos esto— *y* son programables, están conectados a internet, habilitados con GPS y nadie los usa de noche. Si estos teléfonos corrieran una app que usara la cámara para detectar partículas, podrían ser parte de un telescopio de rayos cósmicos extenso, global y de colaboración masiva. Algunos científicos propusieron recientemente que si suficientes personas (decenas de millones) corrieran la app de noche, cuando sus teléfonos no están en uso, la red resultante podría ver muchos más de esos rayos cósmicos de alta energía, que de otro modo nos estamos perdiendo.[82] Mientras más gente usara la app, más grande sería la red y más rayos podrían recogerse. ¡Y uno de ellos podrías ser tú! Sabes bien que siempre has querido ser astrofísico, y si esta idea loca funciona podrías ayudar a solucionar uno de los mayores misterios del universo.

¿Qué pueden ser?

Cuando decimos que los astrofísicos no pueden explicar la alta energía de estas partículas, nos referimos a que no pueden explicarlas si sólo usan los objetos que conocemos. Si les das carta blanca para que inventen *nuevas* clases de objetos que pueden estar produciendo partículas tan veloces, terminas con un montón de ideas divertidas.

Los astrofísicos son personas creativas, y la historia de nuestra exploración del espacio ha mostrado que el universo puede ser aún más creativo. Aquí tienes algunas ideas que podrían explicarlas, pero recuerda que lo más probable es que ninguna sea correcta y la explicación real sea más alucinante que cualquier cosa que estos científicos puedan soñar.

Agujeros negros supermasivos

Una explicación muy popular durante muchos años fue que estas partículas de alta energía eran creadas por agujeros negros increíblemente poderosos en los centros de las galaxias. Estos agujeros negros tienen

---

[82] Y por "algunos" nos referimos a Daniel y sus amigos. Para más información ve a la página http://crayfis.io

masas miles o millones de veces más grandes que la de nuestro Sol. Además de toda la materia que ya se ha tragado el agujero negro,[83] hay una enorme masa de gas y polvo que gira a su alrededor y que está en la cola para ser succionada. Esta materia experimenta fuerzas tremendas, y se ha observado que genera una cantidad increíble de radiación. Sin embargo, el puñado de rayos cósmicos de alta energía que hemos detectado en décadas de observación no parece alinearse con la ubicación de estos activos núcleos galácticos. Esto quiere decir que probablemente no sean la explicación, lo cual allana el camino para proponer ideas aún más extravagantes.

Científicos extraterrestres

Algunos científicos se preguntan si somos la única especie inteligente que está estudiando la materia mediante el método de cortarla en trocitos. ¿Qué pasaría si algunos extraterrestres —sí, hablamos de extraterrestres inteligentes— construyeron un acelerador de partículas lo suficientemente grande como para fragmentar la materia mucho más

---

[83] "Agujero" es un pésimo nombre para algo que en realidad es muy denso y sólido. "Masa negra" sería un nombre más adecuado si no sonara como a ritual satánico.

de lo que somos capaces de hacerlo nosotros? Los rayos cósmicos de ultra alta energía que vemos serían sus sobras, la contaminación de sus experimentos. Ahora que estamos en el tema de los extraterrestres, permítete considerar una posibilidad aún más divertida y absurda: ¿qué pasaría si descubriéramos que las partículas tienen un solo origen, por ejemplo, un planeta habitable que gira en torno a una estrella cercana? Cuán asombroso sería ese descubrimiento.

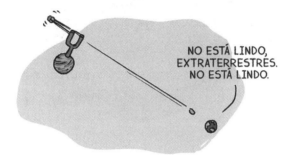

NO ESTÁ LINDO,
EXTRATERRESTRES.
NO ESTÁ LINDO.

La Matrix

Y las ideas se hacen más delirantes. Algunos científicos han especulado que tal vez nuestro universo no es más que una simulación en una computadora cósmica. Unos seres en un metauniverso mucho más grande podrían estar realizando algún experimento usando nuestro universo.[84] ¿Cómo podríamos saberlo? Esta simulación podría tener fallas ocasionadas por las limitaciones de la computadora que corre nuestro universo.[85] Si la simulación se hace cortando el universo en cubos gigantes y corriendo un simulador de física dentro de cada cubo,

---

[84]   Sí, a Douglas Adams se le ocurrió primero esta idea, pero es algo que los científicos serios se toman en serio. En serio.

[85]   Si está corriendo Windows, esperemos que el sistema no se caiga.

arrojaría resultados extraños para los objetos que cruzan muy rápido muchos cubos. En otras palabras, los patrones en las direcciones de los rayos cósmicos de ultra alta energía podrían revelar que nuestro universo es una simulación.

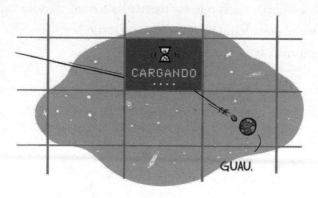

Una nueva fuerza

Tratamos de explicar estas partículas usando todos los objetos cósmicos y todas las fuerzas de nuestra caja de herramientas. Pero el hecho de que sigan sin explicación después de tanto tiempo, sugiere otra posibilidad, emocionante y al mismo tiempo enigmática. Quizás estas partículas son el resultado de alguna nueva fuerza aún sin descubrir. Si existe tal fuerza y es la responsable de estos rayos cósmicos, tendría que haber una razón para que no veamos sus efectos en otros lugares. El reciente descubrimiento de que la energía oscura representa sesenta y ocho por ciento de la energía demuestra que no es insensato imaginar que existen fuerzas desconocidas capaces de afectar todo el universo. Estas partículas podrían ser la pista que nos revele una fuerza de la naturaleza totalmente nueva.

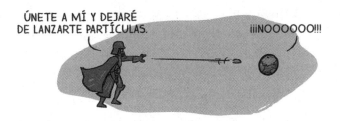

La física de siempre

Por supuesto, es posible que la respuesta resulte ser de lo más prosaica y no nos revele nada dramático sobre la naturaleza del universo. Podría ser una etapa nueva y aún desconocida en el ciclo de vida de una estrella o de algún otro objeto que es interesante para la gente a la que le gusta estudiar las estrellas, y no decirnos nada muy profundo sobre el universo. Pero sigamos soñando.

Mensajeros cósmicos

Seguro habías pasado tu vida entera sin saber que estás siendo constantemente bombardeado por proyectiles espaciales superenergéticos. De no haber leído este capítulo, habrías seguido adelante con tu vida y habrías sido dichoso, felizmente ignorante de que allí afuera hay algo que te dispara cosas y de que nadie tiene idea de qué, o quién, puede ser.

Bueno, ya es muy tarde para eso. Como descubriste en el capítulo 8, no puedes volver en el tiempo. Pero ahora que ya lo sabes, podrías usar este conocimiento para voltear más hacia el cielo y recordar uno de los muchos misterios alucinantes que aún abundan en nuestro universo.

En vez de pensar en estos rayos cósmicos como balas que buscan hacerte daño, piensa en ellos como mensajeros. Imagínalo: viajan billones de kilómetros por el espacio y transportan información sobre alguna cosa nueva y rarísima que jamás hemos visto o imaginado. Nos mandan pruebas de un proceso con energías extraordinarias y posiblemente también de nuevas fuerzas, mecanismos cósmicos desconocidos o formas de vida extraterrestres. Traen consigo descubrimientos asombrosos.

¡Y ésa es una bala que definitivamente no queremos esquivar!

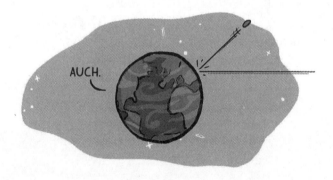

12

¿Por qué estamos hechos de materia y no de antimateria?

La respuesta no será anticlimática

Las matemáticas y la física tienen una relación muy estrecha, así que, como viejos compañeros de habitación, por lo general se llevan muy bien, pero a veces discuten sobre quién se acabó las sobras.[86]

Por ejemplo, la física depende de las matemáticas para expresar las leyes físicas, como $E = mc^2$, y para realizar cálculos muy importantes, tales como *¿de qué grosor es la rebanada más grande que puedo cortarle al pastel antes de que mi compañero se dé cuenta?* Las matemáticas son el lenguaje de la física, del mismo modo que el inglés es el lenguaje de Shakespeare. Si no sabes matemáticas, te resultaría más bien doloroso leer un soneto en física.[87] De hecho, los poemas escritos por físicos no siempre son muy buenos, aunque sepas matemáticas.

LAS MATEMÁTICAS SON DIFÍCILES.

FÍSICA

MATEMÁTICAS

---

[86] Es que no es culpa de la física que las matemáticas olviden durante días su delicioso pastel de chocolate en el refrigerador.

[87] "¿A una suma infinita de días de verano compararte?", de *Los poemas perdidos de Isaac Newton*.

Por el otro lado, las matemáticas dependen de la física para tener cosas útiles que hacer. Sin la física, las matemáticas se limitarían a conceptos abstractos, tales como números imaginarios y grandes devoluciones de impuestos. La física también lleva a los matemáticos a descubrir nuevos problemas en su disciplina. Por ejemplo, muchos descubrimientos matemáticos provienen del desarrollo de la teoría de cuerdas, una candidata para ser la teoría física definitiva.

También hay veces en las que nuestra intuición es un obstáculo para entender el mundo físico, en cuyo caso es mejor dejar que las matemáticas nos guíen, por ejemplo, cuando tratas de entender el extraño comportamiento de las partículas cuánticas o los formatos fiscales. En estas situaciones, lo único que puedes hacer es comprobar a dónde te conducen las matemáticas. Suponiendo que hiciste bien las cuentas, puedes confiar en que las matemáticas describen la realidad mejor que tu intuición. Quizá no tenga mucho sentido que te hagan una devolución de doce trillones de dólares o que las partículas cuánticas aparezcan al otro lado de barreras impenetrables, pero si las matemáticas son correctas, eso es lo que pasa.

Pero no siempre. A veces las matemáticas hacen predicciones que no tienen sentido en términos físicos y que deberíamos rechazar. Por ejemplo, digamos que diriges una empresa de pasteles, y estás probando un nuevo sistema balístico de entrega para tus pasteles de chocolate. ¿A qué velocidad tienes que lanzar los pasteles para que sigan una trayectoria parabólica y aterricen exactamente en la puerta de tu cliente? Para calcularlo tendrías que resolver una ecuación que se parece a ésta: $y = ax^2 + bx + c$ para determinar la velocidad del disparo y el ángulo de lanzamiento de tu cañón de pasteles de chocolate. Puesto que esta ecuación tiene una x^2, habrá dos soluciones para el lugar en el que el pastel toque tierra.

Una solución será la física, que lanzará el pastel de chocolate de tal modo que ese postre devastadoramente delicioso sea entregado en forma perfecta. La segunda solución, sin embargo, arrojará una respuesta sin sentido: te dirá que tu velocidad inicial debería ser negativa, o sea, que tendrías que disparar el pastel hacia atrás y directamente hacia el suelo. Es una solución *matemáticamente correcta*, pero no físicamente correcta. Esto ocurre porque el enfoque matemático usa un modelo del problema que no toma en cuenta todas las limitaciones físicas del sistema, tales como que los pasteles no pueden volar a través del suelo. Todo el esquema hace caso omiso, por cierto, de los problemas de seguridad que implica bombardear el cielo con pasteles de chocolate, pero en este libro sólo nos interesa la física.

LA ENTREGA DE UN PASTEL

SOLUCIÓN # 1   SOLUCIÓN # 2

En algunos casos, por ejemplo, el de tu idea de proyectiles de pastel que está a punto de pasar a la historia, es obvio que una solución es real y que debe ignorarse la solución negativa. Los físicos están acostumbrados a eso, y habitualmente descartan las soluciones no físicas como artefactos matemáticos que no representan conocimientos reales sobre nuestro universo.

Pero que tengan cuidado los físicos (y los empresarios pasteleros) fanfarrones, porque algunos de esos artefactos pueden ser reales, y tal vez les esperan premios Nobel (y ganancias). En este capítulo discutiremos cómo es que una solución negativa llevó al descubrimiento de las antipartículas y la antimateria, y qué preguntas aún persisten sobre ellas hoy, a cerca de cien años de que se consumieran ilícitamente las últimas migajas del pastel de chocolate que ganó el premio Nobel.

Partículas espejo

Todo el asunto de las antipartículas comenzó cuando un físico llamado Paul Dirac trabajaba en unas ecuaciones para describir la mecánica cuántica de electrones que se movían a muy altas velocidades.

PAUL DIRAC:

- PREMIO NOBEL 1933
- SE VOLVIÓ FÍSICO CUANDO NO CONSIGUIÓ TRABAJO COMO INGENIERO
- EINSTEIN PENSABA QUE ERA RARO

Los físicos ya habían encontrado ecuaciones que podían describir la mecánica cuántica de los electrones perezosos y lentos; fue parte de la alucinante revolución de la mecánica cuántica de principios del siglo XX, que hizo que repensáramos la naturaleza de la realidad a los niveles más pequeños. La mecánica cuántica obligó a los físicos a abandonar supuestos muy profundos y sencillos sobre el mundo: que las cosas no pueden estar en dos lugares al mismo tiempo o que repetir con precisión un experimento debería conducir al mismo resultado que la primera vez. Bum. Tomen eso.

Pero los físicos de principios del siglo XX fueron responsables de dinamitar nuestra ingenua percepción del universo, y no una vez sino *dos*. Como los problemas filosóficos de la mecánica cuántica no eran suficientes, llegó la revolución de la relatividad. La relatividad muestra que hay un límite de velocidad del universo (ve el capítulo 10) y que tenemos que abandonar más de nuestras nociones predilectas sobre el universo. En este caso, la pintoresca idea de que el tiempo es universal y que las personas honestas siempre estarán de acuerdo sobre el orden en el que suceden las cosas.

Dirac le echó un vistazo a estas dos extrañas regiones de las matemáticas —que describen correctamente dos conjuntos de fenómenos físicos asombrosos y contraintuitivos— y se preguntó: *¿Qué pasaría si las unimos?* Si tenía ganas de que las cosas enloquecieran aún más, lo consiguió.

Desarrolló una ecuación (audazmente bautizada como ecuación de Dirac) que describe el comportamiento de electrones muy veloces y que incluye tanto mecánica cuántica como relatividad; era hermosa y elegante, y parecía funcionar bien, excepto por un pequeño problema.[88]

Se dio cuenta de que sus ecuaciones funcionaban bien para los electrones cotidianos, los que tienen carga negativa, pero también para los electrones con la *carga eléctrica opuesta.*[89] Es decir, esta ecuación sugería que las leyes de la física funcionarían igual de bien para un electrón con carga positiva, que llamó antielectrón. Este antielectrón era en muchos sentidos idéntico al electrón: tenía la misma masa y lo describían las mismas propiedades cuánticas. Pero tenía la carga eléctrica opuesta. Resultaba un enigma porque nunca se había observado una partícula así.

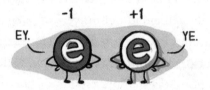

Habrá quien se haya sentido tentado a desdeñar este resultado como un artefacto matemático, una solución negativa que debería ignorarse. Pero Dirac estaba intrigado. ¿Qué tal si era más que matemáticas que habían perdido la razón, y mostraba algo relevante sobre la realidad? Porque, a ver, ¿qué ley física prohibía la existencia de antielectrones? Ninguna, que él supiera.

---

[88] Nótese que unificó la mecánica cuántica con la *relatividad especial,* que se ocupa de partículas que se mueven sobre un espacio plano a una velocidad próxima a la de la luz, y no con la *relatividad general,* que se ocupa de partículas que se mueven en un espacio deformado por grandes masas. Eso sigue siendo un misterio.

[89] Lo que es aún más extraño, las ecuaciones también funcionan para un electrón normal, con carga negativa, que se mueve *hacia atrás en el tiempo.*

De hecho, Dirac analizó la ecuación y dio un paso más: propuso que *todas* las partículas tienen su respectiva antipartícula.

Así que Dirac hizo más que predecir una nueva partícula: predijo todo un nuevo *tipo de partículas*. No es una idea menor. De entrada suena raro que toda partícula tenga una versión opuesta de sí misma, como una película en la que un personaje bueno tiene un gemelo malvado. En el caso de las partículas, el gemelo antipartícula no sólo tiene distinta carga eléctrica, sino que también son diferentes las cargas de las fuerzas nucleares débil y fuerte. En una película, esto querría decir que si el gemelo bueno es alto, gordo, moreno y le gusta el chocolate oscuro, el gemelo malvado sería bajo, delgado, rubio y un fan del chocolate blanco (¡qué villanía!).

ANTIPARTÍCULAS

Electrón   Antielectrón (positrón)   Quark   Antiquark

Sistema   Antisistema

Es una idea loca, pero también resulta que es cierta. De hecho, los científicos han visto antipartículas muchas veces. Poco después de que Dirac propusiera su idea, fue detectado el antielectrón (ahora llamado positrón). Actualmente, se ha confirmado que casi todas las partículas con carga que conocemos tienen una antipartícula. Las antipartículas pueden producirse fácilmente en las colisiones de partículas, y en el CERN cada año se producen unos cuantos picogramos de antipartículas.

Los rayos cósmicos que vienen del espacio a veces también contienen antipartículas o crean antipartículas de vida breve cuando chocan con la atmósfera.

Las antipartículas son un buen ejemplo de las simetrías que encontramos en física a las escalas más pequeñas. Puedes pensar en cada pareja partícula/antipartícula como dos lados de la misma moneda, en vez de dos partículas independientes. Y recuerda que en la organización de nuestro universo hay otras formas de copiar partículas: cada una de las partículas de materia ya tiene dos primos más pesados. Por ejemplo, el electrón tiene las partículas muón y tau, que tienen propiedades cuánticas casi idénticas a las del electrón (misma carga y espín), pero más masa. Así, el electrón tiene dos copias distintas: tiene a sus primos más pesados y su antipartícula. Y, por supuesto, sus primos pesados tienen sus *propias* antipartículas.

¡Y tal vez no quede ahí! Una teoría especulativa llamada supersimetría propone que todas las partículas tienen *un tipo más* de espejo, una superpartícula que es similar a la partícula original (misma carga y quizá misma masa), pero con diferente espín cuántico. El universo está lleno de espejos de feria que copian y distorsionan los patrones de las partículas de distintas formas.

FÍSICA: "NUNCA HAY UN DÍA DE ABURRIMIENTO".

Pero todas estas nuevas partículas sólo suscitan otras preguntas: ¿por qué tenemos gemelos malvados de nuestras partículas?[90] ¿Y por qué no vemos más de ellos en nuestras vidas cotidianas?

Aniquilación de antipartículas

Como cualquier cosa que desempeñe un papel central en la ciencia ficción, es posible que afloren algunos malentendidos comunes. Por ejemplo, tal vez has escuchado que cuando una partícula toca una antipartícula, explotan. Suena ridículo, ¿no?

De hecho, esto sí es cierto.

CHÓCALAS, HERMANO...

Cuando una partícula se encuentra a su antipartícula gemela, ambas hacen algo más que abrazarse y ponerse cómodas: se *destruyen completamente entre sí*. Las dos partículas desaparecen y sus masas se transforman por completo en una partícula portadora de fuerza de alta energía, como un fotón o un gluón. Esto es lo que llamamos "aniquilación". Borra todo rastro de las partículas originales. No sólo ocurre con los electrones y los positrones, sino también cuando los quarks se encuentran con los antiquarks o los muones con los antimuones. Si reúnes a una partícula y a su gemelo malvado, tendrás mucho drama y un gran

---

[90] Más allá de que mejora los *ratings*.

destello de energía. ¡Así que el rasgo más extravagante de las antipartículas de la ciencia ficción es, de hecho, cierto!

Éste es un tema importante, porque en la masa se encuentra almacenada mucha energía. Albert Einstein estableció en su famosa ecuación $E = mc^2$ que la masa y la energía están relacionadas. Nótese que en
esta ecuación la velocidad de la luz, c, que ya es muy grande, con trescientos millones de metros por segundo, se *eleva al cuadrado*, así que un
poquito de masa lleva mucha energía. Cuando se aniquilan por completo dos partículas, se libera una inmensa cantidad de energía acumu-
lada. Para ser específicos, *un solo gramo* de antipartículas combinadas
con un gramo de partículas normales liberaría más de cuarenta kilotones de fuerza explosiva, el doble que las bombas atómicas que arrojó
Estados Unidos durante la Segunda Guerra Mundial. Una pasa normal
pesa cerca de un gramo, así que la combinación de una pasa y una an-
tipasa sería un arma deshidratada de alimentación masiva.

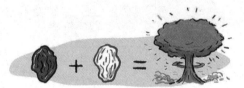

LA FRUTA PUEDE SER PELIGROSA

El concepto de aniquilación puede sonarte raro, pues esto de que
los objetos se conviertan en destellos enceguecedores no es algo que veas
todos los días.[91] Así que, ¿qué significa que dos cosas se aniquilen? ¿Se
acercan y cuando se tocan, *buuum*, se transforman de pronto en energía pura?

Lo primero que hay que considerar es que estas partículas son objetos mecánicos cuánticos, no esferitas diminutas. A veces puedes usar

[91] Excepto por el fuego, que es una conversión química de energía almacenada en luz.

imágenes de esferitas para entender lo que están haciendo las partículas, y a veces tienes que usar imágenes de ondas cuánticas, pero ambas son extrañas, y ocasionalmente inadecuadas. Como ese tío tuyo en el picnic familiar anual. Ya sabes cuál.

Cuando dos partículas se acercan lo suficiente entre sí, en realidad no se tocan, porque de hecho no tienen superficies. Piensa, en cambio, que sus características cuánticas se combinan y que ambas partículas desaparecen para convertirse en otra forma de energía, en la mayor parte de los casos un fotón. A partir de esta energía pueden surgir otros tipos de partículas, dependiendo de la cantidad de energía que hayas hecho estrellarse entre sí. Esto es exactamente lo que ocurre cuando desintegramos partículas en el Gran Colisionador de Hadrones para crear nuevos tipos de partículas a partir de partículas comunes y corrientes.

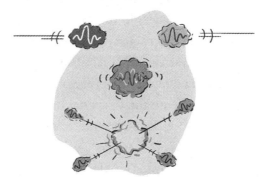

ESTRELLAMIENTO DE PARTÍCULAS

Esto quiere decir que, en cierto modo, todas las interacciones entre partículas resultan en la aniquilación de las partículas originales para dar origen a nuevas partículas. Lo que es distinto en el caso de las partículas y las antipartículas es que son versiones en espejo unas de otras, lo cual significa que tienen cargas opuestas. Esto hace que se atraigan, así que es más probable que se estrellen entre sí. Al mismo tiempo, se complementan perfectamente, de modo que pueden aniquilarse para formar algo neutral, como un fotón.

Lo otro que hay que recordar es que cuando las partículas interactúan (o se estrellan, como sea), se *conservan* ciertas cosas. Por ejemplo, hemos observado que las cargas eléctricas nunca se crean de la nada y nunca se destruyen. La carga eléctrica total de las partículas antes y después del estrellamiento tiene que ser la misma. ¿Por qué? No sabemos. No entendemos por qué operan estas reglas; sencillamente vemos patrones en los experimentos e incorporamos las reglas en nuestras teorías.

Cuando un electrón y su antipartícula, el positrón, se acercan una a la otra, sus cargas opuestas (–1 y +1) las atraen aún más. Y una vez que se estrellan, sus cargas eléctricas opuestas se contrarrestan perfectamente, lo que permite que desaparezca todo rastro de su existencia y que sólo queden protones. Si trataras de hacer lo mismo con cualquier otra partícula, digamos dos electrones, las cargas negativas se repelerían entre sí. Si de algún modo consiguieras vencer la repulsión, habría una carga eléctrica neta (–2) que tendría que conservarse tras el estrellamiento, lo cual no permitiría el aniquilamiento total para dar lugar a un fotón neutral.

Y la carga eléctrica no es lo único que vemos que se conserva. Te preguntarás si dos partículas con cargas iguales pero opuestas pueden aniquilarse entre sí (por ejemplo, un electrón con carga –1 y un anti-muón con carga +1). Pero la respuesta es que no pueden. Parece haber otra regla en nuestro universo que dice que la "electronicidad" y la "muonicidad" tienen que conservarse. No puedes destruir un electrón con un no-electrón. Sólo funciona con su antipartícula, el positrón.[92] Lo mismo ocurre con todos los primos del electrón: el muón y el tau.

---

[92] O con el electrón-neutrino, que también tiene electronicidad. Un electrón más un anti-electrón-neutrino pueden hacer un bosón W.

Y la cosa no queda ahí. Hay toda una lista de cantidades que se conservan (por ejemplo, se preserva la cantidad de partículas hechas de tres quarks, o "tres-quarkicidad"), cada una de las cuales proviene de observaciones sobre qué interacciones entre partículas ocurren y cuáles no.[93] Estas reglas parecen limitar la aniquilación total a un solo estallamiento partícula/antipartícula.

CANTIDADES QUE SE CONSERVAN DURANTE LA ANIQUILACIÓN:

ELECTRONICIDAD

3-QUARKICIDAD

ASOMBROSIDAD

LOCHNESSNICIDAD

¿Por qué tiene reglas tan raras el universo? Ni idea. Posiblemente algún día demostremos que estas reglas son una consecuencia natural de una teoría sobre las partículas más simple, que subyace a todo. Pero, por ahora, sin duda sugiere que las antipartículas resguardan algunas pistas importantes sobre las reglas básicas del universo.

Un anti-tú

Así que las antipartículas son los extraños gemelos sombríos de las partículas, y cuando están juntos se aniquilan el uno al otro como diminutos luchadores de artes marciales mixtas que pelean a muerte. Pero lo creas o no, la cosa se vuelve más interesante.

---

[93] Las partículas con tres quarks (como los protones y los neutrones) son llamadas bariones, así que la "tres-quarkicidad" suele llamarse "número bariónico".

Resulta que las antipartículas pueden organizarse igual que las partículas normales para hacer antiversiones de partículas más complejas, como neutrones y protones. Por ejemplo, puedes hacer un antineutrón combinando dos quarks antiabajo y un quark antiarriba. El antineutrón resultante sigue siendo eléctricamente neutro (como el neutrón), pero sus entrañas están hechas de antipartículas. Y puedes hacer un antiprotón combinando dos quarks antiarriba y un quark antiabajo. El antiprotón es como un protón, excepto porque tiene carga negativa, pues su interior también está hecho de antipartículas.

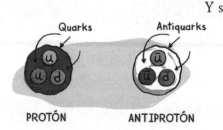

Quarks — Antiquarks

PROTÓN — ANTIPROTÓN

Y se vuelve aún más extraño. Una vez que tienes antielectrones, antiprotones y antineutrones, ¡podrías hacer antiátomos! Un electrón positivo y un protón negativo se comportarían igual que sus contrapartes regulares, sólo que con las cargas invertidas. Si juntas un antielectrón con un antiprotón, el antielectrón orbitaría el antiprotón y ¡obtendrías antihidrógeno!

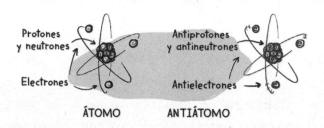

Protones y neutrones — Antiprotones y antineutrones

Electrones — Antielectrones

ÁTOMO — ANTIÁTOMO

En teoría, si armaras suficientes antipartículas podrías hacer anti-cualquier cosa. Por ejemplo, podrías combinar dos antihidrógenos con un antioxígeno para hacer anti-H_2O: *antiagua*. La antiagua se vería y se sentiría igual que el agua normal, excepto por el hecho de que si te la bebieras explotarías con un enceguecedor destello luminoso, lo que, debemos admitir, sería antirrefrescante.

Pero ¿por qué parar ahí? Si puedes hacer antiagua, también podrías hacer cualquier antiversión de cualquier átomo y cualquier molécula. Tal vez hasta antiquímica y antiproteínas y anti-*ADN*.

AGUA   ANTIAGUA

Podría haber otra Tierra u otro tú que se vea exactamente como tú, pero que esté hecho de antimateria. Ese antiél o antiella podría manejar un antiauto y vivir en una anticasa y hasta estar leyendo una antiversión de este libro que está hecho de antipapel y lleno de chistes que sí son buenos.[94]

LIBRO   ANTILIBRO

De hecho, no hay nada fundamentalmente "materioso" sobre nuestro tipo de materia, ni nada fundamentalmente "antimaterioso" en la antimateria. Si la situación se invirtiera y estuviéramos hechos, por alguna razón, de lo que llamamos antipartículas, probablemente llamaríamos "materia" a las antipartículas y "antimateria" a las partículas normales, pues son nombres arbitrarios. En otras palabras, ¡nosotros podríamos ser los gemelos malvados! (Entra música reveladora e impactante.) ¿No sería el mejor final sorpresa de la historia?

Por supuesto, tanto hablar sobre antipartículas y antimateria nos lleva a preguntarnos: ¿dónde está toda la antimateria?

---

[94] Y con antinotas a pie de página, ordenadas con números negativos.

Los misterios de la antimateria

Sabemos que existen antipartículas, y la fórmula de Dirac explica muy bien cómo se comportan a altas velocidades. Pero eso no quiere decir que las entendamos por completo. De hecho, este extraño fenómeno de nuestro universo suscita más preguntas de las que responde.

Por ejemplo: ¿por qué existen antipartículas? Nuestra teoría moderna de las partículas las necesita, pero también puedes imaginarte otras teorías que incluyan otros tipos de gemelos extraños (incluso trillizos maléficos o cuatrillizos desalmados).

LA TRAMA SE ENREDA

Otras preguntas son: ¿las antipartículas son exactamente lo opuesto de las partículas comunes o hay diferencias sutiles en comportamiento, textura, sabor o chocolate favorito? ¿Las antipartículas sienten la gravedad igual que las partículas, o la sienten en sentido *contrario*?

Pero la pregunta más grande de todas es sencilla: ¿por qué nuestro mundo está hecho de materia y no de antimateria?

Si crees positivamente que puedes soportar cierta negatividad, sigue leyendo para descubrir más sobre estos misterios. No se te harán… cargos.

¿Por qué el universo y no el antiuniverso?

Existe una diferencia *muy* grande, muy importante y muy obvia entre la materia y la antimateria: la materia está en todos lados y la antimateria casi en ninguno. Es decir, el universo parece tener mucha más materia que antimateria.

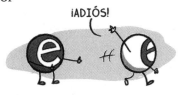

Si la materia y la antimateria son versiones iguales pero opuestas una de la otra, uno esperaría que durante el Big Bang se hubiera creado la misma cantidad de partículas y de antipartículas. Pero reproduce ese escenario en tu cabeza por un minuto y comprueba a dónde te conduce: si por cada partícula se hubiera creado una antipartícula, eventualmente todas las partículas se habrían encontrado con su antipartícula y se habrían aniquilado mutuamente, convirtiendo toda la materia del universo en fotones. Puesto que estás vivo y leyendo este libro, y estás razonablemente seguro de que no estás hecho de luz,[95] sabemos que no ocurrió. Por lo tanto, debe existir alguna preferencia por la materia sobre la antimateria.

Hay (al menos) dos posibilidades que explican este favoritismo:

Posibilidad #1

Durante el Big Bang se creó un poquito más de materia que de antimateria. Y si bien la enorme mayoría de la materia y la antimateria se aniquilaron por completo entre sí, los diminutos fragmentos de materia que quedaron cuando se agotó toda la antimateria sirvieron para crear

---

[95] Sí, eres una persona increíble, pero no *tan* increíble.

todas las galaxias, estrellas, pasteles de chocolate y materia oscura que existen hoy en día.

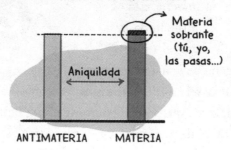

POSIBILIDAD #1: AL PRINCIPIO
HUBO UN PEQUEÑO DESEQUILIBRIO

Materia sobrante (tú, yo, las pasas...)

Aniquilada

ANTIMATERIA   MATERIA

Esta posibilidad explica lo que vemos, pero no aborda el concepto central. Transforma la pregunta: *¿Por qué el universo actual está hecho de materia y no antimateria?* en la pregunta equivalente: *¿Por qué el universo empezó con más materia que antimateria?* Desafortunadamente, tampoco tenemos idea de cómo contestar esta pregunta. (Además, la mayor parte de las teorías modernas sobre el universo primitivo son inconsistentes con cualquier asimetría en la producción inicial de materia y antimateria.)

Posibilidad #2

Durante el Big Bang se creó la misma cantidad de materia y de antimateria, pero con el tiempo algo en las partículas mismas provocó que hubiera más materia que antimateria.

Esto es posible si es que ocurren reacciones físicas que destruyen la antimateria más rápidamente que la materia, o que crean más materia que antimateria. Puesto que las partículas se crean y se destruyen todo el tiempo, cualquier diferencia, por pequeña que fuese, en la forma en la que se crean o se destruyen las partículas y las antipartículas podría acumularse hasta provocar un enorme desequilibrio.[96]

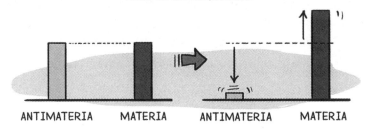

POSIBILIDAD #2: HABÍA LAS MISMAS CANTIDADES, PERO CON EL TIEMPO DESAPARECIÓ TODA LA ANTIMATERIA

ANTIMATERIA   MATERIA   ANTIMATERIA   MATERIA

Así que la posibilidad #2 suena prometedora. Pero ¿qué tan probable es que el universo tenga una preferencia inherente por hacer o preservar materia en vez de antimateria?[97] La física es, en su mayor parte, totalmente simétrica. Y hasta donde sabemos, las antipartículas pueden hacer exactamente las mismas cosas que las partículas. Por ejemplo, un neutrón puede decaer en un protón, un electrón y un antineutrino (esto se llama decaimiento beta y ocurre todo el tiempo). Del mismo modo, un antineutrón puede decaer en un antiprotón, un antielectrón y un neutrino.

Quizás esta predilección sea muy pequeña. Al estudiar la creación y la destrucción de partículas, los físicos buscan pequeños desequilibrios entre partículas que oscilan entre las versiones materiales y

[96] El universo no toma vacaciones. Jamás.
[97] Y si crees que la asimetría en la creación y destrucción de materia y antimateria es igual de extraña que la asimetría inicial en la cantidad de materia y antimateria que se creó durante el Big Bang, tienes un buen punto. Pero en el primer caso seríamos capaces de ponerla a prueba y de estudiarla hoy.

¿HAS TRATADO
DE SER MÁS POSITIVA?

antimateriales de sí mismas. Desafortunadamente, si bien existe evidencia de cierto desequilibrio, no empieza ni a
explicar el inmenso desequilibrio
que vemos hoy.

Así que debe estar ocurriendo algo más que
explica la predilección de la materia sobre la antimateria. Sea lo que
sea, también podría darnos alguna pista sobre la razón de que haya dos
clases de partículas para empezar. Pero hasta ahora no tenemos ni idea
de qué es.

Espera, tal vez la antimateria esté en otro lugar

¿Y si lo entendimos todo mal? ¿Y si en el universo *sí* existen cantidades iguales de materia y de antimateria pero están separadas por regiones? La Tierra y su vecindario inmediato definitivamente están hechos
de materia, pero ¿y si *otros* vecindarios están hechos de antimateria?

La materia y la antimateria son tan parecidas que no podemos determinar si una estrella lejana está hecha de materia o de antimateria
únicamente observando la luz que emite. Ambos tipos de estrella tendrían las mismas reacciones nucleares y producirían fotones del mismo
modo y con las mismas energías.

Estrellita de fusión,
di de qué materia eres...

Así que empecemos cerca de casa. Sabemos que aquí en la Tierra no hay cantidades significativas de antimateria, porque nuestro planeta está hecho de materia, y cualquier antimateria que hubiera en él reaccionaría en forma explosiva. Así que alejémonos un paso. ¿Podría haber grandes regiones de antimateria en el espacio, cerca de la Tierra? ¿Podría estar hecho de antimateria uno de los planetas de nuestro sistema solar?

¡Definitivamente no! Recuerda lo que pasa cuando se juntan la materia y la antimateria: es más explosivo que hablar de política con tus parientes. Por ejemplo, si la Luna estuviese hecha de antimateria, cada vez que la golpeara un meteoro de materia ocurriría una gigantesca explosión y veríamos un enorme destello. Un meteoro del tamaño de una pasa provocaría una explosión tan dramática como una detonación atómica. Y la Tierra y la Luna constantemente están siendo bombardeadas por meteoros de materia, grandes y chicos, así que al menos sabemos que la Luna no está hecha de antiqueso.

El mismo argumento es válido para Marte y los otros planetas del sistema solar. Si Marte estuviera hecho de antimateria, todo el tiempo veríamos los fotones producto de las explosiones. De hecho, si hubiera una concentración considerable de antimateria cerca de una región con materia, verías una constante aniquilación y liberación de fotones en la frontera entre la región de materia y la de antimateria. Y como no vemos nada por el estilo en nuestro vecindario, podemos decir con certeza que nuestro sistema solar está hecho de materia.

Y recuerda, también hemos mandado objetos hechos de materia (incluidas personas) a explorar nuestro sistema solar, y ninguno ha sido aniquilado instantáneamente en una brillante ráfaga de luz.[98]

---

[98] ¡Aún!

QUE NO VEAMOS EXPLOSIONES GIGANTES POR TODOS
LADOS QUIERE DECIR QUE ALLÁ AFUERA NO EXISTEN
GRANDES REGIONES DE ANTIMATERIA

Los astrónomos han expandido su búsqueda para incluir sistemas solares enteros de antimateria en nuestra galaxia. Hasta ahora no hemos visto los brillantes destellos de los fotones que uno esperaría encontrar en la frontera entre las regiones de materia y las de antimateria. Incluso se ha considerado la posibilidad de que existan galaxias enteras hechas de antimateria, pero si hubiera alguna veríamos cómo se ilumina el espacio entre las galaxias de materia y las de antimateria a causa de la aniquilación de las partículas que emanan de ambos tipos de galaxia. Actualmente los astrónomos han avanzado tanto con esta técnica que están seguros de que todo nuestro cúmulo galáctico está hecho de materia.

Ésos son, hasta ahora, los límites de nuestras observaciones directas. Más allá no podemos saber nada de cierto, porque los vacíos entre cúmulos galácticos son tan grandes que si hubiera una frontera entre materia y antimateria, sería demasiado tenue para verla.

A pesar de todo, parece probable que el resto del universo también esté hecho de materia normal. Un universo organizado en cúmulos galácticos de materia y antimateria requeriría que la materia y la antimateria hubieran estado muy separadas en el universo primitivo, lo cual suscitaría todo un nuevo conjunto de preguntas.

Para recapitular, no tenemos evidencia de que existan grandes acumulaciones de antimateria en nuestro universo observable. Así que aún no podemos responder por qué sólo vemos materia y no antimateria.

COSAS INEXPLICABLES

Antimateria   Pezones de hombre   Tu dedo chiquito   Gatos

Asuntos neutrales

¿Todas las partículas tienen su antipartícula? Hasta ahora todas las partículas que tienen carga eléctrica tienen una antipartícula característica. Pero la respuesta no es tan clara para las partículas neutrales.

Por ejemplo, no hay una antiversión específica del fotón (que no tiene carga), es decir, un antifotón. Hay quien argumentaría que el fotón es su propia antipartícula, lo cual se parece más a evitar la pregunta que a contestarla (por ejemplo, ¿si eres tu propio mejor amigo, esto quiere decir que no tienes amigos?). Lo mismo ocurre con el bosón Z y el gluón. Tal vez has notado que todas éstas son partículas portadoras de fuerza, pero las partículas W con carga también son portadoras de fuerza y sí tienen antipartículas. ¿Por qué algunas partículas tienen antipartículas y otras no? Ni idea.

Los físicos creen que el neutrino (que tiene carga eléctrica cero) probablemente tiene una antipartícula con los valores opuestos en las cargas asociadas con la fuerza

SOY ANTI-YO.

LOS FOTONES SON SUS PROPIOS PEORES ENEMIGOS.

nuclear débil (llamada "hipercarga"). Pero los neutrinos son particulitas misteriosas, muy difíciles de estudiar, así que es posible que el neutrino también sea su propia antipartícula.

¿Cómo podemos estudiar la antimateria?

Resulta fascinante pensar que podemos construir antiobjetos a partir de antipartículas. Sería genial, pero también educativo: aprenderíamos en qué aspectos la antimateria es distinta de la materia normal, lo cual ayudaría a explicar por qué existe la antimateria.

Desafortunadamente, es muy difícil hacer experimentos con antiobjetos (hechos de antipartículas).

De por sí es difícil construir objetos a partir de materia normal (para hacer un pastel de chocolate, necesitas 10^{25} protones, 10^{25} electrones y mucho amor), como para tener que preocuparte de que tu proyecto de repostería explote cuando entre en contacto con una sola partícula de materia ordinaria.

En el caso de la antimateria, los científicos apenas consiguieron hace poco que los antiprotones y los antielectrones jugaran más o menos bien juntos en el laboratorio como para formar antihidrógeno. En 2010 lograron crear unos cuantos cientos de átomos de este elemento y los atraparon por unos veinte minutos.[99] Técnicamente esto es muy impresionante, pero no es suficiente para que respondamos todas nuestras preguntas sobre la antimateria. Imagínate lo poco que aprenderías sobre nuestro universo si sólo pudieras observar unos cuantos átomos de hidrógeno por unos minutos.

---

[99] En unidades de tiempo académico, esto equivale a 1.0 pausas para tomar café.

Así que estamos haciendo avances muy importantes, pero posiblemente no aprendamos más hasta que no nos volvamos mucho mejores para fabricar antimateria y para almacenarla en forma segura. Actualmente sólo podemos producir unos cuantos picogramos de antimateria al año en el CERN, de modo que nos tomaría *millones de años* hacer el equivalente a media pasa de antimateria. E incluso entonces tendríamos que inventar algún tipo de contenedor que no tuviera que hacer contacto con ella, por ejemplo, usando campos electromagnéticos.

Materias curiosas

Así pues, estamos seguros de *algunas* cosas sobre la antimateria. Sabemos que existe, que tiene la carga opuesta que la materia y que, cuando se reúne con ella, puede aniquilarse y convertirse en luz. No estamos del todo en la oscuridad.

Pero lo poco que sabemos se ve eclipsado por las cosas que *no* sabemos sobre la antimateria. En primer lugar, no sabemos por qué existe la antimateria. ¿Es una pista sobre la forma en la que se organiza la materia? ¿Podría haber otras formas de la materia? Y si bien parece haber mucha simetría entre materia y antimateria, el universo definitivamente tiene cierta preferencia por la materia.

¿Estas preguntas te provocan cierto recelo por la antimateria? Mira, obviamente no es buena idea tocarla, pero piensa en todas las cosas geniales que podemos aprender de ella.

Por ejemplo, una enorme pregunta que aún falta responder es: ¿las antipartículas sienten la gravedad del mismo modo que las partículas de materia?

Aunque sabemos que existe la antimateria, y la teoría actual predice que siente la gravedad igual que la materia normal, no hemos sido capaces de observar cantidades lo suficientemente grandes de antimateria como para contestar esta pregunta básica. La gravedad es una fuerza tan débil que necesitas una gran cantidad de partículas para medirla. La antimateria es tan rara e inestable que es casi imposible realizar experimentos gravitacionales.

¡El universo no me quiere!

Te daría una palmadita en la espalda, pero explotaríamos las dos.

LA ANTIMATERIA SE SIENTE RECHAZADA

Pero ¿qué pasaría si la antimateria sintiera la gravedad en forma distinta que la materia normal? Recuerda que el rasgo característico de las antipartículas es que sus fuerzas electromagnéticas, débil y fuerte, están invertidas. ¿Es posible que las partículas de antimateria también tengan invertida su "carga gravitacional"? ¿La antimateria podría sentir la gravedad de forma *contraria*? Imagínate qué pasaría si fuera así y nos las ingeniáramos para crear y controlar antimateriales con esta propiedad "antigravitatoria". ¡Los automóviles voladores y las botas antigravedad con los que fantaseabas de niño podrían volverse realidad!

Si *eso* ocurriera, habría que cambiarle el nombre a esta cosa, de "antimateria" a "supermateria".

¿QUIÉN NECESITA MATEMÁTICAS CUANDO
TIENES BOTAS ANTIGRAVITACIONALES?

13

¿Qué le pasó al capítulo 13?

Ni idea.

14

¿Qué ocurrió durante el Big Bang?

¿Y qué había antes?

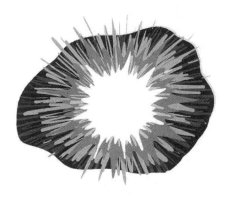

Si alguien te dijera que naciste en circunstancias misteriosas, ¿no te picaría la curiosidad? ¿No te parecería un poco alarmante que te dijeran que apareciste de pronto sobre la Tierra de bebé y que nadie sabe si te cultivaron en un tubo de ensayo, te armaron en una fábrica o te hicieron aparecer unos alienígenas?

Saber de dónde vienes y cómo llegaste a ser quien eres es parte fundamental de tu identidad. Saber que fuiste concebido y que naciste es un dato que seguramente está acomodado en algún rincón de tu mente, reconfortándote, asegurándote que es normal que estés aquí y que eres parte de una historia.

Pero no ocurre lo mismo con el universo.

Nuestro universo apareció hace unos catorce mil millones de años (más tarde explicaremos cómo es que sabemos esto), y decir que sucedió en circunstancias misteriosas es quedarse corto. Pero corto en serio. Los científicos creen saber lo que ocurrió justo *después* de que naciera el universo —una enorme explosión expansiva llamada el Big Bang—, pero saben muy poco sobre el momento exacto del nacimiento, qué lo provocó y qué había antes (si es que había algo).

En este capítulo hablaremos sobre todas las cosas que sabemos, y no sabemos, acerca de este extraordinario acontecimiento. *Spoiler*: es probable que no lo hayan cultivado en un tubo de ensayo.

¿Cómo podemos saber algo sobre el Big Bang?

En estas situaciones resulta provechoso recordar cuáles son los límites de la ciencia. La ciencia es una herramienta muy útil para responder muchas clases distintas de preguntas, pero tiene sus límites: las teorías científicas tienen que hacer *predicciones comprobables* que puedan ser verificadas mediante experimentos. Por ejemplo, si tienes una teoría sobre el comportamiento de tu gato, puedes ponerla a prueba disparándole con una pistola de dardos de goma y observando su reacción.

CIENCIA: ES BUENA PARA ALGUNAS COSAS.

Si una teoría no puede ponerse a prueba mediante experimentos, cae en el ámbito de la filosofía, la religión o la simple y llana especulación. Por ejemplo, alguien podría sugerir la teoría de que en lo profundo del espacio, entre nuestra galaxia y la de Andrómeda, flota un diminuto gatito de peluche rosa. Se trata de una teoría física sólida, pero la tecnología actual hace que sea imposible comprobarla. Así que por el momento no es una teoría científica, y los fieles del Gatito del Espacio Profundo deben conformarse con la fe o con otros argumentos.

EL GATITO DEL ESPACIO PROFUNDO
VELA POR NOSOTROS.

A lo largo de la historia, las teorías han cruzado muchas veces el umbral de lo acientífico a lo científico. La idea de que la materia está hecha de átomos diminutos existió mucho antes de que tuviéramos la tecnología para detectarlos. Preguntas como ésta pasaron de ser filosofía a ciencia cuando se crearon nuevas herramientas, más potentes y reveladoras.

Es el caso del Big Bang.

Hasta hace poco, hablar sobre los primeros momentos del universo no habría sido más que una pura especulación. O sea, ¿cómo estudias algo que ocurrió hace catorce mil millones de años? Y lo más importante, ¿cómo realizas experimentos para verificar tus teorías? Porque no podemos repetir el Big Bang para nuestra conveniencia científica.

Por suerte para nosotros, el Big Bang dejó un gran tiradero. Hay toda clase de pistas y de escombros que podemos analizar a profundidad. Y en el último medio siglo nuestra tecnología, nuestras matemáticas y nuestras teorías físicas han avanzado hasta el punto en el que hemos comenzado a mudar la pregunta de qué ocurrió durante el Big Bang a la categoría de ciencia. Podemos poner a prueba nuestras teorías sobre el Big Bang siempre y cuando hagan predicciones sobre las cosas que podemos encontrar entre los escombros; eso cuenta como predicción incluso si los acontecimientos ocurrieron hace muchísimo tiempo.

Pero que tengamos esta capacidad no quiere decir que ya lo sepamos todo sobre el Big Bang, especialmente lo que ocurrió antes de él. Para entender lo que no sabemos sobre el Big Bang, hablemos primero sobre lo que *sí* entendemos.

¿Qué sabemos sobre el Big Bang?

La idea del Big Bang surgió a principios del siglo xx, cuando los científicos descubrieron que todas las galaxias que podemos ver se están alejando de nosotros, lo cual implica que el universo se expande.

Los cosmólogos trataron de entender esta observación jugando con las nuevas ecuaciones de Einstein para la relatividad general, que describe cómo funcionan el espacio, el tiempo y la gravedad, y descubrieron que estas ecuaciones podían describir fácilmente un universo en expansión. Pero también descubrieron algo extraño. Si proyectas la expansión hacia atrás en el tiempo lo más posible, las ecuaciones predicen algo que es totalmente ajeno a nuestra intuición: todo el universo contenido en un solo punto, una *singularidad*, donde la masa es enorme, el volumen es cero, la densidad es infinita y estacionarse es *imposible*.

Esa expansión desde una diminuta semilla hasta el universo vasto y grandioso que vemos hoy es lo que llamamos el Big Bang, el origen de nuestro universo.

Los que han oído hablar sobre el Big Bang posiblemente piensen en él como una explosión, parecida a lo que ocurre cuando se detona una bomba. Imaginan que antes del Big Bang toda la materia del universo estaba abarrotada en un volumen muy pequeño, y que luego salió volando hacia el espacio y formó el universo que vemos hoy.

Pero si te parece difícil creer que todo lo que existe hoy estaba embutido en un solo punto infinitesimal que luego explotó, haces bien. La historia de lo que ocurrió durante el Big Bang es *mucho* más compleja que eso, y está llena de misterios para los que aún no tenemos respuesta. Sigue leyendo para descubrir cuáles son.

Gran misterio #1: gravedad cuántica

Empecemos por el principio. ¿Tiene sentido que el universo fuera alguna vez un punto infinitesimal? ¿Que todas las cosas que existen hoy estuvieran exactamente en el mismo lugar, apachurradas en cero volumen? De hecho, según la relatividad general, sí lo tiene.

Pero la relatividad general fue concebida y desarrollada antes de que tuviéramos claro que a las distancias más pequeñas nuestro universo es un lugar muy raro, poblado por objetos cuánticos que obedecen extrañas reglas contraintuitivas y probabilísticas. Se espera que las predicciones de la relatividad general fallen cuando las masas se vuelven tan densas que los efectos cuánticos empiezan a ser relevantes. Por ejemplo, durante los primeros momentos del universo, cuando las cosas estaban apretujadas en espacios increíblemente pequeños.

A veces no puedes llevar una teoría hasta sus últimas consecuencias lógicas. Imagínate si midieras la velocidad a la que crecen tus gatos a lo largo del tiempo y luego trataras de extrapolar su crecimiento hacia atrás en el tiempo. Si sólo consideraras el tamaño, podrías terminar prediciendo que tus mascotas alguna vez fueron infinitesimales singularidades felinas o, si ignoras por completo los límites físicos, que alguna vez tuvieron tamaño negativo. Eso sería… gatastrófico.

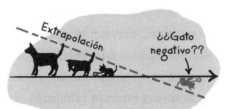

POR QUÉ LOS GATOS NO SON FÍSICOS

Lo mismo se aplica a la relatividad general y al Big Bang. Puesto que no tenemos una teoría cuántica de la relatividad, no sabemos bien cómo calcular o predecir lo que estaba ocurriendo en los principios mismos del universo, de modo que la idea de que el Big Bang comenzó como una singularidad probablemente no sea precisa; en esos primeros momentos los efectos gravitatorios cuánticos eran dominantes, pero no tenemos ni idea de cómo describirlos.

Gran misterio #2: el universo es demasiado grande

Existe otro problema con esta visión simplista del Big Bang como una explosión a partir de una semillita original. Incluso si el universo creció a partir de un puntito infinitesimal o de un diminuto grumo de grumosidad cuántica, hay algo que no checa del todo con lo que vemos: el universo es más grande de lo que debería ser.

Para entenderlo, primero pensemos sobre cuánto podemos ver del universo. Más allá del libro que tienes entre tus manos, del gato que tienes en el regazo, del mundo afuera de la ventana, piensa en las estrellas lejanas. ¿Qué tan lejos podrías ver si tuvieras un telescopio muy poderoso capaz de atrapar la luz que se esfuerza por llegar a nosotros desde esas estrellas lejanas? La respuesta depende de qué tan *viejo* sea el universo.

Ver algo significa que atrapas fotones que comenzaron su viaje en el objeto que estás tratando de ver y que viajaron hasta tu ojo (o tu telescopio). Pero puesto que hay un límite para la velocidad a la que pueden viajar los fotones (sólo pueden ir a la velocidad de la luz), ver algo que está extremadamente lejos implica que ha pasado mucho tiempo desde el instante en el que fue emitido el fotón hasta el momento en el que lo capturaste.

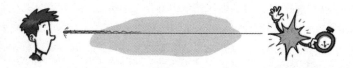

De modo que qué tan *lejos* puedes ver depende de cuánto *tiempo* ha transcurrido desde que comenzó el universo.

Si el universo hubiera comenzado hace cinco minutos, lo más lejos que podrías ver sería cinco minutos multiplicados por la velocidad de la luz, o unos noventa millones de kilómetros.[100] Puede parecer mucho, pero quiere decir que sólo podrías ver hasta Mercurio, más o menos.

Éste es el "universo observable". Todo lo que puedes ver tiene que estar dentro de una esfera cuyo centro es tu cabeza y cuyo radio es la distancia que puede haber viajado la luz desde el nacimiento del universo. Si un punto en la superficie de esa esfera te mandó un fotón en

---

[100] Suponiendo que el espacio mismo no se expande. Llegaremos a eso en un minuto.

el primer momento posible, apenas te estará llegando ahora; eso es lo que define los límites de nuestra visión.

La luz de las estrellas, los planetas y los gatitos que están fuera de esa esfera aún no nos ha llegado, así que ningún telescopio puede verla. Hasta una supernova superbrillante o un gatito rosa del tamaño de un planeta nos resultarían invisibles si estuvieran fuera de esa esfera. Curiosamente, este concepto nos ha devuelto nuestro antiguo lugar como centro del universo observable, con la excepción de que ¡cada uno de nosotros está en el centro de nuestros propios universos observables!

Conforme pasa más tiempo, esta esfera se expande y podemos ver más del universo. Cada año vemos más y más lejos, porque le permitimos a la luz de objetos cada vez más lejanos que nos alcance. Y esta información llega a nosotros a la velocidad de la luz, así que los límites de nuestra visión también crecen a la velocidad de la luz.

Pero al mismo tiempo, todo lo que hay en el universo se aleja de nosotros, así que hay una carrera entre los límites de nuestra visión y los blancos de nuestros telescopios. ¿Qué tan cerrada es esta carrera? Los límites de nuestra visión crecen a la velocidad de la luz, pero las cosas que hay en el universo no pueden viajar por el espacio más rápido que eso (según la relatividad).

Así que si todas las cosas en el universo comenzaron como un punto cuántico diminuto pero finito, y no hacen más que alejarse del Big Bang, nuestro horizonte debería expandirse más rápido de lo que las estrellas y los gatitos del universo pueden alejarse de nosotros, lo que nos daría una visión más y más extensa. Muy pronto nuestro horizonte terminaría por ser más grande que el universo entero, si es que no ha ocurrido ya.

¿Cómo se vería eso? Si nuestro horizonte fuera más grande que nuestro universo, podríamos ver más allá del momento en el que ya no hay estrellas (o no había estrellas, puesto que lo que vemos sucedió hace muchísimo tiempo). Podríamos mirar hacia un punto en el que no hubiera nada: *el fin de las estrellas.*

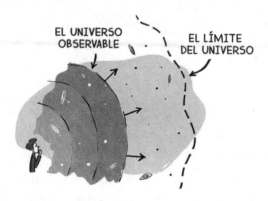

Pero en todas las direcciones en las que observamos, no vemos el fin de las estrellas. El universo *aún* es más grande que nuestro horizonte, aunque han pasado catorce mil millones de años desde que nació. Claramente, hay algo que no es del todo correcto con esta idea de que todo en el universo comenzó en un pequeño grumo y se propagó hacia afuera en un espacio estático.[101]

Y la cosa se pone peor.

---

[101] Si asumes que el universo es finito. Si no lo asumes, te evitas este problema, porque un universo infinito siempre será más grande de lo que podemos ver, pero entonces tendrías el problema de explicar cómo se creó un universo infinito.

Gran misterio #3: el universo es demasiado homogéneo

Hay otros problemas con la idea de que todo el universo sencillamente se aleja de un pequeño punto de origen a partir del Big Bang. Por ejemplo, que el universo es demasiado *homogéneo*.

Por más asombroso y caótico que pueda parecerte el universo, en realidad hay una especie de homogeneidad o uniformidad generalizada. Y podemos ver esta uniformidad en el fondo cósmico de microondas, el FCM del capítulo 3.

Para entenderlo pongamos un ejemplo. Imagínate que tienes hambre (leer libros sobre física quema un montón de calorías; cuéntale a tus amigos) y decides calentar una empanada en el horno de microondas. Después de unos minutos, como todo mundo sabe, el centro de tu empanada va a estar muy caliente, y las orillas menos calientes.

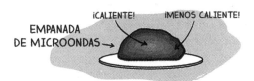

Ahora imagínate que estás dentro de la empanada tomando la temperatura de esa delicia que acaba de salir del microondas.

Si estuvieras parado en el centro de la empanada, descubrirías que en todos los lados la temperatura es la misma.

Pero ahora imagina que estás parado justo a un lado del centro de la empanada. Si midieras la temperatura hacia el lado que está más cerca del centro descubrirías que está muy caliente. Pero si midieras la temperatura en la otra dirección, hacia la orilla de la empanada, descubrirías que la temperatura es menor.

Puedes hacer lo mismo con nuestro universo desde este puntito que llamamos Tierra. Podemos medir la temperatura de los fotones del FCM que golpean la Tierra desde un lado y compararlos con la temperatura de los fotones que golpean la Tierra desde el otro lado. Y lo que encontramos es un poco sorprendente: la temperatura es la *misma* (unos 2.73 K) ¡sin importar hacia qué dirección voltees!

Puesto que parece poco probable que nos encontremos *exactamente* en el centro de un universo recalentado en el microondas, a partir de nuestras mediciones sólo podemos llegar a la conclusión de que todo el universo se encuentra a la misma temperatura. Es decir, más que como una empanada recién calentada, el universo es como una tina tibia y acogedora que ha estado allí durante un rato.

UNA TINA CALIENTE *VS.* EL UNIVERSO

	TINA CALIENTE	EL UNIVERSO
TIENE AGUA	✔	✔
TEMPERATURA UNIFORME	✔	✔
CONTIENE PATITOS DE HULE	✔	✔

Para entender por qué esto implica problemas para la teoría del Big Bang, primero tenemos que entender qué es lo que realmente representan los fotones de este fondo cósmico de microondas: nos muestran la primera fotografía del universo de bebé.

En sus primeros días, el universo era mucho más caliente y denso que hoy. Por entonces el universo era tan caliente que ni siquiera podían formarse átomos, y toda la materia existía en forma de iones flotantes llamados plasma. Los electrones zumbaban libremente por ahí;

tenían demasiada energía y se divertían mucho como para comprometerse con un solo núcleo positivo.

Pero conforme el universo se enfrió, hubo un breve periodo en el que las cosas dejaron de ser así: la temperatura descendió lo suficiente como para que el plasma cargado se convirtiera en un gas neutral, y los electrones comenzaron a orbitar alrededor de los protones y a formar átomos y elementos. Durante esta transición, el universo pasó de ser *opaco* a ser *transparente*.

LA RADIACIÓN DEL FONDO CÓSMICO DE MICROONDAS

AL PRINCIPIO EL UNIVERSO ERA CALIENTE Y DENSO, Y ESTABA LLENO DE PARTÍCULAS CARGADAS.

FOTÓN

CUANDO LAS COSAS SE ENFRIARON, LAS PARTÍCULAS CARGADAS SE AGLUTINARON, LO QUE PERMITIÓ QUE LOS FOTONES VOLARAN LIBREMENTE.

TODAVÍA VEMOS ESOS FOTONES EL DÍA DE HOY, EN EL FONDO DEL UNIVERSO.

PARTÍCULAS CARGADAS

¡UIIIII!

ÁTOMOS

Cuando estaba en la etapa de plasma, los fotones no podían ir muy lejos sin chocar con los electrones y los iones libres. Pero una vez que los electrones y los protones (y los neutrones) formaron átomos neutrales, los fotones dejaron de interactuar con ellos con tanta frecuencia y comenzaron a moverse más libremente. Para los fotones, el universo nebuloso de pronto se volvió totalmente transparente. Y puesto que el universo se ha enfriado mucho más desde entonces, la mayor parte de esos fotones *siguen volando por ahí, intactos*.

Éstos son los fotones que detectamos cuando medimos la radiación del fondo cósmico de microondas, y lo curioso es que su temperatura parece ser la misma en todos lados.

No importa hacia qué dirección mires, ves fotones a la misma energía. El FCM es muy, muy homogéneo. Esto es lo que esperarías de algo que ha tenido mucho tiempo para mezclarse y equilibrarse y compensar cualquier región caliente. Por ejemplo, es lo que pasaría si dejas que tu empanada se enfríe en el microondas por un largo rato. Eventualmente, todas las moléculas tendrían más o menos la misma temperatura.

Pero recuerda que los fotones del FCM son muy viejos; se remontan a los momentos posteriores al Big Bang, así que tienen unos catorce mil millones de años.[102] Si ves al cielo en una

dirección, observas fotones que se crearon hace catorce mil millones de años, en un lugar muy, muy lejano. Si ves en la dirección opuesta, ves fotones que se crearon a la misma distancia, pero en el otro sentido.

¿Cómo es posible que estos fotones tengan la misma energía si vienen de extremos opuestos del universo? ¿Cómo pueden haber tenido oportunidad de mezclarse unos con otros e intercambiar energía para poder equilibrarse? Es como si estos fotones hubieran sido capaces de comunicarse a una velocidad mayor a la de la luz para poder mezclarse unos con otros y tener la misma temperatura.

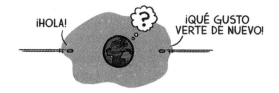

---

[102] No les gusta hablar sobre su edad. No les preguntes.

Una respuesta inflada

Así que el universo es demasiado grande y demasiado homogéneo como para provenir de un Big Bang en el que todo comenzó a moverse por el espacio a partir de un pequeño grumo. Si hubiéramos escrito este libro hace treinta años, quizá sería uno de los grandes misterios. Hoy existe una explicación convincente, pero que suena delirante. ¿Estás listo?

¿Qué pasaría si, unos instantes después de la creación del universo, hubiera habido un periodo de unos 0.000000000000000000000000000 00001 segundos en los que la *estructura misma del espacio-tiempo* se hubiera expandido por un factor de 10,000,000,000,000,000,000,000,000, una velocidad mayor que la de la luz?[103]

Pum. Problema resuelto.

¿Qué? ¿Una expansión de la estructura del espacio-tiempo casi instantánea, más rápida que la luz, de *veinticinco órdenes de magnitud*, te suena como algo ridículo e inventado? Si es así, probablemente no eres un físico loco.

De hecho, ésta es la solución que han encontrado los físicos para explicar por qué el universo es más grande de lo que debería y por qué está a una temperatura uniforme. Lo llaman (redoble de tambores) "inflación". Sí, no es un nombre que inspire mucha admiración. Pero lo más loco es que posiblemente sea cierto.

Primero hablemos sobre cómo esto resuelve el misterio de que el universo es demasiado grande.

Recuerda que el problema era que el universo observable, que crece a la velocidad de la luz, era algo más pequeño que el universo real, que

---

[103] Aquí "más rápido que la luz" se refiere al crecimiento del nuevo espacio, que añadió distancia más rápido de lo que la luz podía cruzarla, no movimiento más rápido que la luz a través del espacio, que es imposible.

INFLACIÓN CÓSMICA

GUAU.

O 10^{-36} 10^{-32} TIEMPO
        segundos   segundos

crece a una velocidad que debería ser menor a la de la luz. Bueno, la inflación dice que, sólo durante un ratito, el universo se expandió *más rápido* que la velocidad de la luz.

Las cosas dentro del universo siguieron obedeciendo el límite cósmico de velocidad (no se movieron *por* el espacio más rápido que la luz), pero según la inflación, *el espacio mismo* se expandió, formando nuevo espacio más rápido de lo que la luz podía recorrerlo.[104]

Así es como un universo que comienza siendo un diminuto punto finito ahora puede ser muchísimo más grande que el universo observable. Durante la inflación, el universo se disparó mucho más allá del horizonte del universo observable, empujando tan lejos algunas cosas que aún no hemos recibido la luz que emiten.

Esta expansión del espacio fue una cosa muy dramática: el universo creció más de 10^{25} veces en menos de 10^{-30} segundos. Una vez que la inflación terminó, el universo siguió expandiéndose, primero a un ritmo mucho menor y luego, más recientemente, a mayor velocidad gracias a la energía oscura. Ahora el universo observable tiene la oportunidad de ponerse al día, porque aún está expandiéndose a la velocidad de la luz. Pero ¿qué fracción del universo sigue estando más allá del universo

---

[104] Recuerda, el espacio ahora es una cosa, no un simple telón. Ve el capítulo 7.

observable y de nuestros ojos? No tenemos ni idea, pero ése es el tema del siguiente capítulo.

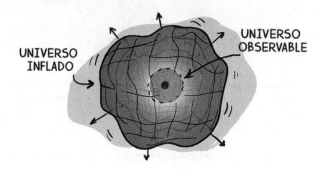

¿Y cómo es que la inflación resuelve el problema del universo demasiado homogéneo?

Resolver el problema de los fotones homogéneos significa encontrar una forma de que esos primeros fotones (los que vienen de diferentes extremos del universo) se hayan mezclado para equilibrar sus temperaturas; esto sólo puede ocurrir si, en algún momento del pasado lejano, estos fotones estuvieron mucho más cerca unos de otros de lo que predice la tasa actual de expansión.

La inflación resuelve este problema al decir que en efecto los fotones estuvieron más cerca unos de otros en algún momento *antes* de la rápida expansión del espacio-tiempo. Antes de la inflación el universo era lo suficientemente pequeño como para que todos esos fotones tuvieran tiempo de conocerse y equilibrarse, y por lo tanto, de alcanzar la misma temperatura.

Una vez que ocurrió la inflación, esos fotones fueron separados por distancias que nos parecen imposiblemente grandes como para que tengan la misma temperatura. Hoy nos *parece* que están demasiado alejados como para haberse hablado alguna vez los unos a los otros, pero antes de la inflación estaban muy juntitos.

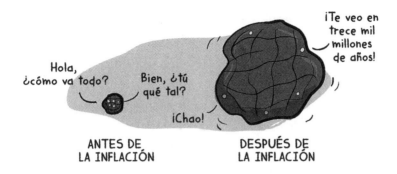

¿Ya terminamos?

Este ridículo y casi instantáneo estiramiento cósmico llamado inflación hace que todo cobre sentido.

Y lo sorprendente es que *aún está ocurriendo* hoy en día. No a la misma velocidad de vértigo, pero la energía oscura aún está haciendo espacio nuevo (sí, en este preciso instante).

Hace poco esta teoría de la inflación se graduó: de ser una teoría delirante que conseguía que las matemáticas cuadraran, a una observación corroborada experimentalmente (aunque no establecida en forma concluyente).[105]

Posiblemente te preguntes cómo podemos verificar algo que ocurrió hace catorce mil millones de años. Bien, pues la teoría de la inflación predice características específicas en las diminutas ondulaciones del fondo cósmico de microondas que deberíamos poder ver hoy, y algunas de esas características parecen estar presentes en las mediciones experimentales del FCM. Esto no necesariamente implica que la

---

[105] Una prueba más directa sería la observación de ondas gravitacionales provenientes de la inflación. Hace poco se afirmó que había sido posible verlas, pero resultó que se trataba de un error.

inflación exista, porque hay otras teorías que también predicen estas pequeñas ondas, pero sí le da credibilidad.

De hecho, también es la razón por la que sabemos que el universo nació hace catorce mil millones de años. A partir de esas ondulaciones podemos calcular las proporciones de materia, materia oscura y energía oscura en nuestro universo, y combinarlas en un modelo con la tasa de expansión del universo. Este modelo nos dice la edad del universo.

Y hay otra buena razón para que nos guste esta idea. Cuando hablamos, en el capítulo 7, sobre el espacio como una cosa dinámica que es deformada por la cantidad de energía y de materia que hay en el universo, te dijimos que parece ser una extraña coincidencia que exista la cantidad justa de materia y de energía para que el espacio sea casi plano. Bueno, pues la inflación la hace ser menos extraña: la expansión del espacio tiende a hacerlo parecer más plano, del mismo modo que un planeta grande parece tener una superficie más plana que un planeta pequeño. De hecho, la inflación *predijo* que el espacio era plano antes de que lo midiéramos.

¡Genial! Ya está explicado el Big Bang. Es cierto que tuvimos que inventar una extraña, momentánea y ridículamente grande expansión del espacio-tiempo para que todo encajara en su lugar, pero los experimentos sugieren que de hecho (probablemente) ocurrió.

Pero aquí viene el problema: *no sabemos qué causó la inflación.*

¿Qué podría haber provocado que el espacio-tiempo de un pequeño universo se expandiera, súbitamente y de forma inexplicable, veinticinco órdenes de magnitud? No sabemos. El misterio del Big Bang inflacionario es muy profundo, y apenas estamos comenzando a precisar cuáles son las preguntas correctas.

¿QUIÉN INFLÓ EL MISTERIO?

ADVERTENCIA: Filosofía a la vista

Aquí tenemos que apartarnos de las sólidas bases de las teorías científicas y lanzarnos al mundo, más vago, de lo filosófico y lo metafísico.

Por el momento, la mayor parte de las ideas que tenemos sobre este problema no son más que eso: ideas locas (pero emocionantes) e imposibles de comprobar. Tal vez en el futuro algunos científicos muy listos piensen en formas de ponerlas a prueba y descubran alguna verdad rarísima e impactante sobre el origen de la inflación y del Big Bang.

¿Qué provocó la inflación?

¿En verdad no tenemos ni idea de qué provocó la inflación?

Resulta que los físicos sí tienen algunas ideas sobre qué puede haber causado la inflación. Y las buenas noticias son que según una de estas ideas no tenemos que inventarnos nuevas y poderosísimas fuerzas de la naturaleza, sólo *un tipo de sustancia totalmente nueva*. No pasa nada.

Aquí está la idea: ¿qué tal que en su infancia el universo estaba lleno de algún tipo de sustancia *nueva* e inestable que provoca que el espacio-tiempo se expanda a toda velocidad?

¿Ves? Qué fácil. Ahora sólo tenemos que responder dos preguntas sencillitas:

1. ¿Por qué este nuevo tipo de sustancia provoca que se expanda el espacio-tiempo?
2. Si existió esta nueva sustancia, ¿dónde está ahora?

En teoría, es posible que un tipo distinto de materia provoque que el espacio-tiempo se expanda del mismo modo que la materia regular curva y deforma el espacio-tiempo cuando hablamos sobre relatividad general y gravedad.

¿Cómo funcionaría? Pues la gravedad casi siempre es una fuerza atractiva que hace que las masas se acerquen unas a otras. Pero hay ciertas propiedades de la masa y de la energía que podrían tener el efecto de expandir el espacio-tiempo, de modo que las cosas sean repelidas en vez de atraídas. Piensa que es como la letra chiquita de la relatividad general. Esta propiedad es el componente de presión del tensor energía-impulso de la materia. Suena técnico, pero quiere decir que bajo ciertas condiciones (presión negativa), hay sustancias que pueden hacer que el espacio se expanda.

Por supuesto, esto hace que uno se pregunte a dónde se fue esta sustancia inflacionaria y por qué se detuvo la inflación. La respuesta es que esta cosa inflacionaria es inestable: con el tiempo decae o se descompone para dar lugar a la materia normal.

La teoría, pues, va más o menos así: quizás el universo primitivo estaba lleno de algo que tiene presión negativa, y esta presión negativa causó que el espacio-tiempo se expandiera muy, muy rápidamente.

LA MASA Y LA ENERGÍA CURVAN
EL ESPACIO, HACIENDO QUE LAS
COSAS SE ACERQUEN...

...¿LA "PRESIÓN" NEGATIVA
PODRÍA PROVOCAR
LA INFLACIÓN?

Con el tiempo, esta hipotética sustancia inflacionaria se transformó en la materia que conocemos, se detuvo esa frenética expansión y lo que quedó fue un enorme universo tibio lleno de materia normal densa.

Esta teoría suena chiflada, pero explicaría qué provocó la inflación. Y recuerda que la inflación parecía una teoría absurda antes de que explicara un montón de cosas que no entendíamos sobre los primeros momentos del universo.

Por supuesto, no tenemos ni idea de qué es esta extraña cosa con presión negativa, pero el concepto no es tan absurdo (para los estándares de los físicos). En las últimas décadas, con el descubrimiento de la energía oscura, se ha ido volviendo menos absurda la idea de que existen fuerzas repulsivas de magnitud cósmica que provocan que el universo explote a niveles delirantes. Sabemos que algo llamado energía oscura está provocando que nuestro universo se expanda cada vez más rápido (capítulo 3), pero como ocurre con la sustancia con presión negativa que puede haber causado la inflación, no sabemos qué es. ¿Están relacionadas? Nuevamente, no tenemos ni idea.

ENERGÍAS MISTERIOSAS

¡Levántate, papi!

ENERGÍA
OSCURA

ENERGÍA
INFLACIONARIA
DE LA PRESIÓN
NEGATIVA

ENERGÍA DE UNA NIÑA
DE CUATRO AÑOS
EN UNA MAÑANA
DE DOMINGO

¿Y qué pasó antes del Big Bang?

Por más misteriosas que sean las circunstancias en las que ocurrió el Big Bang, del otro lado hay un misterio aún mayor. ¿Qué ocasionó el Big Bang? ¿Y qué pasó antes de él?

Esta pregunta tenía sentido cuando pensábamos en el Big Bang como un momento en el que el universo era un puntito, todos los relojes decían $t = 0$ y las cosas tuvieron un nacimiento explosivo a partir de ese primer instante.

Pero ahora hemos reemplazado ese puntito con un borroso grumo cuántico (tal vez pequeño, tal vez infinito), y la explosión ha sido sustituida por una inflación, seguida por una expansión impulsada por la energía oscura. Así que la pregunta aún tiene significado, pero tenemos que reformularla en nuestro nuevo contexto. En vez de preguntar qué pasaba antes del Big Bang, deberíamos preguntarnos: ¿de dónde vino ese grumo cuántico inflacionario?

¿Era inevitable que el grumo diera origen a un universo como el nuestro, o podría haber sido diferente? ¿Podría haber un nuevo grumo? *¿Ha ocurrido antes?* La respuesta, como de costumbre: no tenemos ni idea.

Lo emocionante es que probablemente existe una respuesta para todas estas preguntas, y la evidencia necesaria para encontrarla estaría a nuestro alcance si sólo tuviéramos las herramientas correctas. En las páginas que siguen exploraremos algunas posibilidades sobre el origen del universo que van desde ideas bastante sencillas a teorías que les parecerían extravagantes hasta a los más inveterados lectores de ciencia ficción.

1. ¿Y si la respuesta es que no hay respuesta?

No todas las preguntas tienen respuestas satisfactorias, porque no todas las preguntas están bien formuladas. Es lo que sucede con preguntas como: *¿Qué va a pasar cuando me muera?*, porque depende de que siga existiendo un "tú" después de que "tú" te mueras. Del mismo modo, la pregunta: *¿Por qué no me quiere mi gato?* posiblemente está mal formulada, porque ni siquiera sabemos si los gatos *pueden* querer a alguien.

Hasta las preguntas mejor formuladas en términos matemáticos caen en esta categoría. Stephen Hawking ha sugerido que preguntar *¿Qué había antes del Big Bang?* es como preguntar *¿Qué hay al norte del Polo Norte?* Si estás en el Polo Norte hacia donde camines será el sur, y no hay nada más al norte. Así funciona la geometría de la Tierra. Si el espacio-tiempo se creó en el momento del Big Bang, quizá la geometría del espacio-tiempo implique que no hay una respuesta satisfactoria para la pregunta ¿qué hubo antes? (es decir, no hay "antes").

CUALQUIER NIÑO SABE QUÉ HAY
AL NORTE DEL POLO NORTE.

Hasta donde sabemos, el universo parece seguir leyes físicas, así que incluso la creación del Big Bang debería poder describirse en esos términos. Pero es posible que nuestro punto de observación dentro del espacio-tiempo no nos dé acceso a la información que necesitamos para descubrir qué pasaba antes de él. Un evento así de cataclísmico bien puede haber destruido toda la información sobre lo que ocurría antes y no dejó ninguna evidencia que podamos descubrir. Eso es muy poco satisfactorio, pero no hay ninguna regla que diga que todas las respuestas científicas tienen que hacernos sentir bien.

2. Tal vez son puros agujeros negros

Un problema central, si aceptamos la inflación, es cómo se creó esa sustancia inflacionaria increíblemente densa y compacta. Cuando observamos el universo en busca de cosas que puedan crear bolsillos de materia hiperdensos, los candidatos obvios son los agujeros negros. Dentro del horizonte de eventos de un agujero negro, la materia está comprimida por la intensa presión gravitacional. Algunos físicos especulan que la extraña presión negativa que provocó la inflación podría haberse formado en el interior de un colosal agujero negro.

De hecho, puedes dar un paso más allá y sugerir que nuestro universo existe en el horizonte de eventos de la madre de todos los agujeros negros. Es posible que los agujeros negros de nuestro universo contengan sus propios miniuniversos. Estas ideas aún son imposibles de comprobar. Pero suenan geniales.

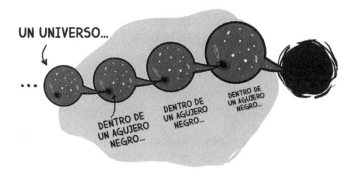

UN UNIVERSO...

...

DENTRO DE UN AGUJERO NEGRO...

DENTRO DE UN AGUJERO NEGRO...

DENTRO DE UN AGUJERO NEGRO...

3. Tal vez existe un ciclo

¿Qué pasaría si nuestro Big Bang fuera uno de muchos? Podría ser que en un futuro lejano la energía oscura y la inflación se reviertan y provoquen un colapso cósmico bautizado como Big Crunch. Esta contracción estrujaría todas las estrellas, planetas, materia oscura y gatos en un grumo denso y diminuto que desencadenaría un *nuevo* Big Bang. Este ciclo seguiría por siempre: *crunch, bang, crunch, bang, crunch...* La idea presenta algunos problemas teóricos, sin embargo, que tienen que ver con la disminución de la entropía en un universo que colapsa, pero como sabemos tan poco sobre la flecha del tiempo, hay algunas soluciones posibles si estás dispuesto a considerar ideas aún más estrafalarias.

Está claro que llevar esta idea de especulación creativa a hipótesis científica comprobable va a ser muy difícil. Las condiciones del Big Bang seguramente destruyeron todas las evidencias de la iteración previa, de modo que quizá no averigüemos la respuesta antes de que el siguiente Big Crunch nos aplaste a todos.

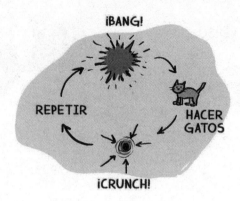

4. Tal vez hay montones de universos

Otra posibilidad es que la extraña sustancia con presión negativa se expanda rápidamente, y conforme se expanda cree más de sí misma. Y aunque la extraña sustancia decaiga para formar materia normal, quizá no decaiga lo suficientemente rápido.

Si esa extraña sustancia se crea más rápido de lo que tarda en convertirse en materia normal, el resultado es que el universo seguirá inflándose *para siempre*. Algunas partes decaerán, pero se verán opacadas por la creación de nueva sustancia inflacionaria, que, si esta teoría está en lo correcto, sigue inflándose *ahora mismo*.

¿Qué ocurre en los rincones en los que decae? Cada punto representa el *fin* del Big Bang en esa parte del espacio y el inicio de un universo de materia normal que se expande lentamente.

Cada uno de estos rincones puede formar un "universo de bolsillo" como el que nos rodea. Puesto que la inflación continúa para siempre, constantemente se crean nuevos universos. Si la inflación sigue creando espacio más rápido de lo que la luz puede viajar por él, la sustancia inflacionaria entre los universos de bolsillo se multiplicará demasiado rápido como para permitir que estos universos interactúen unos con otros.

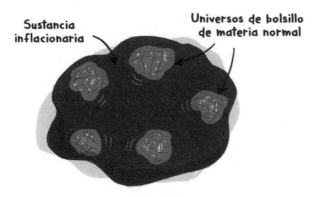

UNIVERSOS DE BOLSILLO: ATRÁPALOS TODOS

¿Cómo son estos otros universos de bolsillo? Definitivamente no tenemos ni idea. Tal vez todos los universos de bolsillo se parecen al nuestro, con las mismas leyes de la física, pero con condiciones iniciales aleatorias ligeramente diferentes que den origen a estructuras parecidas a las que tenemos aquí. Si la inflación existe desde siempre y seguirá existiendo siempre, podría existir una cantidad infinita de universos de bolsillo.

El infinito es un concepto muy poderoso, porque significa que tendrán lugar todos los acontecimientos posibles, sin importar qué tan improbables sean. Y aún más: en un número infinito de universos, un acontecimiento improbable ocurrirá *una cantidad infinita de veces*, siempre y cuando la probabilidad no sea cero. Si esta teoría es correcta, los otros universos podrían contener copias casi idénticas de la Tierra, incluyendo algunas en las que los dinosaurios nunca se extinguieron a causa de un enorme asteroide o donde la colonización vikinga de América del Norte tuvo más éxito y este libro fue escrito en danés. O uno en el que tu gato en verdad te quiera.

El gran final

Es absolutamente sorprendente que tengamos aunque sea pistas pequeñas sobre la física del Big Bang. Imagina tratar de reconstruir las circunstancias que rodearon tu nacimiento si no conoces a nadie que haya
estado allí o si eso ocurrió hace *catorce mil millones de años.*

En esa escala, el tiempo que llevamos aquí en la Tierra no es más
que un abrir y cerrar de ojos. Pero de algún modo, durante ese abrir y
cerrar de ojos hemos conseguido observar el universo que nos rodea
y encontrar evidencias que nos llevan hacia los principios del tiempo y
a los rincones más lejanos del universo observable.

Imagínate todo lo que descubriremos cuando nuestro tiempo se
alargue más allá de un pestañeo. Quizá descifremos lo que causó la inflación, y en el proceso conozcamos nuevos tipos de materia o nuevas
propiedades de la materia que ya existe y de las que no sabíamos nada.

O algo más emocionante: tal vez algún día nuestro conocimiento logre rebasar esos primeros momentos del universo y seamos capaces de ver lo que ocurrió *antes* del Big Bang. ¿Qué encontraremos del

¿QUÉ HAY MÁS ALLÁ DEL BIG BANG?
TODO ES ESPECU-GATIVO

otro lado? ¿Otros universos flotando en un inmenso océano de sustancia inflacionaria? ¿U otra versión de nuestro universo que se dirige a un Big Crunch?

Hoy estas preguntas son filosóficas, pero en algún momento del futuro podrían entrar al ámbito de la ciencia, y nuestros descendientes, y sus gatos, sabrían las respuestas.

Las preguntas filosóficas de hoy son los experimentos científicos de precisión del mañana.

15

¿Qué tan GRANDE es el universo?

¿Y por qué está tan vacío?

Escala hasta la cima de una montaña lejana en un día soleado y te verás recompensado por un escenario asombroso. A menos que ya hayan puesto un Starbucks, podrás ver a kilómetros y kilómetros a la redonda sin que nada se interponga.

Esto suena impresionante porque —suponiendo que no eres un millonario con un *penthouse*— seguramente lo que alcanzas a ver desde tu ventana cuando te tomas el café de la mañana se mide en metros, más que en kilómetros. Tal vez te encuentras tan cerca del edificio de tu vecino que de hecho estás leyendo este libro sobre su hombro.

ASÍ FUNCIONA EL BOCA A BOCA.

Pero todas las noches, cuando miras hacia las estrellas, tienes a tu disposición una vista aún más magnífica: puedes ver billones de kilómetros en el espacio. Imagínate que cada estrella es una isla en el océano 3-D del universo. Puedes mirar la inmensidad del cielo y disfrutar el deslumbrante espectáculo de una infinidad de islas que flotan en el espacio. Si recuerdas que estás encaramado en la punta de una diminuta islita rocosa llamada Tierra, en medio de este ancho océano cósmico, puedes sentir un poco de vértigo.

Este panorama es posible gracias a que el universo es increíblemente grande y está, básicamente, vacío.

Si las estrellas estuvieran más próximas entre sí, el cielo nocturno sería mucho más brillante, y dormir de noche mucho más difícil. Si las estrellas estuvieran más alejadas unas de otras, el cielo nocturno sería oscuro y deprimente, y sabríamos muchas menos cosas sobre el resto del universo.

Y lo que es aún peor: si el espacio no fuera tan transparente, esta increíble vista estaría nublada y nosotros seríamos profundamente ignorantes sobre nuestro lugar en el universo. Felizmente, el tipo de luz que emite nuestro Sol y que nuestros ojos son tan aptos para detectar es bastante buena para atravesar el gas y el polvo interestelares. (Aunque la luz infrarroja y las longitudes de onda más largas son aún mejores que esta luz visible.)

Así que, por suerte, todos nosotros (hasta los que no somos billonarios) podemos ver hacia las profundidades del espacio. Pero ver no es entender. Nuestros ancestros tenían la misma vista y básicamente lo entendieron todo mal. En tiempos prehistóricos, hasta los millonarios ignoraban todo el increíble conocimiento que los bañaba noche tras noche. Hoy, gracias a los telescopios y a la física moderna, podemos observar el espacio, entender nuestras coordinadas cósmicas y la forma en la que están distribuidas las estrellas y las galaxias.

Pero, como nuestros ancestros antes que nosotros, seguramente aún nos faltan muchas pistas para entender el panorama general, y lo que sí entendemos sólo suscita nuevas preguntas: ¿hay más estrellas que podamos ver? ¿Qué tan grande es el universo? ¿Se consigue buen café?

En este capítulo abordaremos el mayor problema que conoce la humanidad: *el tamaño y la estructura del universo.*

Agárrate.

Necesitamos una regla más grande.

Nuestro domicilio en el cosmos

Estás leyendo este libro en algún punto de la Tierra. Dónde, exactamente, no tiene mucha trascendencia en el gran esquema de las cosas. Tal vez estás sentado en tu sillón acariciando a tu hámster, meciéndote en una hamaca en Aruba o en el excusado de un Starbucks. Incluso si eres un trillonario que flota sobre la Tierra en tu propia estación espacial, estos detalles son irrelevantes ante la enorme escala del universo.

NI IDEA

Éste, el tercer planeta, y sus siete planetas hermanos,[106] siguen al Sol mientras orbita el centro de nuestra galaxia, que es un colosal disco en espiral con varios brazos que se arremolinan alrededor de un brillante punto central. Vivimos más o menos a la mitad de uno de los brazos de esta galaxia, la Vía Láctea. Nuestro Sol es una de las cien mil millones de estrellas de nuestra galaxia, y no es ni la más vieja ni la más joven, ni la más grande ni la más pequeña. A Ricitos de Oro le parecería perfecta. Cuando observas el cielo estrellado de noche, lo que ves son básicamente las otras estrellas de nuestro brazo de la galaxia, que están cerca a escala cósmica. Y en una noche clara, si estás lejos de la contaminación lumínica de las cadenas de cafeterías, puedes ver a la distancia suficiente para divisar el resto de la galaxia, que se ve como un disco. Tiene el aspecto de una ancha franja de estrellas borrosas, tan numerosas y densas que parece que alguien derramó leche en el cielo (de ahí el nombre). Casi todo lo que ves en el cielo nocturno es parte de nuestra galaxia, porque son los objetos más brillantes (y cercanos).

HOGAR, DULCE HOGAR

El resto del universo básicamente está salpicado de galaxias; no existe evidencia de que haya estrellas solitarias que floten entre galaxias. Se trata de un dato bastante nuevo: hace apenas unos cien años los astrónomos

[106] Que se joda Plutón.

pensaban que las estrellas estaban regadas uniformemente por el espacio. Hasta que no construyeron telescopios lo suficientemente potentes para determinar qué eran esos borrosos objetos lejanos, no tenían idea de que las estrellas están agrupadas en galaxias. Debe haber sido toda una revelación descubrir que nuestra galaxia, que por entonces parecía ser el universo entero, sólo era una de *miles de millones* de galaxias que vemos en el cosmos. Siguió al descubrimiento de que el nuestro no es el único planeta del universo y que nuestro Sol es una de muchas, muchas otras estrellas. En cada caso, nuestro nivel de importancia disminuye a pasos agigantados.

Hace muy poco descubrimos que las galaxias mismas no están uniformemente distribuidas por el universo. Tienden a asociarse en grupos poco densos[107] y en cúmulos, que a su vez se agrupan para formar supercúmulos, cada uno con docenas de cúmulos. Nuestro supercúmulo pesa más o menos 10^{15} veces la masa de nuestro Sol. Es un asunto de peso.

Hasta ahora, a escala de los supercúmulos galácticos, la estructura del universo es muy jerárquica: las lunas orbitan planetas, los planetas orbitan estrellas, las estrellas orbitan el centro de las galaxias, las galaxias se mueven alrededor del centro de sus cúmulos, y los cúmulos

---

[107] El nuestro ha sido astutamente bautizado como "Grupo Local".

giran alrededor de los centros de los supercúmulos. Lo extraño es que ahí acaba la cosa. Los supercúmulos no forman megacúmulos, super-dupercúmulos o ubercúmulos, sino que hacen algo mucho más sorprendente: forman láminas y filamentos de cientos de millones de años luz de largo y decenas de millones de años luz de ancho. Estas láminas de supercúmulos son estructuras de un tamaño imposiblemente grande, y se curvan para formar burbujas y hebras irregulares que rodean vacíos cósmicos en los que no hay supercúmulos ni galaxias, y muy pocas estrellas, lunas o trillonarios.

LA ESTRUCTURA DEL UNIVERSO

TÚ | ...eres una de ocho mil millones de personas | ...de nueve millones de especies | ...que giran alrededor de una de cien mil millones de estrellas | ...en una de miles de millones de galaxias | ...agrupadas en cúmulos | ...que forman supercúmulos y estructuras de tamaños inimaginables.

Esta organización en supercúmulos es la estructura de mayor tamaño que se conoce en el universo. Si sigues alejándote, verás que el mismo patrón básico de estrellas-galaxias-cúmulos-supercúmulos-láminas se repite en otros lugares, pero no se forman estructuras más grandes. Las burbujas formadas por láminas de supercúmulos no se unen para dar lugar a alguna interesante y compleja megaestructura. Como piezas de Lego regadas en el piso, están uniformemente distribuidas por el cosmos. ¿Por qué el patrón termina a esta escala? ¿De dónde vienen las burbujas de supercúmulos? ¿Por qué el universo es tan uniforme a este nivel?

NO VAYAS A PISAR UNOS SUPERCÚMULOS GALÁCTICOS

Una cosa está clara: comparados con estas escalas, somos bastante insignificantes. No tenemos un lugar especial en el universo; nuestra dirección cósmica no es un lugar ni central ni muy importante, como el equivalente cósmico de Manhattan.[108] Y en un universo con muchos miles de millones de galaxias, cada una con cien mil millones de estrellas, hasta está por verse si somos tan inusuales en términos de vida y de inteligencia.

---

[108] Si acaso, estamos en Poughkeepsie.

¿Cómo llegamos hasta aquí?

Para un lector tan culto y apuesto como tú, nuestra dirección galáctica puede que no sea nada nuevo.[109] Pero plantea una pregunta muy interesante: ¿por qué tenemos una estructura, la que sea?

No es difícil imaginarse un universo en el que las cosas estén ordenadas de otro modo. Por ejemplo, ¿por qué las estrellas no están todas reunidas en una sola megagalaxia? ¿O por qué las galaxias no son una sola estrella con una cantidad ridícula de planetas que giran en torno a ellas? ¿O por qué tenemos galaxias en primer lugar? ¿Por qué no tener un universo en el que todas las estrellas estén distribuidas uniformemente, como partículas de polvo que flotan en una habitación vieja?

ESTRUCTURAS ALTERNATIVAS PARA EL UNIVERSO

UNA GALAXIA   UNA NUBE DE POLVO   UN GIGANTE
GIGANTE   GIGANTE

Es más, ¿por qué *existe* una estructura? Imagina que en su primer momento de vida el universo era totalmente homogéneo y simétrico, con la misma densidad de partículas en todos lados, en todas direcciones. ¿Qué clase de universo sería? Si el universo fuera infinito y homogéneo, cada partícula individual sentiría la misma atracción gravitacional en todas direcciones, así que ninguna partícula se vería empujada a moverse en alguna dirección. Las partículas nunca se aglutinarían,

---

[109] ¿Bajaste de peso? ¡Te ves genial!

y el universo estaría congelado. Y si el universo fuera finito pero aun así uniforme, cada partícula se vería atraída hacia el mismo punto: el centro de masa del universo.[110]

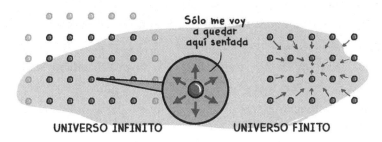

Sólo me voy a quedar aquí sentada

UNIVERSO INFINITO   UNIVERSO FINITO

En ambos casos, no habría grupitos locales ni estructura. Este universo sería insípido y homogéneo, o estaría aglomerado en un solo punto durante toda su existencia, como un café de los suburbios.

Resulta que los físicos tienen una buena historia para explicar cómo terminamos en un universo nada soso y lleno de estructura. Aquí está la teoría: las pequeñas fluctuaciones cuánticas que existían en el universo primitivo se desplegaron a causa de la rápida expansión del espacio-tiempo (es decir, la inflación) para convertirse en inmensas arrugas que prepararon el terreno para la formación de estrellas por obra de la gravedad, asistida a su vez por la materia oscura; en algún momento, la energía oscura empezó a expandir aún más el espacio.

Ufff. Dijimos que la historia era buena, no que era sencilla.

Verás, para que haya alguna estructura en el universo adulto que vemos hoy, el universo joven e irresponsable tuvo que haber tenido *algunos* grumos.[111] En cuanto se creaba un pequeño grumo con más masa

---

[110] Si el espacio es curvo, también es posible que el universo sea finito pero que no tenga centro. Piensa en la superficie finita de una esfera, que no tiene centro.
[111] El universo estaba fuera de control. Literalmente.

que los demás, éste se convertía en un punto de atracción para la grave-dad, que jalaba más y más átomos hacia sí y fuera de alcance de la fuer-za gravitacional de los otros átomos.

Por ejemplo, imagina una ciudad en la que los Starbucks están dis-tribuidos en forma equidistante uno de otro. Cada bebedora de café percibirá la atracción deliciosamente aromática de los cafés más cerca-nos a ella, pero puesto que todos están a la misma distancia, se queda-rá paralizada para siempre por la indecisión. Sin embargo, si existieran diminutas fluctuaciones en el proceso de preparación del café que ocasionaran que un café tuviera un aroma más intenso, éste atraería más clientes, y se abrirían más Starbucks al otro lado de la calle, que

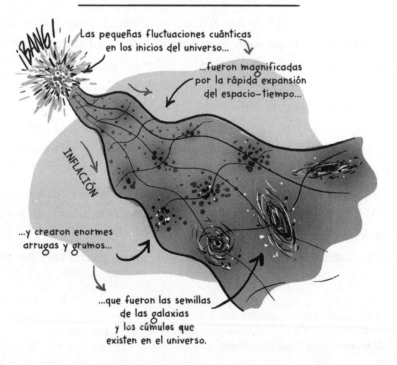

CÓMO LE DIERON SU ESTRUCTURA AL UNIVERSO LAS FLUCTUACIONES CUÁNTICAS

¡BANG!

Las pequeñas fluctuaciones cuánticas en los inicios del universo...

...fueron magnificadas por la rápida expansión del espacio-tiempo...

INFLACIÓN

...y crearon enormes arrugas y grumos...

...que fueron las semillas de las galaxias y los cúmulos que existen en el universo.

atraerían más clientes, y se abrirían más Starbucks todavía, etcétera. Este ciclo de retroalimentación crearía una cascada, y muy pronto unos Starbucks abrirían dentro de otros Starbucks y producirían singularidades de Starbucks. Pero nada puede ocurrir sin ese punto de atracción original. En el universo primitivo pre-Starbucks, las primeras desviaciones de la homogeneidad son absolutamente cruciales para dar origen a la disposición actual de las estrellas y las galaxias.

Así pues, ¿qué causó que nuestro universo bebé experimentara las primeras desviaciones de la homogeneidad? El único mecanismo conocido que puede lograrlo es la aleatoriedad de la mecánica cuántica.

No se trata de una especulación, esto ha sido observado. Recuerda que tenemos una foto de bebé del universo gracias al fondo cósmico de microondas, que nos muestra cómo se veía el universo en el momento en el que se enfrió y pasó de estar lleno de plasma caliente a estar formado básicamente por gas neutro. Tiene pequeñas ondas que representan las fluctuaciones cuánticas del universo primitivo.

Durante el Big Bang, la inflación distendió enormemente el espacio e hizo que esas pequeñas ondas pasaran a ser enormes arrugas en la estructura del espacio y el tiempo. Más tarde, estas arrugas en el espacio-tiempo crearon los grumos y los centros de atracción gravitacional que luego condujeron a estructuras más complejas.

¡No veo ninguna arruga! ¡Te ves muy bien!

LOS FÍSICOS SABEN HACER BUENOS HALAGOS

Resumiendo: el lanzamiento aleatorio de los dados cuánticos fue propagado a enorme escala por la rápida expansión del espacio, lo cual dio origen a todo lo que conocemos hoy. Sin inflación, el universo se vería muy distinto.

Los físicos sospechan que la razón por la cual no existen estructuras más grandes que las láminas y las burbujas de los supercúmulos es que no ha habido suficiente tiempo para que la gravedad atraiga más las cosas y forme otras estructuras. De hecho, hoy hay partes del universo que apenas están comenzando a sentirse gravitacionalmente entre sí, porque los efectos de la gravedad también están limitados por la velocidad de la luz.

¿Y qué hay del futuro? Si la energía oscura no estuviera provocando la expansión del universo, la gravedad seguiría haciendo su trabajo, agrupando cosas y construyendo formas y estructuras cada vez más grandes. Pero no podemos negar que existe energía oscura. Así que tenemos dos efectos en competencia: ha habido suficiente tiempo para que la gravedad aglutine la materia en formas gigantescas, pero no el suficiente para que la energía oscura las desgarre. Por el momento, ambos efectos parecen estar en un equilibrio perfecto, así que vivimos en la época idónea para ver las estructuras más grandes que habrá en el universo.

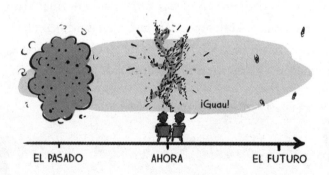

EL PASADO   AHORA   EL FUTURO

¿Puede ser así? ¿Es una coincidencia que vivamos en la era de Ozymandias del universo?[112] Cada vez que creemos que vivimos en un lugar

---

[112] "¡Contemplad mis enormes supercúmulos, poderosos, y desesperad!"

especial (por ejemplo, la Tierra como el centro del universo) o un momento especial (por ejemplo, seis mil años después de la creación del universo) habría que pensar si no es sólo para alimentar nuestros frágiles egos.

En vista de lo que sabemos, *parece* que vivimos en un momento especial. Pero la verdad es que no podemos estar seguros, porque no podemos predecir con certeza el futuro de la energía oscura. Si sigue desgarrando el universo, no habrá tiempo para que las galaxias y los supercúmulos se unan y formen estructuras más interesantes. Pero si la energía oscura cambia de rumbo, la gravedad tendrá la oportunidad de agrupar más cosas y formar nuevos tipos de estructuras ¡para las que aún ni siquiera tenemos nombres! Vuelve a checar en cinco mil millones de años.

Gravedad contra presión

Así que el hecho de que tengamos estructuras —en vez de una perfecta uniformidad— se debe a las fluctuaciones cuánticas que crearon las primeras arrugas, que crecieron desmesuradamente gracias a la inflación y sembraron las semillas de lo que se convertiría en nuestro actual universo. Pero ¿cómo es que esas semillas se convirtieron en los planetas, estrellas y galaxias que vemos? La respuesta es que se trató de un acto de equilibrismo entre dos poderosas fuerzas: la gravedad y la presión.

Unos cuatrocientos mil años después del Big Bang, el universo era una gran bola de gas caliente y neutral con muy pocas arrugas. Entonces la gravedad empezó a hacer de las suyas.

Que todo fuera *neutral* es un dato muy importante. En este momento, todas las otras fuerzas estaban más o menos en equilibrio. La fuerza fuerte reunió los quarks para formar protones y neutrones. El electromagnetismo juntó protones y electrones para formar átomos neutrales. Pero la gravedad no puede equilibrarse o neutralizarse. También es muy paciente: a lo largo de miles de millones de años fue atrayendo estas arrugas para formar grumos más y más densos.

CUANDO TODAS LAS OTRAS FUERZAS ESTUVIERON
EN EQUILIBRIO LE TOCÓ EL TURNO A LA GRAVEDAD.

Pero el universo ha existido durante mucho tiempo; tal vez te preguntes por qué la gravedad no ha atraído todo lo que existe para formar una enorme masa, como una estrella gigantesca o un colosal agujero negro, o incluso una megagalaxia. Resulta que en el universo existe la cantidad exacta de materia y de energía para que la gravedad "aplane" el espacio; no es lo suficientemente curvo para que todo vuelva a reunirse. Y recuerda que la energía oscura *expande el espacio mismo*, así que el resultado final es que a grandes escalas todas las cosas están alejándose unas de otras.

Pero aunque la gravedad no puede ganar este estira y afloja cósmico, sí se ha anotado algunas victorias locales. Las hebras de gas y polvo que nacieron a partir de las arrugas originales formaron, por acción de la atracción gravitacional, grumos más y más grandes, aunque esos grumos están distribuidos por todo el universo.

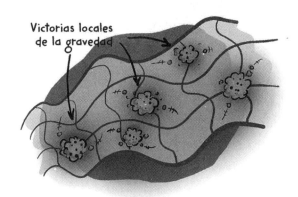

¿Qué pasa cuando la gravedad forma un grumo de gas y polvo? Depende de qué tan grande sea el grumo.

Si sólo tienes un pequeño grumo de masa, la gravedad apenas te alcanza para formar algo como un asteroide o una roca grande. Quizás un *frapuccino*. La razón por la cual tu roca o tu café no colapsan en un punto diminuto es que tienen un poco de presión interna debida a fuerzas no gravitacionales. A los átomos de la roca no les gusta que los apachurren demasiado (¿alguna vez trataste de comprimir una roca para formar un diamante?, no es fácil) y se resisten. Terminas teniendo un equilibrio entre el apretón de la gravedad y la presión interna de la roca.

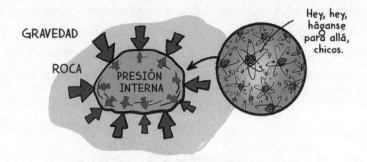

Si tienes una masa más grande, digamos, lo bastante como para formar un planeta del tamaño de la Tierra, las fuerzas gravitacionales son lo suficientemente poderosas como para comprimir la roca y los metales del centro al grado de convertirlos en magma. La gravedad es la única razón de que el centro de la Tierra sea caliente y líquido. La próxima vez que veas feo a la gravedad por débil, pregúntate si eres capaz de convertir la roca en lava de un apretón.

Eso pensé.

Si tienes una cantidad de materia lo bastante grande, las fuerzas gravitacionales pueden crear un plasma lo suficientemente caliente como para convertirla en estrella. Las estrellas básicamente son bombas de fusión que explotan continuamente; lo único que las contiene es su gravedad. Tal vez sea débil, pero si reúnes suficiente masa, la gravedad puede contener bombas nucleares que explotan sin parar durante miles de millones de años. La razón por la cual las estrellas no colapsan de inmediato para formar objetos más densos también es su presión. Una vez que queman todo su combustible

y ya no pueden producir suficiente presión para resistirse a la implaca-
ble atracción de la gravedad, algunas estrellas colapsan para dar origen
a agujeros negros.

Este equilibrio entre gravedad y presión
funciona lo mismo para rocas inertes,
planetas con centro de magma y estrellas de fusión apenas contenidas.
También explica por qué tenemos estrellas que se reúnen en galaxias, y no
estrellas sueltas o agujeros negros salpica-
dos al azar por todo el universo.

BAJO UN EXTERIOR BRILLANTE
YACE UNA PERSONALIDAD EXPLOSIVA.

Recuerda que la mayor parte de la masa que hay en el universo no
es la que forma planetas, estrellas o granos de café: cerca de ochenta
por ciento de la masa (veintisiete por ciento de la energía total) se encuentra en forma de materia oscura. La materia oscura puede tener algunas interacciones que no conocemos, pero estamos seguros de que
su masa contribuye a los efectos gravitacionales. Sin embargo, puesto
que no tiene interacciones electromagnéticas o de fuerza fuerte, tampoco tiene el mismo tipo de presión que resiste la gravedad. Así que se
aglutina igual que la materia normal, pero nada la frena, de modo que
forma enormes halos. Cada vez que la materia oscura forma un halo,
la materia normal es succionada hacia su interior a causa de su enorme
atracción gravitacional. De hecho, actualmente se cree que la materia
oscura es la responsable de que se formaran las galaxias tan pronto en
la historia del universo. En un universo sin materia oscura tomaría muchos más miles de millones de años que se formaran las primeras galaxias. En cambio, vemos que se formaron galaxias apenas unos cuantos
millones de años después del Big Bang, gracias a la mano invisible de
la gravedad de la materia oscura.

LA MATERIA OSCURA
SÓLO QUIERE ALGO DE BRILLO.

Las galaxias también son atraídas por la gravedad, pero según la galaxia de que se trate existen varios tipos de presión que evitan que colapsen por completo en forma de un gigantesco agujero negro. Las galaxias espirales no colapsan porque giran muy rápido, y el momento angular que esto produce mantiene todas las estrellas separadas. La velocidad y el momento angular de las partículas de materia oscura hacen que sea muy difícil que la gravedad las amontone.

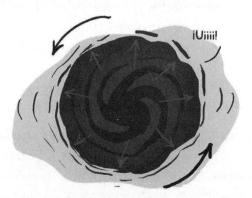

¡Uiiii!

Y así es como obtenemos un universo lleno de colosales estructuras en forma de láminas y burbujas, hechas de supercúmulos de galaxias, cada una con cientos de miles de millones de estrellas que giran alrededor de agujeros negros y pobladas por polvo, gases y planetas. Y al menos en uno de esos planetas estamos los seres humanos, viendo hacia las estrellas y reflexionando sobre su existencia.

Pero ¿hasta dónde llega esto?

¿Estas láminas y burbujas de tamaños increíbles se repiten para siempre? ¿O toda la materia del universo es más como una isla o un continente con orillas que se encuentran en la nada o el infinito?

¿Qué tan grande es, pues, el universo?

El tamaño del universo

Si de algún modo pudiéramos tomarnos un *espresso* óctuple y volar por el universo a una velocidad infinita, aprenderíamos mucho sobre cómo está organizado y, lo que es más importante, descubriríamos qué tan lejos pueden ir las cosas.

Desafortunadamente, el *espresso* más grande que se ofrece en la mayor parte de las cafeterías es un cuádruple,[113] y el universo pone límites superestrictos a la velocidad a la que podemos ir por ahí tomando fotos. Así que mientras no inventemos motores warp, tenemos que tratar

---

[113] Y nos ven raro si pedimos dos *espressos* cuádruples.

de responder estas preguntas usando únicamente la información que llega a la Tierra desde Allá Afuera.

La luz que se proyecta hacia nosotros desde todos los rincones del universo trae consigo imágenes hermosas y extrañas, pero sólo ha tenido trece mil ochocientos millones de años para hacerlo. Esto quiere decir que más allá cualquier objeto es *invisible* para nosotros. Podría haber dragones azules del tamaño de una galaxia retozando y escupiendo fuego justo donde no podemos verlos, y no habría manera de que nos enteráramos. Por supuesto, nada sugiere que existan estos dragones, pero ¿cuántas probabilidades hay de que lo que sea que haya allí, en los límites de nuestra visión, sea exactamente igual a las cosas que nos rodean? La naturaleza no es ajena a las revelaciones más extrañas y singulares.

Esta esfera que se extiende más allá de nuestro horizonte, llamada el universo observable, es muy grande. Aunque no podemos ver qué hay fuera de ella, podemos pensar sobre su tamaño preciso. Considera algunas posibilidades:

a. Puesto que nada puede ir más rápido que la luz, el universo observable debe medir lo mismo que la edad del universo multiplicado por la velocidad de la luz, o trece mil ochocientos millones de años en todas direcciones.

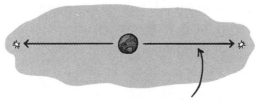

(Edad del universo) x (Velocidad de la luz)

b. Puesto que el espacio en sí mismo es una cosa que puede expandirse más rápido que la velocidad de la luz (y ya lo ha hecho), podemos ver cosas que antes estaban dentro de nuestro horizonte pero que ahora están más allá de éste, hasta unos cuarenta y seis mil quinientos millones de años luz en todas direcciones.

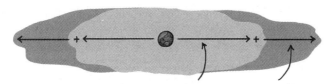

(Edad del universo) x (La velocidad de la luz)
+ (Expansión del espacio-tiempo)

c. El universo observable es la distancia entre los dos Starbucks más lejanos entre sí, actualmente desconocida para la ciencia debido a la rápida construcción de nuevos puestos de avanzada.

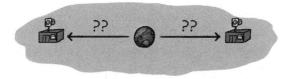

La respuesta correcta es (b). Gracias a la expansión del espacio, podemos ver cosas que *solían* estar más cerca de nosotros de lo que lo están ahora. Así que el universo observable es mucho más grande que la velocidad de la luz multiplicada por la edad del universo. En esto consiste el universo que podemos ver hoy.

La buena noticia es que podemos ver muchísimo, aproximadamente de 10^{80} a 10^{90} partículas en un sextillón de estrellas en muchos miles de millones de galaxias. La otra buena noticia es que cada año nuestro universo observable —nuestro horizonte visible— crece al menos un año luz sin ningún esfuerzo de nuestra parte.[114] Y gracias al poder de las matemáticas, el volumen del universo observable crece aún más rápidamente gracias a que la rebanada de espacio que se suma cada año tiene un volumen mayor que la rebanada del año anterior, de modo que el número de galaxias llenas de montañas gloriosas que nunca verás se está convirtiendo en un número difícil de entender.

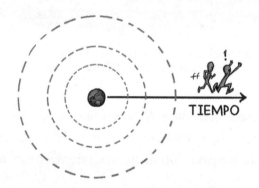

Pero no es tan sencillo. Las cosas se alejan de nosotros en el espacio, y *simultáneamente* el espacio mismo se expande. Hay objetos cuya distancia de nosotros aumenta tan rápidamente que la luz que emiten

[114] Dependiendo de la tasa de expansión del espacio, que actualmente es mayor que cero.

jamás nos alcanzará. En otras palabras, es posible que el universo observable jamás alcance al resto del universo, y nunca veremos en toda su extensión las cosas que hay allá afuera.

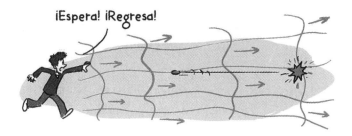

La mala noticia es que no estamos seguros de hasta dónde se extiende el universo. De hecho, tal vez *nunca* lo sepamos, lo cual es una noticia aún peor para aquéllos de ustedes que aspiran a ser cartógrafos cósmicos.

Mejor adivinemos

¿De qué tamaño es el universo entero? Existen algunas posibilidades.

Un universo finito en un espacio infinito

Una posibilidad es que el universo sea de tamaño finito, pero que haya rebasado nuestro horizonte a causa de la expansión del espacio. Algunos científicos han considerado esta posibilidad y han tratado de estimar el tamaño de las cosas que hay en el universo mediante unos cálculos que suenan de lo más razonables, como que:

- Antes de la inflación, el tamaño del universo era aproximadamente igual a la velocidad de la luz multiplicada por la edad de éste, puesto que el espacio no se había difundido hacia ningún lado.
- La cantidad de partículas que hay en el universo es vastísima.
- Nadie puede pensar en números mayores que 10^{20}, así que básicamente puedes adivinar lo que quieras.

Si tomas estos supuestos y los combinas con lo que sabemos hoy sobre la tasa de expansión del universo durante el Big Bang y sobre la velocidad a la que se expande hoy a causa de la energía oscura, puedes obtener un estimado del tamaño del universo completo.

Pero según la naturaleza de tus supuestos, tus respuestas pueden variar por un factor de 10^{20} o más. ¿Te suena a que el problema está lejos de resolverse? Estás en lo cierto. Si alguien te dijera que tu casa tiene entre dos mil y 100,000,000,000,000,000,000,000 metros cuadrados asumirías, correctamente, que básicamente está adivinando a lo salvaje. Aunque uno sea capaz de metabolizar la conjetura, totalmente injustificada, de que la cantidad de cosas que hay en el universo es finita, seguiría sin saber de qué tamaño es.

EL UNIVERSO ES COMO DE ESTE LARGO... ...MÁS O MENOS DIEZ SEXTILLONES POR CIENTO.

A pesar de tanta incertidumbre existen algunos escenarios en los que tal vez seamos capaces de determinar el tamaño del universo.

Un universo finito en un espacio finito

Si la forma del universo es curva, podría deberse a que el espacio es como la superficie de una esfera pero en tres (o más) dimensiones. En ese caso, el espacio mismo es finito: se curva sobre sí mismo de tal modo que si viajas en una dirección terminarás llegando al punto del que saliste. Sería un poco alarmante, pero al menos sabríamos que el universo es finito, no infinito.

"TÉCNICAMENTE, INFINITO ES FINITO",
ES ALGO QUE LOS FÍSICOS DICEN EN VERDAD.

Pero en este retorcido escenario, la luz que viaja por dicho universo cerrado sobre sí mismo también daría vueltas (asumiendo que el recorrido sea lo suficientemente corto) y pasaría por la Tierra más de una vez durante sus viajes. ¡Y de hecho podríamos verlo, porque en el cielo aparecerían varias veces los mismos objetos, una por cada vuelta que diera la luz![115] Desafortunadamente, aunque los científicos han buscado estos efectos tanto en la estructura de las galaxias como en el FCM, no han encontrado ninguna evidencia de que exista. De modo que si el universo es finito y está cerrado sobre sí mismo, debe ser más grande de lo que podemos observar.

---

[115] Esto es distinto de ver en el cielo objetos duplicados a causa de las lentes gravitacionales, que también distorsionan los objetos. En este caso, las distintas versiones aparecerían sin distorsión.

Estrellita ¿dónde estás?
¿Cuántas veces te vi pasar?

Un universo infinito

Es perfectamente posible que el universo sea infinito y que esté lleno de cantidades infinitas de materia y energía. Es una posibilidad alucinante, porque el infinito es un concepto extraño. Significa que todo lo que tiene alguna posibilidad de ocurrir (sin importar qué tan improbable sea, siempre y cuando la probabilidad no sea cero) está ocurriendo en alguna parte del universo. En un universo infinito hay alguien que se parece a ti y que está leyendo una versión de este libro impresa en lona de puntitos. Hay un planeta de dragones azules, todos llamados Samuel, que siempre se confunden entre sí. ¿Te suenan improbables estos escenarios? Lo son. Pero en un universo infinito todo *puede* suceder y todo *sucede*. Para determinar con cuánta frecuencia pasa algo en un universo infinito, tienes que multiplicar la probabilidad de que ocurra por infinito. Así que siempre y cuando haya una posibilidad distinta a cero, ocurrirá. Y no sólo ocurrirá, sino que ocurrirá una cantidad infinita de veces. Habría una cantidad infinita de planetas llenos de dragones azules confundidos. Estado mental: atónito.

Pero ¿cómo puede ser un universo infinito consistente con lo que vemos? ¿El universo puede ser infinito *y* haberse expandido a partir del Big Bang? Sí, pero sólo si no das por sentado que el Big Bang comenzó en un solo punto. Imagínate un Big Bang que ocurrió *al mismo tiempo en todos lados*. Es difícil hacerlo sin salpicar pedacitos de tu cerebro sobre la persona que tienes al lado, pero es totalmente consistente con lo que observamos. En un universo como ése, el Big Bang explotó *en todos lados simultáneamente*.

El (MÁS) BIG BANG(S)

¿Cuál de estos escenarios (materia finita en un espacio infinito, materia finita en un espacio finito, materia infinita en un espacio infinito) es nuestra realidad? Ni idea.

¿Y por qué está tan vacío el universo?

Otro gran misterio sobre la estructura del universo es: ¿por qué el universo está tan *vacío*? ¿Por qué las estrellas y las galaxias no están más cerca unas de otras… o más lejos?

Para darte un poco de perspectiva, nuestro sistema solar tiene unos nueve mil millones de kilómetros de ancho, pero la estrella más cercana está a unos 40,000,000,000,000 kilómetros de distancia. Y nuestra galaxia tiene unos cien mil años luz de ancho, pero la galaxia más cercana, la galaxia de Andrómeda, está a unos dos millones quinientos mil años luz de distancia.

Por más grande que sea el espacio, y tenga la forma que tenga, uno pensaría que hay suficiente lugar para que las cosas estén más cerca. No es que unos padres cósmicos hayan tenido que separar todas las estrellas y galaxias porque estaban peleándose en el asiento trasero.

Por suerte, el vacío es un problema de perspectiva, y podemos dividir esta pregunta en dos preguntas diferentes:

¿Por qué no podemos ir más rápido que la luz?

y

¿Por qué se expandió el espacio durante el Big Bang,
y por qué sigue expandiéndose ahora?

La velocidad de la luz es la vara de medir cósmica que define a qué nos referimos con "cerca" y "lejos". Si la velocidad de la luz fuera mucho, mucho más alta, podríamos ver más lejos y viajar más rápidamente, y las cosas no nos parecerían tan distantes. Si la velocidad de la luz fuera mucho menor, nos parecería aún más imposible visitar nuestras estrellas vecinas o mandarles mensajes de texto.[116]

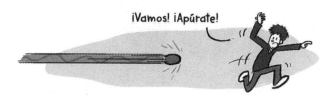

¡Vamos! ¡Apúrate!

Por el otro lado, no podemos echarle toda la culpa a la luz. Si el espacio no se hubiera distendido tanto durante las primeras fracciones de segundo tras el Big Bang, todo estaría más cerca el día de hoy. Y si la energía oscura no estuviera alejándolo todo, las posibilidades de realizar viajes interestelares no empeorarían minuto a minuto.[117] Podemos imaginar un universo en el que la inflación se hubiera conformado con multiplicar el tamaño del universo por un número menos absurdo que 10^{32}.

Así que el vacío del universo tiene que ver con la interacción de estas dos cantidades: la velocidad de la luz, que define las escalas de distancia, y la expansión del espacio, que está haciendo que todo se aleje. No sabemos por qué estas dos cantidades son las que son, pero si las cambiaras obtendrías un universo con un aspecto muy distinto al del nuestro. Como ocurre con muchos de los grandes misterios, tenemos un solo universo que estudiar (el nuestro), así que no sabemos si es la única forma en la que podría organizarse, o si en otros universos hubo una expansión mucho menor y todos se sienten más cerca que nosotros.

[116] Los cargos por *roaming* serían *la muerte*.
[117] No está bonito, energía oscura. Nada bonito.

A tomarle la medida a todo

Toma un trago de tu bebida cafeinada favorita y voltea hacia el cielo nocturno. Reflexiona: todo lo que sabemos sobre el tamaño y la estructura del universo depende de lo que podemos ver desde la Tierra. Claro, hemos enviado sondas a otros planetas, hemos lanzado telescopios al espacio y hasta pusimos gente en la Luna, pero desde una perspectiva cósmica básicamente no hemos llegado a ningún lado. Lo que sabemos sobre el universo lo hemos deducido mirando hacia el cielo desde nuestro rinconcito del cosmos.

Por más humilde que sea nuestro mirador, hemos sido capaces de responder algunas preguntas muy antiguas (¿qué son las estrellas?, ¿por qué se mueven?) y hemos acabado con algunos errores inveterados (que somos el centro del universo).

Pero ¿hasta dónde llega todo? ¿Vivimos en un universo finito o infinito? ¿Qué pasará con la estructura del universo en unos cuantos miles de millones de años? Las respuestas a estas preguntas tienen consecuencias trascendentales para la visión panorámica que tenemos de nosotros mismos y de nuestro lugar en el mundo.

16

¿Hay una Teoría del Todo?

¿Cuál es la descripción más sencilla del universo?

Durante la mayor parte de la historia humana, el mundo no tuvo mucho sentido.

Antes de estos pocos siglos de progreso científico, era de lo más común sentirse totalmente confundido ante objetos y acontecimientos de lo más ordinarios. ¿Qué pensaban los primeros hombres y mujeres sobre los relámpagos? ¿O las estrellas? ¿O las enfermedades? ¿O el magnetismo? ¿O los babuinos? El mundo parecía estar lleno de cosas misteriosas, fuerzas poderosas y animales extraños que desafiaban nuestra comprensión.

TAMBIÉN ES MISTERIOSO:
EL MAGNETISMO BABUINO.

Pero últimamente, estos sentimientos han sido reemplazados por una confianza fresca y casual en la ciencia: la sensación de que el mundo que nos rodea puede ser descrito mediante leyes racionales, que podemos descubrir. Esta experiencia es bastante nueva en el contexto de la historia humana. No todos los días te encuentras con cosas completamente misteriosas en tu vida cotidiana. Casi nunca ves algo que te sobresalte o que no tenga explicación. Los relámpagos, las estrellas, las enfermedades, el magnetismo e incluso los misteriosos babuinos se explican básicamente como fenómenos naturales: cosas hermosas y asombrosas que en última instancia obedecen a leyes físicas. De hecho, la experiencia de ser incapaz de explicar algo es tan rara y novedosa que hoy *pagamos* para volver a sentirla: por eso es tan divertido ir a los espectáculos de magia.

Y no sólo entendemos, también tenemos un control impresionantemente detallado sobre nuestro entorno próximo; periódicamente conducimos aviones de cuatrocientas toneladas a través de océanos enteros, administramos la mecánica cuántica de miles de millones de transistores en un chip de computadora, abrimos personas y les insertamos partes de otros cuerpos y predecimos los hábitos de apareamiento de babuinos excitados. Sin duda, vivimos en una era de maravillas.

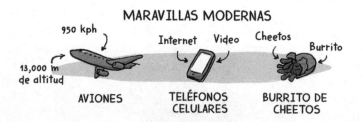

MARAVILLAS MODERNAS

950 kph

13,000 m de altitud

AVIONES

Internet Video

TELÉFONOS CELULARES

Cheetos Burrito

BURRITO DE CHEETOS

Pero si somos tan buenos para explicar las grandes dinámicas y los pequeños detalles de nuestro mundo cotidiano, ¿ya lo tenemos todo resuelto? ¿Nuestras teorías explican *Todo* (con T mayúscula)?

A menos que te hayas saltado los primeros capítulos de este libro, en este momento debes intuir que la respuesta es un contundente no.

Básicamente no tenemos ni idea acerca de lo que llena el universo (materia oscura) y cómo describir las fuerzas más poderosas que lo controlan (energía oscura, gravedad cuántica). Parece que nuestro dominio sólo aplica en una esquinita del universo, y estamos rodeados por un vasto mar de ignorancia.

¿Cómo reconciliamos estas dos ideas: que entendemos el mundo que nos rodea pero básicamente estamos a oscuras sobre el funcionamiento del universo? ¿Qué tan cerca estamos de descubrir la teoría definitiva: una *Teoría del Todo* (TdT)?[118] ¿Existe esa teoría? ¿Les pondrá fin a todos los misterios del universo?

Es hora de sentarnos cara a cara con la TdT.

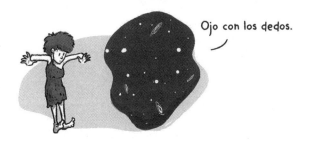

Ojo con los dedos.

¿Qué es una Teoría del Todo?

Antes de que digamos gran cosa sobre ella, asegurémonos de entender a qué nos referimos exactamente con "Teoría del Todo". En pocas palabras, una Teoría del Todo sería *la descripción matemática más simple posible del espacio y el tiempo y toda la materia y las fuerzas del universo a su nivel más básico.*

Ahora desglosémoslo.

---

[118] Las siglas en inglés son ToE, que significa "dedo gordo". Esto explica los chistes de las imágenes que siguen. *(N. de la T.)*

Incluimos la *materia* en esta definición porque esta teoría tendría que describir todo aquello de lo que está *hecho* el universo, e incluimos *fuerzas* en la definición porque queremos que la teoría describa más que grumos inertes. Queremos saber cómo interactúa la materia y qué puede hacer.

También incluimos *espacio* y *tiempo* porque sabemos que ambos conceptos son maleables a cierto nivel y afectan la materia y las fuerzas del universo (y son afectados a su vez por ellas).

Y lo más importante es que decimos *más simple* y *nivel más básico* porque queremos que esta teoría sea la descripción más fundamental posible del universo. *Simple* significa que debe ser irreducible, fundamental (es decir, con la menor cantidad posible de variables o de constantes no explicadas). Y *nivel más básico* significa que debería describir el universo a la menor escala posible. Queremos encontrar los bloques de Lego más pequeños e indivisibles que lo conforman todo, y queremos conocer los mecanismos absolutamente más básicos que usan para unirse entre sí.

TÉCNICAMENTE LOS LEGOS
TIENEN DOS DEDOS DEL PIE

Verás, vivimos en un universo que es como una cebolla. No porque nos haga llorar a todos cuando la rebanamos o porque sea un ingrediente esencial de cualquier buena sopa, sino porque está hecho de capas sobre capas de *fenómenos emergentes*.

Observa, por ejemplo, este modelo del átomo:

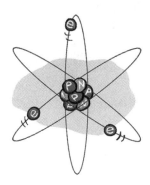

Este diagrama representa la teoría de que los átomos están hechos de electrones que giran alrededor de un núcleo hecho de protones y neutrones. Probablemente es una de las imágenes más reconocibles de la ciencia. Elaborarla fue un logro increíble —y no sólo de relaciones públicas— porque marcó el momento en el que pudimos dejar atrás la idea de que los átomos son las unidades básicas de la materia y pasar a la idea, más profunda y fundamental, de que están hechos de partes aún más pequeñas.

Pero incluso esa idea resultó sólo ser parte de la historia. Algunas de estas piezas más pequeñas en realidad están hechas de piezas aún más diminutas (los protones y los neutrones están hechos de quarks). *Encima*, resulta que a estas distancias las cosas se comportan en formas totalmente distintas a las esperadas. De hecho, no podrían ser más diferentes. Los electrones, los protones y los neutrones no son pequeñas esferas con superficies sólidas que se aglomeran y giran unas alrededor de otras. Son partículas cuánticas borrosas definidas por ondas y regidas por la incertidumbre y la probabilidad.

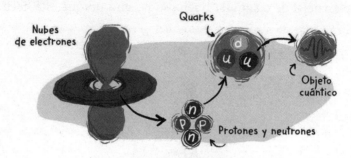

ÁTOMO: EL REGRESO

Pero todas esas ideas funcionan hasta cierto punto. La imagen de los átomos como bolitas de billar describe cómo rebotan los átomos de gas dentro de un contenedor. Y la imagen de los átomos como pequeñas esferas con electrones que giran a su alrededor sirve para describir todos los elementos de la tabla periódica. Y la nueva imagen cuántica de las partículas sirve para describir a la perfección toda clase de fenómenos naturales.

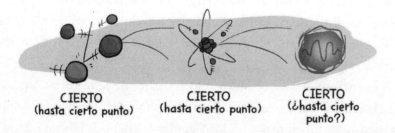

El asunto es que parece que vivimos en un universo en el que tenemos teorías buenísimas que pueden funcionar aunque ignoren por completo lo que ocurre bajo ellas, a distancias menores. En otras palabras, puedes predecir con exactitud la acción colectiva de todas las pequeñas piezas que conforman algo, aunque no sepas nada sobre lo que hace cada una de ellas (o si existen siquiera).

El campo de la economía, por ejemplo, que básicamente puede describirse en términos matemáticos (siempre y cuando la gente se resista a su babuino interno y actúe racionalmente), es un fenómeno emergente de la psicología individual. Las acciones de muchos compradores y comerciantes individuales que toman decisiones de comprar o vender pueden provocar cambios de precios a gran escala, y esto puede describirse usando algunas ecuaciones sencillas. Puedes estudiar y describir la economía de un grupo grande sin entender las decisiones y motivaciones de todos los individuos que lo componen.

En física hay muchos casos. Por ejemplo, aunque no hayamos descubierto el componente más básico de la materia, y aún no tengamos idea de cómo funciona la gravedad como teoría cuántica, podemos predecir con gran precisión lo que ocurrirá cuando un mono salte a la alberca desde el techo. Tenemos teorías efectivas que pueden predecir el movimiento parabólico del mono; tenemos teorías de dinámica de fluidos que pueden describir el chapuzón resultante, y tenemos teorías del comportamiento que explican por qué no te gusta que tu alberca huela a mono.

De hecho, en el universo hay capas sobre capas de estas teorías, y cada una describe fenómenos emergentes a distintos niveles. Mucho antes de saber que existía el ADN teníamos una teoría de la evolución, y pusimos un hombre en la Luna mucho antes de saber sobre el bosón Higgs o sobre muchas de las partículas fundamentales que conocemos y amamos hoy.

Esto es importante porque la *teoría definitiva*, la que hará que los físicos cuelguen sus batas, dejen caer sus micrófonos, alcen las manos en el aire, digan *Ya acabamos aquí* y se alejen (posiblemente desempleados), será la que describa la naturaleza a su nivel más central. La teoría fundamental no describirá ninguno de los fenómenos emergentes producto de los auténticos bloques de construcción del universo; *describirá* los bloques de construcción del universo, y explicará cómo se unen entre sí.

¡Físico fuera!

EL NOTORIO B.I.G. T.d.T.

Así que el concepto de una Teoría del Todo es problemático porque tal vez jamás estemos seguros al cien por ciento de que hemos llegado a esa teoría. Podría ser que desarrollemos una teoría que *pensemos* que es fundamental, pero que resulte que sólo describe el comportamiento colectivo de diminutos babuinos submicroscópicos ocultos bajo otra capa del universo cebolla. ¿Cómo podríamos saber la diferencia?

Y lo que es peor, ¿qué pasaría si el universo tuviera una cantidad infinita de capas? ¿Y si ni siquiera es posible tener una teoría definitiva? ¿Qué tal si son puros babuinos *hasta el final*?

Babuinos hasta el final

Ahora que hemos definido la Teoría del Todo, exploremos los avances que hemos hecho en la comprensión de la naturaleza a su nivel más profundo, independientemente de si son necesarios para sacar monos de tu alberca.

Una pregunta que podemos formular es si existe una distancia mínima en el universo. Estamos acostumbrados a pensar que las distancias tienen una resolución infinita: que puedes escribir una distancia como 0.00000…00001, donde el "…" representa un número infinito de ceros. Pero ¿qué tal que no sea así? ¿Qué tal que haya una distancia por debajo de la cual no son útiles o sensatas distancias menores, como ocurre con los pixeles en la pantalla de tu computadora? Si existe una distancia tal, una vez que nuestra teoría describa los objetos y las interacciones a esa escala, sabríamos con certeza que la teoría es fundamental, porque no puede haber nada más pequeño. Pero si no existe esa distancia, si las cosas pueden ser infinitamente pequeñas o moverse a distancias infinitamente pequeñas, quizá nunca sepamos si hay algo que se esconda aún más abajo.

PREGUNTAS FUNDAMENTALES
SOBRE EL UNIVERSO

¡#$%@!

¿Cuál es la distancia más pequeña?

¿Cuál es el bloque de construcción más pequeño?

¿Cuál es la distancia más pequeña entre bloques de construcción en el piso de la habitación de mi hijo?

Otra manera de aproximarse al problema es preguntar si los objetos de nuestra teoría, los Legos que describe, son realmente fundamentales, o si están hechos de piezas de Lego más pequeñas. ¿Los electrones y los quarks y las otras partículas que hemos hallado son los fragmentos de materia más pequeños del universo? ¿Existe tal cosa como *la* partícula más pequeña?

Una última pregunta es cómo interactúan estos objetos. ¿Hay diferentes formas de interacción (es decir, muchos tipos diferentes de fuerzas) o hay una sola forma de interacción que se manifiesta de distintas maneras? ¿Cuál es la descripción más fundamental de las fuerzas del universo?

La distancia más pequeña

¿Existe una distancia mínima, una resolución básica de nuestro universo? ¿La realidad está *pixelada* a una escala por debajo de la cual no puede describirse? Tomémonos un momento para reflexionar lo rara que es esta idea de que la realidad puede estar pixelada.

La mecánica cuántica nos dice que no podemos conocer la ubicación de una partícula con una precisión infinita. Eso es porque los objetos mecánicos cuánticos en realidad son excitaciones difusas y ondulantes de campos cuánticos con propiedades aleatorias inherentes. Pero más que eso, la mecánica cuántica nos dice que la ubicación precisa de una partícula *no está determinada*, que más allá de cierta distancia no existe información sobre su ubicación. Es una pista de que en el universo debe existir una distancia mínima que tenga sentido, una cuantización de la distancia que podemos entender como una pixelación.

Pero si la realidad está pixelada, ¿qué tan pequeños son los pixeles? No tenemos ni idea, pero los físicos han podido hacer una estimación aproximada observando y combinando varias constantes fundamentales que nos dicen algo acerca del universo. La primera es la constante de la mecánica cuántica, *h*, conocida como la constante de Planck. Es un número muy importante, porque está relacionado con la cuantización fundamental de la energía, que es como la pixelación de la energía.

Para determinar un número que defina distancias (por ejemplo, unidades como el metro) los físicos multiplican las constantes de Planck por otras dos constantes: la velocidad máxima del universo (*c*, la velocidad de la luz) y la magnitud de la gravedad (*G*). Si las combinamos de una forma específica, podemos obtener un número que tiene unidades de distancia.[119] Este número resulta ser muy, *muy* pequeño: 10^{-35} metros, es decir 0.00000000000000000000000000000000001 metros.

Lo llamamos longitud de Planck. ¿Qué significa este número? No estamos muy seguros, pero es *posible* que arroje un cálculo muy aproximado del tamaño general de los pixeles que forman el espacio. La verdad, no existe una justificación para combinar estos números, excepto que cada uno representa un componente básico de la física que puede estar ocurriendo a nivel cuántico, así que todos juntos tal vez nos den una pista sobre la escala fundamental del universo.

¿Podemos confirmarlo? Todavía no. Nuestras herramientas para explorar distancias diminutas han avanzado mucho, desde telescopios ópticos con los que podemos sondear la materia al nivel de la longitud de onda de la luz que se use (unos 10^{-7} metros) hasta los microscopios electrónicos con los que podemos explorar la materia a 10^{-10} metros.

---

[119] La longitud de Planck es $(hG/c^3)^{1/2} = 1.616 \times 10^{-35}$, donde *h* es la constante de Planck, *G* es la constante gravitacional y *c* es la velocidad de la luz.

Más allá, los choques de alta energía en los colisionadores de partículas han explorado el protón a distancias de 10^{-20} metros.

Desafortunadamente, nos faltan *quince órdenes de magnitud* para poder examinar la realidad en la longitud de Planck, así que probablemente nos estemos perdiendo *mucho* detalle. ¿Cuánto detalle? Imagínate que tu regla más pequeña o la cosa más pequeña que pueden ver tus ojos midiera 1,000,000,000,000,000 (10^{15}) metros de largo, cien veces la longitud del sistema solar. Si la regla más pequeña que tuvieras fuera de ese largo, te perderías toda clase de cosas asombrosas. Puedes perderte mucho en quince órdenes de magnitud.

Houston,
tenemos un problema.

¿Tenemos alguna esperanza de explorar la realidad en la longitud de Planck? Los avances tecnológicos nos han llevado de la escala de 10^{-7} (microscopios ópticos) hasta la de 10^{-20} (colisionadores de partículas) en uno o dos siglos, así que no es fácil predecir lo que inventarán los científicos del futuro para proporcionarnos imágenes aún más detalladas de la realidad. Pero si extrapolamos a partir de la estrategia de usar colisionadores de partículas, ver cosas en la longitud de Planck requeriría aceleradores con 10^{15} veces más energía que los que tenemos hoy. Por desgracia, estos aceleradores tendrían que ser 10^{15} veces más grandes, lo cual costaría 10^{15} veces más, que es más o menos 10^{15} veces más de lo que podemos pagar.

De modo que no tenemos una *prueba contundente* de que haya pixelación en las distancias más pequeñas del universo, pero la mecánica cuántica y las constantes universales que hemos medido hasta ahora sugieren firmemente que podría haberla, y que es superminidiminuta.

Las partículas más pequeñas

¿Los electrones, los quarks y las otras partículas "fundamentales" que hemos encontrado son las partículas *más* fundamentales del universo? Probablemente no.

Parece muy posible que el electrón, los quarks y todos sus primos en realidad sólo sean fenómenos emergentes de… algo. Tal vez son resultado de un grupo de partículas más pequeñas y más fundamentales.

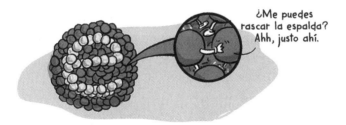

¿Me puedes rascar la espalda? Ahh, justo ahí.

La razón por la que lo sospechamos es que todas las partículas que hemos encontrado hasta ahora parecen situarse cómodamente en un diagrama que se parece mucho a una tabla periódica. Recuerda que en el capítulo 4 dijimos que las partículas más pequeñas que hemos encontrado pueden ordenarse en una tabla como ésta:

TABLA DE PARTÍCULAS FUNDAMENTALES

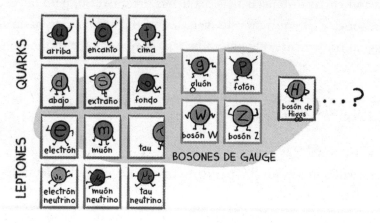

Es una disposición muy linda y ordenada, y los patrones parecen sugerirnos que está ocurriendo algo más. Recuerda que la tabla periódica de los elementos original (la que tiene el oxígeno, el carbono, etc.) les proporcionó a los científicos pistas de que todos los elementos son configuraciones distintas de electrones, protones o neutrones. Del mismo modo, esta tabla hace que los físicos sospechen que las partículas que hemos encontrado podrían estar hechas de partículas aún más pequeñas, o que pueden ser la combinación de un tipo de partícula más pequeña y alguna ley o regla por determinar que crea todas las diferentes variedades de partículas. Como sea, allí están los indicios.

¿Cómo vamos a saber qué hay dentro de los electrones y los quarks? Tenemos que seguir haciendo pedazos las cosas.

Si es verdad que una partícula es una partícula compuesta (hecha de partículas más pequeñas), esas partículas más pequeñas deben mantenerse unidas mediante algún tipo de enlace con su propia energía de enlace. Por ejemplo, un átomo de hidrógeno en realidad es un protón y un electrón enlazados por la atracción electromagnética que existe entre ellos. Del mismo modo, un protón en realidad está formado por tres quarks unidos por la fuerza fuerte que experimentan entre sí.

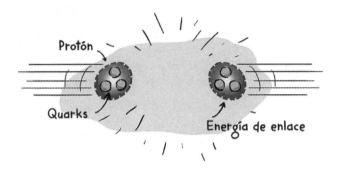

Si tratamos de romper una partícula compuesta con una energía *menor* a la energía de enlace que une las partículas más pequeñas, nos parecerá que es una partícula sólida. Por ejemplo, si un babuino lanzara una pelota de beisbol suavemente hacia tu automóvil verían cómo la pelota rebota, y seguramente tú y él llegarían a la conclusión de que el auto es una sola partícula gigantesca. Pero si el babuino arrojara la pelota con *mucha* fuerza y la energía de la pelota fuera más alta que la energía que mantiene unidas todas las partes del automóvil, podría romper un pedazo, y entonces serían capaces de determinar que tu auto está armado a partir de partes más pequeñas, y posiblemente hecho en Estados Unidos.

Así que una forma de determinar si los electrones y los quarks están hechos de partículas más pequeñas es hacerlos estallar a energías más y más altas. Si alcanzamos una energía que sea mayor que la que mantiene unidas las partes del electrón o del quark se romperían y podríamos ver que están hechos de piezas más pequeñas.

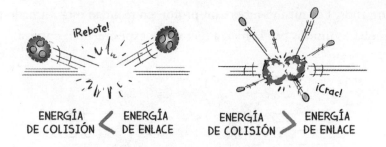

Pero no sabemos si en efecto los electrones y los quarks están hechos de fragmentos más pequeños, y no tenemos ni idea de cuánta energía se necesitaría para romperlos *si es* que están hechos de partes más pequeñas. Hasta el momento, ninguno de nuestros colisionadores, incluso ése grande y caro que está en Ginebra, ha alcanzado energías suficientes para encontrar las partes que componen los electrones, los quarks y sus primos.

Otra forma de descubrir los patrones de la tabla periódica de las partículas fundamentales es encontrar *nuevas* partículas que puedan entrar en la tabla. Si encontráramos *más* primos de los electrones y los quarks, podríamos deducir qué quieren decir los patrones de la tabla, e incluso desentrañar su estructura básica. Esta estructura básica quizá revelaría cuáles son las piecitas ocultas dentro del conjunto de partículas que conocemos hoy.

Las fuerzas más fundamentales

La pieza final para construir una Teoría del Todo es una descripción de las fuerzas fundamentales del universo.

Sabemos que hay varios tipos distintos de interacciones entre partículas, pero ¿cuántas fuerzas hay? ¿Podrían todas ser parte del mismo fenómeno?

Hallar la descripción más fundamental de las fuerzas del universo no se trata de tamaño (es decir, de encontrar la fuerza "más pequeña" que existe); se trata de descubrir cuáles de las fuerzas que conocemos en realidad son parte de la *misma cosa*.

Por ejemplo, si les hubieras pedido a nuestros científicos prehistóricos de las cavernas Ook y Groog que elaboraran una lista de todas las fuerzas del universo, tal vez habrían hecho algo como esto:

FUERZAS EN EL UNIVERSO:
Por Ook y Groog

- La fuerza que te hace caerte de tu llama.
- Lo que sea que haga moverse esa pelota brillante en el cielo.
- La fuerza del viento.
- La fuerza requerida para romper palos.
- La fuerza de un mastodonte que se para sobre mi pie.
- La fuerza necesaria para sacar babuinos de la alberca de la cueva.
- Etc...

Posiblemente incluirían en la lista más experiencias que no parecen tener nada que ver unas con otras. Pero a lo largo de los años los científicos han conseguido entender que muchas de estas fuerzas *tienen que ver* unas con otras; muchas pueden describirse mediante una cantidad limitada de fuerzas. Por ejemplo, sabemos que la fuerza que te hace caerte de tu llama es la misma que provoca que esa pelota brillante en el cielo (el Sol) parezca moverse: la gravedad. Y sabemos, por ejemplo, que las fuerzas entre objetos (el viento, los palos, los mastodontes) que se tocan o empujan unos a otros en realidad son una sola fuerza: la fuerza electromagnética entre los átomos que están próximos unos a otros.

De hecho, la idea misma de que la fuerza eléctrica y la magnética sean una sola (el electromagnetismo) se desarrolló en forma relativamente tardía, en el siglo XIX. James Maxwell se dio cuenta de que las corrientes eléctricas producen campos magnéticos, y si mueves imanes puedes provocar corrientes eléctricas. Así que escribió todas las ecuaciones que se conocían de electricidad y magnetismo (la ley de Ampère, la ley de Faraday, la ley de Gauss) y se dio cuenta de que tienen una simetría perfecta y de que podían reescribirse de forma tal que la electricidad y el magnetismo se entendieran como un solo concepto. No son dos cosas diferentes, sólo dos lados de la misma moneda.

En forma más reciente, se hizo lo mismo con la fuerza débil y la electromagnética. Se descubrió que estas dos fuerzas, muy distintas, también eran dos lados de la misma moneda: podían escribirse muy fácilmente como una sola fuerza (bautizada, con gran creatividad, fuerza "electrodébil") con un tipo de construcción matemática muy similar. El fotón que todos conocemos y amamos en realidad sólo es una característica de alguna fuerza más profunda que también puede producir los bosones W y Z, que transmiten la fuerza débil.

Poco a poco hemos ido progresando para reducir la larga lista de fuerzas universales de Ook y Groog a cuatro, y ahora sólo a tres.

FUERZAS	PARTÍCULA PORTADORA DE FUERZA
ELECTRODÉBIL	FOTÓN, BOSONES W Y Z
FUERZA FUERTE	GLUÓN
GRAVEDAD	GRAVITÓN (TEÓRICO)

¿Cuánto más podemos reducir el número de fuerzas? ¿Es posible que todas estas fuerzas en realidad sean parte de la *misma fuerza*?

¿Hay *una sola* fuerza en el universo? Ni idea.

¿Qué tan lejos estamos de tener una Teoría del Todo?

Una Teoría del Todo debe describir todo lo que existe en el universo de la forma más sencilla y fundamental que se pueda. Tiene que funcionar a las escalas más pequeñas del universo (si es que existen esos pixeles cósmicos); debe catalogar las piezas de Lego más pequeñas del universo y debe describir todas las interacciones entre esas piezas de la forma más unificada posible.

Hasta ahora tenemos algunas pistas y ciertas ideas sobre cuál puede ser la distancia más pequeña en el universo (la longitud de Planck). Tenemos un catálogo bastante completo de doce partículas de materia que hasta ahora no hemos podido romper (el Modelo Estándar). Y tenemos una lista de tres formas de interacción posibles entre estas partículas (las fuerzas electrodébil y fuerte y la gravedad).

¿Qué tan lejos estamos de una Teoría del Todo definitiva? Ni idea. Pero nada puede evitar que especulemos frenéticamente.

Si seguimos la tendencia, la descripción más sencilla de la materia, las fuerzas y el espacio en el universo presumiblemente constaría de *una partícula* y *una fuerza*, y describiría la resolución mínima del espacio o confirmaría que no hay una.

A partir de esta teoría, deberías poder rastrear *todo lo que hay en el universo* (objetos, comportamiento, babuinos) a través de todas las capas de fenómenos emergentes y explicarlos en función de los movimientos o comportamientos de esta partícula y esta fuerza.

De modo que, al parecer, tenemos un largo camino por delante. Y por si lo olvidábamos, todas las teorías que tenemos hasta ahora ¡sólo cubren cinco por ciento del universo! Aún no tenemos ni idea de cómo vamos a aumentar nuestro conocimiento del noventa y cinco por ciento restante. Apenas le hemos visto al universo la punta de los dedos.

Cómo unir la gravedad y la mecánica cuántica

Uno de los grandes obstáculos para idear una Teoría del Todo es unir la gravedad con la mecánica cuántica. Hablemos al respecto.

Ahora mismo tenemos dos teorías (más bien dos marcos teóricos) para entender el universo: la mecánica cuántica y la relatividad general. En la mecánica cuántica todo en el universo, hasta las fuerzas, son partículas cuánticas.[120] Las partículas cuánticas son diminutas perturbaciones de la realidad con propiedades ondulatorias que las dotan de una incertidumbre inherente. Estas perturbaciones se mueven en un universo fijo, y cuando interactúan (cuando una empuja o jala a la otra) intercambian entre sí otros tipos de partículas ondulatorias. Hay teorías cuánticas para la fuerza fuerte y para la fuerza electrodébil, pero no hay una teoría cuántica para la gravedad.

La relatividad general, por el otro lado, es una teoría clásica, pues se inventó *antes* de la mecánica cuántica. No supone que el mundo esté cuantizado, o incluso que la materia y la información estén cuantizadas. Pero una cosa que la relatividad general hace *muy* bien es modelar la gravedad. En la relatividad general la gravedad no es una fuerza que dos cosas con masa sientan una respecto de la otra, sino una curvatura del espacio. Cuando algo tiene masa, deforma el espacio y el tiempo que lo rodea de tal modo que cualquier cosa que esté en las inmediaciones se desvía hacia ese objeto.

Así que tenemos una gran teoría para las partículas que se ocupa de casi todas las fuerzas fundamentales (la mecánica cuántica), y tenemos una gran teoría para la gravedad (la relatividad general), que es otra de las fuerzas fundamentales. Sólo hay un problema: ambas teorías son casi totalmente incompatibles entre sí.

---

[120] Una descripción más moderna y poderosa de la mecánica cuántica es la teoría cuántica de campos, en la que los elementos básicos del universo son campos que existen en todos lados, y las partículas son lugares en los que esos campos se excitan, pero esto rebasa los alcances de este libro.

Sería genial que alguien combinara de algún modo las dos teorías, porque entonces tendríamos un marco teórico común desde el cual construir una Teoría del Todo. Lamentablemente eso no ha ocurrido, y no por falta de esfuerzo.

Cuando los físicos tratan de combinar la mecánica cuántica y la relatividad general, surgen dos grandes problemas. En primer lugar, está el hecho de que la mecánica cuántica sólo parece funcionar en un espacio plano, aburrido y no deformable. Si tratas de hacer que la mecánica cuántica funcione para la gravedad en un espacio curvo, tambaleante, ocurren cosas raras.

Verás, para que la mecánica cuántica funcione, los físicos tienen que aplicar un truco matemático especial llamado renormalización. Es lo que les permite a los mecánicos cuánticos vérselas con infinitos extraños, como la infinita densidad de carga de una partícula puntual como el electrón o la cantidad infinita de fotones de muy baja energía que puede irradiar un electrón. Mediante la renormalización, los físicos

pueden barrer todos estos infinitos bajo la alfombra y fingir que no tienen ningún cadáver escondido allí abajo.

Desafortunadamente, cuando tratamos de aplicar la renormalización a una teoría de la gravedad cuántica con un espacio deformable, las cosas no funcionan. En cuanto te deshaces de un infinito salta otro. No importa cuántos trates de ocultar, parece haber una cantidad infinita de infinitos. Así que hasta ahora todas las teorías de la gravedad hacen predicciones delirantes que incluyen infinitos, de modo que no pueden comprobarse. La razón, hasta donde se sabe, es que la gravedad tiene una especie de efecto de retroalimentación. Mientras más se curva el espacio más gravedad hay, y más se atraen las masas. Así que en la gravedad parece haber un efecto de retroalimentación no lineal que no tienes en las descripciones cuánticas de las fuerzas electrodébil y fuerte.

El segundo problema para combinar la relatividad general y la mecánica cuántica es que ambas teorías entienden la gravedad de formas radicalmente distintas. Si incorporáramos la gravedad como una fuerza mecánica cuántica, tendría que haber una partícula cuántica que la transmita, que nadie ha visto hasta ahora. Técnicamente, no tuvimos la tecnología para detectar una partícula como ésta (¿recuerdas el gravitón del capítulo 6?) sino hasta muy recientemente, pero aún no ha sido hallada.

Así que nuestras dos teorías sobre el funcionamiento del universo son difíciles de combinar, y hasta ahora ni siquiera sabemos si *pueden* combinarse. No tenemos ni idea de cómo se vería un gravitón, y todas las predicciones que hace una teoría de la gravedad cuántica tienden a los infinitos, lo cual no tiene ningún sentido.

O no tenemos las matemáticas correctas para combinar las dos teorías o las estamos mezclando mal. Es una de dos ¡o las dos! Sabemos cómo calcular fuerzas con mecánica cuántica, pero no cómo usarla para calcular la deformación del espacio.

¿Cómo vamos a saber que llegamos al final?

Imaginemos que un día los científicos tienen éxito y construyen un acelerador de partículas del tamaño del sistema solar (llamémoslo el CHRG: Colisionador de Hadrones Ridículamente Grande). Y supongamos que los datos de este colisionador que funciona a energías absurdamente altas revelan el componente fundamental de la materia a la longitud de Planck, la menor unidad de distancia significativa.

Supongamos, además, que una vez que conocemos este componente de la materia somos capaces de explicar cómo interactúa consigo mismo y se ensambla para dar origen a los fenómenos emergentes de la naturaleza a distancias mayores.

¿Querría decir que ya estuvo?

Desde William de Ockham,[121] los científicos y los filósofos han preferido las explicaciones más simples y compactas a las más largas y complejas. Por ejemplo, supón que un día llegas a casa y tu alberca huele a babuino. ¿Qué tendría más sentido: suponer que una organización criminal internacional puso gotas de esencia de babuino como parte de un golpe muy complicado que involucra a Justin Bieber y a tres jugadores profesionales de basquetbol, o que tu babuino desobedeció tus órdenes y saltó a la alberca para refrescarse?

---

[121] En el siglo XIV, William inventó la navaja de Ockham (también llamada navaja de Occam), un parteaguas en la tecnología del rasurado y la primera formulación de la idea de que debe preferirse la explicación más simple.

Si tienes dos teorías rivales que explican los datos, la más simple tiene más probabilidades de ser correcta (asumiendo que eres dueño de un babuino). Al notar que hay fenómenos diferentes que en realidad son lados complementarios de la misma moneda, como el trueno y el relámpago, los científicos han logrado simplificar cada vez más nuestras teorías.

Pero del mismo modo que podemos preguntar: *¿Hay una partícula más pequeña?*, podemos preguntar: *¿Hay una teoría más simple?* Quizá podamos demostrar que el universo tiene una distancia mínima, y tal vez una partícula básica, pero ¿podemos *comprobar* que tenemos la teoría más simple? ¿Cómo vamos a saber cuando terminemos? Podríamos pensar que ya lo conseguimos y luego conocer a una raza de extraterrestres cuyos físicos tengan una teoría aún más simple.

Lo primero que hay que considerar es cómo medimos la simplicidad de una teoría. ¿La simplicidad se mide en función de lo compacta que sea la formulación escrita de la teoría? ¿De qué tan perfectamente simétricas sean las ecuaciones? ¿De qué tan bien se vea en una playera?

Un criterio importante es la cantidad de números que tenga. Por ejemplo, supongamos que se te ocurre una Teoría del Todo, y en tu fórmula hay un número. No importa mucho cuál es el valor del número, pero digamos que es relevante, por ejemplo, la masa de la partícula más fundamental, el "infimión". Y supongamos que para que puedas usar la teoría (digamos, para predecir cuánto tiempo tarda uno en caerse de una llama), tienes que conocer el valor de ese número. Naturalmente volverías a tu colisionador y lo usarías para medir la masa del infimión, para luego regresar e introducirla en tu teoría. *Voilà*, tu teoría está lista y sólo resta que te sientes en tu auto decrépito a esperar que el comité del premio Nobel anuncie tu triunfo inminente.

Pero ahora supón que llega alguien más, y dice que *también* tiene una Teoría del Todo. Pero *su* teoría hace algo diferente: ya trae incluido el valor exacto de la masa del infimión, y no funciona a menos que tenga ese valor preciso. Ella no tiene que ir a medirlo; su ecuación le dice cuál debe ser el valor. Tiene una variable arbitraria menos que tu ecuación.

Aunque tu ecuación parezca más general que la de la otra persona, la de ella nos dice más sobre el universo. Esto es porque su ecuación nos diría *por qué* la masa del infimión tiene que ser la que es (de otro modo, la teoría no funcionaría). Tiene menos números, así que es más simple, así que es más fundamental. Adiós, premio Nobel.

El punto es que una forma de saber que hemos llegado a la verdadera Teoría del Todo es contar cuántos números arbitrarios tiene. Mientras menos haya, más cerca debemos estar del centro de la cebolla.

Tal vez *no hay* números en el centro. Tal vez en el corazón de esa raíz bulbosa del universo sólo hay matemáticas elegantes, y todos los números que conocemos (como la constante gravitacional o la longitud de Planck o la cantidad de veces que los mastodontes te han pisado un pie) pueden derivarse primorosamente de estas matemáticas.

Actualmente, el Modelo Estándar tiene muchos de estos parámetros —en la lista siguiente se describen veintiuno— y ni siquiera pretende describir la gravedad, la materia oscura o la energía oscura:

Doce parámetros para las masas de los quarks y los leptones

Cuatro ángulos de mezcla que determinan cómo los quarks se transforman unos en otros[122]

Tres parámetros que determinan la magnitud de las fuerzas electrodébil y fuerte

Dos parámetros para la teoría de Higgs

Y un perrito que se perdió en la nieve (teórico)

La verdad es que no sabemos cómo determinar si una teoría es la teoría definitiva. Quizá no haya números arbitrarios para describir el universo. O los hay y tienen un significado muy profundo. Si descubrimos la que parece ser una teoría definitiva y en ella aparece el número cuatro, ¿eso quiere decir que hay algo profundamente relevante sobre el número cuatro? O estos números básicos podrían haberse establecido al azar durante los primeros momentos de nuestro universo, y en otros universos de bolsillo tienen valores distintos. Ve al capítulo 14 para leer una discusión sobre los multiversos, pero te advertimos que la mayor parte de estas ideas se alejan de las hipótesis científicas falsables y se echan un clavado en teorías filosóficas imposibles de comprobar.

---

[122] Recientemente se descubrió que los neutrinos también pueden transformarse unos en otros, así que hay cuatro parámetros más.

Hagamos malabares

Puesto que estamos a quince órdenes de magnitud de ser capaces de explorar la longitud de Planck y aún batallamos por encontrar una teoría unificada que pueda explicar un mísero cinco por ciento del universo, tal vez es hora de probar un enfoque alternativo.

¿Y si en vez de perforar las capas de la cebolla empezamos en el centro?

Ahora mismo estamos tan lejos del centro de la cebolla que podemos especular impunemente sobre cómo es la realidad allá abajo.

RECETAS DE UNIVERSO DE CEBOLLA

SOPA DE CEBOLLA   DIP DE CEBOLLA   AROS DE CEBOLLA

Quizás el universo está hecho de un tipo de partícula diminuta, o de salchichitas de coctel, o de babuinos miniatura.

Siempre y cuando tu TdT termine por predecir las partículas y las fuerzas que vemos hoy, técnicamente no hay nada que la contradiga. ¿Suena a que la naturaleza del universo no es más que un inmenso patio de juegos intelectual en el que no hay reglas? Es correcto, pero sólo si eres filósofo o matemático. Si quieres aproximarte al problema en forma científica (ejem, físicos) tu teoría de los babuinos miniatura tiene que hacer más que describir cómo los electrones están hechos de "babuinones". También tiene que realizar algún tipo de predicción comprobable para que podamos ponerla a prueba y distinguirla de las teorías sobre los infimiones y los salchichones.

Teoría de cuerdas

Es posible que el enfoque más popular y controvertido de la física teórica moderna sea la teoría de cuerdas, que sugiere que el universo tiene diez u once dimensiones de espacio-tiempo, si no es que más. Muchas de estas dimensiones no nos resultan visibles porque están rizadas o son muy pequeñas (consulta el capítulo 9, donde se argumenta que no se trata de puras sandeces inventadas), y están llenas de diminutas cuerditas.

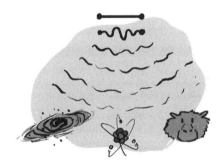

Estas cuerdas vibran, y según cómo estén vibrando pueden verse como cualquiera de las partículas que hemos descubierto. Hasta pueden describir partículas que no hemos visto aún, como los gravitones. Lo que es mejor, se supone que la teoría de cuerdas es matemáticamente muy hermosa y teóricamente fascinante. La teoría de cuerdas es una auténtica TdT, porque unifica todas las fuerzas y describe la realidad en su nivel más básico. Antes de que te apuntes en la lista de los verdaderos creyentes de la Iglesia de la Teoría de Cuerdas, deberías estar al tanto de algunos detallitos. O podríamos llamarlos asuntos. Bueno, inquietudes. De acuerdo, tal vez sean grandes problemas.

El primer problema es que si bien la teoría de cuerdas *puede* describir todo el universo, aún no lo ha hecho. Hasta ahora los físicos no han encontrado una razón que *impida* que la teoría de cuerdas sea una TdT, pero aún le falta mucho para estar completa. Todavía se están desarrollando las matemáticas, y hay que encajar algunas piezas antes de que pueda considerarse una teoría descriptiva completa.

Esto nos lleva al segundo problema: la teoría de cuerdas aún es una teoría *descriptiva* y todavía no puede hacer ninguna predicción que podamos comprobar. Que una teoría sea totalmente consistente y matemáticamente atractiva no quiere decir que sea una hipótesis científica válida.

Para saber si los fragmentos más pequeños del universo son diminutos infimiones o cuerdas que vibran, cada teoría tiene que hacer una predicción que se pueda comprobar. Puesto que la teoría de cuerdas hasta ahora sólo se ocupa de objetos a la longitud de Planck, no puede ponerse a prueba. Igual que la teoría del Gatito del Espacio Profundo, puede o no ser cierta, pero creer en ella sin verificación experimental es un problema de filosofía, matemáticas o fe, no de física.

LA TEORÍA DE CUERDAS EN REALIDAD
ES LA TEORÍA DE LOS BIGOTES DE GATO.

Es muy posible que un día, en el futuro, mejoren enormemente las técnicas experimentales, o que algunos teóricos muy inteligentes encuentren un rasgo del universo, a distancias que podamos probar, que constituya una predicción única (y por lo tanto, una prueba) de la teoría de cuerdas. Pero aún no.

El último problema de la teoría de cuerdas tiene que ver con los parámetros. Las dinámicas que predice la teoría de cuerdas están determinadas por la cantidad y por la forma de las dimensiones del espacio-tiempo. Y hay muchas formas de escoger estas dimensiones. Más que muchas: algo así como 10^{500}, que es 10^{410} veces más que la cantidad de partículas que hay en el universo y 10^{497} veces más que la cantidad de amigos que tienes en Facebook. Existe la esperanza de que nuevas expresiones de la teoría de cuerdas puedan reducir el número de decisiones arbitrarias, pero si quieres juzgar la completitud de una teoría a partir de su número de parámetros, a ésta le falta mucho camino por andar.

Hacer bucles

Una aproximación totalmente diferente imagina que, a su nivel más pequeño, el espacio está cuantizado. En esta teoría, el espacio está hecho de diminutas unidades individuales llamadas bucles que son del tamaño de la longitud de Planck, 10^{-35} metros. Si entretejes suficientes de estos bucles, puedes conformar todo el espacio y la materia.

Esta teoría, llamada gravedad cuántica de bucles, puede unificar la gravedad con las otras fuerzas y explicar la naturaleza del universo hasta sus menores fragmentos. Desafortunadamente, adolece de las mismas dificultades que la teoría de cuerdas: sin una forma de comprobarla, no podemos ascenderla a teoría científica. Sí hace *una* predicción específica, que es que el Big Bang fue parte de un ciclo llamado el Big Bounce (el gran rebote), en el que el universo se expande y se contrae repetidamente. Pero aunque fuera posible comprobar esta teoría, tendrías que esperar miles de millones de años, a que ocurra el próximo Big Bounce, antes de reclamar el codiciado premio Nobel.[123]

---

[123] Que no se entrega en forma póstuma, así que si mueres tratando de probar tu teoría, doble mala pata.

EL TELAR DE ARCOÍRIS
DE LA TEORÍA DEL TODO

Éstos apenas son algunos pasos tentativos. Esperamos que sobre estas ideas, o inspirado por ellas, tras una alucinante sesión de meditación rodeado de babuinos pensativos, algún físico construya una Teoría del Todo que sí lo explique todo y haga predicciones comprobables.

¿Serviría para algo?

¿Qué tan útil sería una Teoría del Todo para responder preguntas sobre objetos cotidianos?

En la práctica, no mucho.

Aunque una Teoría del Todo nos revelaría el funcionamiento esencial del universo en su nivel más fundamental, tal vez no resulte muy práctico para cosas básicas, como diseñar una red anti-monos para cubrir tu alberca.

Lo que es interesante sobre la idea del universo como una cebolla con muchas capas de fenómenos emergentes es que distintas teorías, a diferentes niveles, pueden todas ser correctas *al mismo tiempo*. Por ejemplo, supón que quieres describir el movimiento de una pelota que rebota. Puedes hacerlo usando física newtoniana (como la que aprendiste en la escuela) y considerar que toda la pelota es un solo objeto atraído por la fuerza de gravedad. En este caso, se trataría de un sencillo movimiento parabólico que puede escribirse matemáticamente en una sola línea.

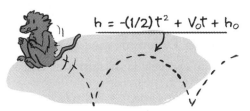

$$h = -(1/2)t^2 + V_o t + h_o$$

PENSAMOS QUE UN BABUINO QUE REBOTA
ERA MEJOR PARA LA GRÁFICA

Pero también puedes describir la pelota que rebota usando teoría cuántica de campos. Podrías modelar la mecánica cuántica de cada una de las 10^{25} partículas que componen la pelota, más o menos, y estar atento a lo que sucede con todas y cada una mientras interactúan entre sí y con el medio ambiente. Es *totalmente impráctico*, pero en principio, posible. En teoría, debería darte el mismo resultado que el de arriba, pero en la práctica es casi imposible de hacer.

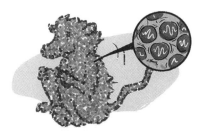

Si tuviéramos una teoría correcta sobre el nivel más básico de la realidad, *en principio* podríamos derivar de ella la formación de las galaxias o la mecánica de fluidos o la química orgánica. Pero en términos prácticos resultaría ridículo, y no es una forma útil de hacer ciencia.

Increíblemente, el universo puede entenderse y describirse a muchos niveles. No tienes que empezar cada vez desde el nivel inferior para hacer química orgánica o para comprender nuestra obsesión por los babuinos. Sería una monserga, ¿no? Nadie espera que una surfista entienda teoría de cuerdas y calcule el movimiento de las 10^{30} partículas de una ola para pararse en su tabla. Del mismo modo, cuando horneas un pastel, no querrías que te dieran la receta en términos de quarks y electrones.[124]

Paso 1: Crear Big Bang
Paso 2: Esperar catorce mil millones de años
Paso 3: ...

A NADIE LE GUSTAN LOS LIBROS DE COCINA DEMASIADO PRECISOS

Si los primeros científicos hubieran tenido que empezar desde las partículas más básicas, no habríamos llegado muy lejos en nuestro viaje de descubrimiento.

De la cabeza a los pies

Los esfuerzos por hallar una Teoría del Todo tienen como objetivo hacer algo que nadie ha logrado en ciencia: revelar la verdad más profunda y básica sobre nuestro universo.

Hasta ahora hemos demostrado que somos muy buenos para construir descripciones útiles del mundo que nos rodea. La química, la

---

[124] Tu supermercado local vende muchísimos quarks y electrones, pero no vienen envasados en forma individual.

economía, la psicología… muchas de estas descripciones nos han servido para mejorar nuestras vidas y para ayudarnos a construir sociedades, curar enfermedades y tener internet más rápido. Que estas descripciones no sean fundamentales y sólo se ocupen de fenómenos emergentes, no las hace menos útiles o efectivas.

Pero una cosa que estas teorías se están perdiendo es la satisfacción de revelar cómo funciona *en verdad* el universo.

Y queremos llegar a la verdad última. No porque vaya a ayudarnos a resolver los problemas de conducta de nuestros babuinos o a mejorar nuestras sesiones compulsivas de Netflix, sino porque nos ayudaría a entender nuestro lugar en el universo.

Tienes que encontrar tu propio departamento.

Desafortunadamente, como suele ocurrir con las grandes preguntas del universo, no tenemos ni idea de cómo sería una Teoría del Todo. Hasta ahora sospechamos que las partículas más pequeñas que conocemos (los electrones, los quarks, etc.) pueden ser 10^{15} *veces más grandes* que los bloques de construcción básicos del universo. Imagina ser del tamaño de una galaxia y pensar que una estrella es lo más pequeño que existe. Así de lejos estamos de una auténtica Teoría del Todo.

Y ni siquiera hemos sido capaces de describir todas las fuerzas en términos de una sola teoría. La gravedad aún no se lleva bien con la mecánica cuántica, a pesar de un siglo de meditación y terapia de mascotas. Nadie nos garantiza siquiera que *exista una* Teoría del Todo en el universo.

Pero nada de esto debería disuadirnos. Hasta ahora, cada vez que retiramos una capa de realidad, cada vez que damos un paso hacia el corazón del universo cebolla, se nos revelan estructuras nuevas y extrañas que nos hacen pensar en formas distintas sobre cómo vivimos nuestras vidas.

ADVERTENCIA:
LA FÍSICA PUEDE DEJARTE
MAL ALIENTO.

17

¿Estamos solos en el universo?

¿Por qué nadie viene a visitarnos?

Si viajas a otro país descubrirás que hay muchas diferencias encantadoras entre el estilo de vida local y el tuyo.

¿Las tazas de café son inmensas y aguadas o diminutas y tan intensas que los ojos se te salen de las órbitas? ¿Los baños tienen cuartitos con puertas que se cierran para darte privacidad o no son más que casetas endebles que no sirven para ocultar el mal del viajero? ¿Decir que sí con la cabeza quiere decir que sí, que no o que quieres un *smoothie* con ojos y tentáculos extra? ¿Comen con tenedores o con palillos o usan mariposas entrenadas? ¿Manejan por la izquierda, la derecha o por todos lados?[125] Y lo que es aún más importante, ¿organizan sus vidas con el fin de acumular dinero, encontrar el amor o mortificar a sus parientes?

UN EXTRANJERO EN UNA EXTRAÑA CASETA

---

[125] Sí, hablamos de ti, Italia.

Por otro lado, también encontrarás muchas cosas que son parecidas a las que ocurren en tu país: la gente come, duerme y habla entre sí.
Quizá su desayuno tiene ojitos que la mira, o bebe café aguado servido
en un zapato, pero a fin de cuentas come y bebe igual que tú.

El tema es que visitar otras culturas te revela qué partes de tu propia
cultura son *universales* para los humanos, porque provienen de necesidades básicas esenciales para la humanidad (comer, dormir, la cafeína,
etc.), y cuáles son decisiones *locales* arbitrarias que para nosotros pueden parecer fundamentales (casetas de baño, utensilios, tentáculos para
desayunar, etc.) pero que muy bien podrían haber sido distintas. Conocer otra cultura es la mejor forma de aprender qué cosas creías que son
universales pero en realidad son locales.

CONSTANTES UNIVERSALES

TU CULTURA

OTRAS
CULTURAS

COMER, BEBER,
LEER LIBROS DE FÍSICA, ETC.

El mismo principio que se aplica a los desayunos sirve para la ciencia. Muchas de nuestras ideas erróneas sobre el universo vienen de so-
bregeneralizar a partir de nuestra ínfima experiencia local. Por ejemplo,
durante miles de años los humanos imaginamos que estábamos en el
centro del universo o, peor aún, que nuestro mundo *era* todo el universo y que las estrellas y el Sol eran utilería diseñada especialmente para
nosotros. Se trataba de ideas completamente razonables, dada nuestra
experiencia local.

Tal vez en cinco mil años nuestras ideas actuales nos parezcan ver-gonzosamente ingenuas. La astronomía ya nos ha enseñado una lec-ción difícil: somos unas personas diminutas que viven en una partícula minúscula en un rincón no muy especial de un universo gigantesco. ¿Qué otras cosas no hemos entendido sobre el universo puesto que sólo podemos verlo desde esta perspectiva? ¿Qué cosas sobre el universo asumimos que son universales cuando en realidad sólo son locales? ¿Se consiguen buenos ojos hervidos para llevar a las tres de la mañana cer-ca de Alfa Centauri?

Pero la pregunta más importante que podamos formular sobre la universalidad de nuestra experiencia tiene que ver con la vida misma: ¿la vida en el universo es común o muy infrecuente?

¿El universo bulle de vida o somos los únicos que estamos aquí? Como sólo hemos explorado la Tierra y nuestro vecindario inmediato, es difícil sacar conclusiones sobre cuánta compañía tenemos en el uni-verso. ¿Somos como una tribu primitiva aislada en medio de la selva y totalmente ignorante de las grandes civilizaciones que se extienden a nuestro alrededor? ¿O somos más como un oasis de vida aislado en un inmenso desierto vacío y estéril? Desafortunadamente, ambas posibi-lidades concuerdan con nuestra experiencia local, así que no podemos notar la diferencia.

Si allá afuera hay vida inteligente —un gran "si"—, la segunda pregunta que tenemos que formular es: ¿por qué no la conocemos? ¿Por qué no hemos recibido ningún mensaje, carta o invitación de cumpleaños? ¿Somos los únicos seres conscientes en el universo, o las otras civilizaciones están demasiado lejos o nos ignoran a propósito porque quieren que seamos unos parias cósmicos en un juego galáctico de esquivar pelotas?

¿Sólo estamos nosotros, verdad?

Para terminar, si una forma de vida inteligente y con tecnología avanzada entrara en contacto con nosotros, ¿qué podríamos aprender hablando con ellos? ¿Qué han descubierto sobre el mundo que nosotros no? Básicamente hemos explorado el universo usando radiación electromagnética (es decir, luz), porque es lo que usamos para explorar con nuestros ojos. Quizás estos extraterrestres descubrieron que el universo está bañado en algún otro tipo de información (neutrinos o una partícula que aún no conocemos) y tienen un panorama totalmente distinto de las cosas. ¡Igual ni tienen ojos! Se trata de una especulación salvaje, pero todos estos escenarios son posibles, y no tenemos ni idea de cuál corresponde a nuestro universo.

Hasta la idea de aprender sobre los extraterrestres requiere que supongamos muchas cosas sobre cómo se ocupa de sus asuntos la vida inteligente. ¿Escriben libros o se envían información entre sí directamente mediante conexiones cerebrales? ¿Para ellos existen las matemáticas o son un invento humano? Es más, ¿tienen ciencia? Nosotros tuvimos cero ciencia hasta hace vergonzosamente poco tiempo. Incluso hoy, nuestra ciencia básicamente consiste en tomar café, llegar a alguna revelación ocasional y de vez en cuando tener una tarde productiva.

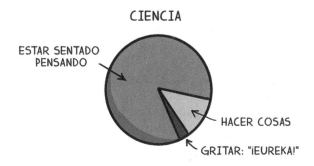

En este capítulo discutiremos lo que sabemos y lo que no sabemos sobre una de las preguntas más profundas de la vida: *¿Estamos solos?* Si no estamos solos, ¿por qué nadie se ha puesto en contacto con nosotros? ¿Queremos entrar en contacto con *ellos*? Si los conociéramos, ¿qué podríamos aprender sobre la vida, el universo y todo lo demás?[126]

---

[126] Además de "42".

¿Están allá afuera?

Si somos las únicas formas de vida en todo el universo, resulta que existe algo muy, muy raro sobre nuestra experiencia y nuestro planeta. Estar solo en un cosmos tan vasto querría decir que la vida es extremadamente rara. Si el universo es infinito, ser el único ejemplo de algo es aún más raro: es prácticamente imposible. En un universo infinito ocurre cualquier cosa que tenga una posibilidad de ocurrir, por más pequeña que sea. De hecho, cualquier cosa con una probabilidad finita de ocurrir ocurre con infinita frecuencia. Únicamente las cosas que tienen probabilidades infinitamente pequeñas de ocurrir ocurren exactamente una sola vez.

Por otro lado, si no estamos solos se consolidaría la idea de que la vida, e incluso la inteligencia y la civilización, no nos conceden un lugar especial en el universo. Querría decir que hay poco de la experiencia humana que revele algo profundo o interesante sobre el universo mismo. Y esto es a la vez emocionante y una lección de humildad.

¿Entonces? ¿Somos especiales o aburridos?

El problema es que es muy difícil extrapolar desde nuestra experiencia en un solo planeta hacia una comprensión más general. Existen dos posibilidades, y no sabemos cómo distinguir entre ellas: o bien (1) somos la única vida en el universo o (2) el universo rebosa de vida que no hemos podido detectar porque está demasiado lejos o es demasiado extraña para que la notemos o la reconozcamos.

¡Somos especiales!

Eso es aburrido.

Imagínate que eres alumno de primaria. Y un día tu examen de matemáticas viene, inesperadamente, ¡con la hoja de respuestas! Al principio te emocionas, pero luego empiezas a preguntarte: ¿eres el único que recibió las respuestas? Tal vez es un examen de práctica y nadie te notificó. O quizás hay otros niños que recibieron las respuestas, pero no quieren que nadie sepa que las tienen. No tienes idea de si eres el único alumno que tuvo esa suerte, o si todos los demás también. Si ningún otro alumno tiene las respuestas, no se les ocurriría preguntarte si tú sí. El hecho de que tú las tengas no te dice si eres especial o no. No puedes saberlo todo sobre lo que ocurre allá afuera con base en tu experiencia local.

En el caso de la vida, podemos hacerlo un poquito mejor, pero no mucho. Por ejemplo, podemos observar lo que pasa en la Tierra y estudiar las diversas formas de vida que existen. Si hay rasgos que varían dramáticamente de organismo en organismo (por ejemplo, color de piel, sabor favorito de helado) podemos estar seguros de que no son esenciales o fundamentales para la vida, y que la vida en otros planetas podría ser totalmente diferente (quizás el helado de ajo es un éxito atronador en el planeta Zlybroxxia). Por el otro lado, si hay cosas que son constantes en todas las formas de vida en la Tierra (por ejemplo, la necesidad de tener agua y una fuente de energía), podemos especular que son comunes a la vida en cualquier lado. Este argumento es especialmente sólido, porque podemos demostrar que algunos elementos comunes de la vida han evolucionado varias veces en forma independiente, como los ojos, por ejemplo (¡en serio!).

Sería útil dividir algunos de estos asuntos en partes formulando la pregunta como un problema matemático. Por ejemplo, si quisieras calcular cuánta gente vive en tu vecindario, podrías hacerlo con un censo exhaustivo puerta por puerta, *o* podrías multiplicar la cantidad de casas que hay en tu vecindario por el promedio de personas que viven en una casa típica.

Del mismo modo, podemos estimar la cantidad de especies inteligentes con las que podríamos hablar (N) mediante una ecuación matemática que se ve así:

$$N = n_{estrellas} \times n_{planetas} \times f_{habitables} \times f_{vida} \times f_{inteligente} \times f_{civil.} \times L$$

Donde las piezas son:

$n_{estrellas}$: El número de estrellas en la galaxia.

$n_{planetas}$: El promedio de planetas por estrella.

$f_{habitables}$: La fracción de esos planetas que pueden sostener la vida.

f_{vida}: La fracción de los planetas habitables que desarrollan vida.

$f_{inteligente}$: La fracción de los planetas que desarrollan vida inteligente.

$f_{civil.}$: La fracción de las especies inteligentes que desarrollan una civilización tecnológica y pueden mandar mensajes o naves al espacio.

L: La probabilidad de que existan más o menos al mismo tiempo que nosotros.

Se trata de una fórmula matemática muy sencilla (conocida como la ecuación de Drake), pero es útil porque divide el problema en partes y muestra que si sólo *una* de las partes es cero, jamás sabremos nada de los extraterrestres, incluso si existen.

Pero ten en cuenta que sólo es un cálculo basado en nuestra experiencia local de la vida. A fin de cuentas, estamos muy limitados por nuestra falta de turismo interplanetario. Podemos hacer una lista exhaustiva de los requisitos más generales para la vida, pero tal vez sólo funcione para la vida como la conocemos. Es perfectamente posible que la vida adopte formas que no podemos ni imaginarnos, con metabolismos que funcionen increíblemente lento y con ciclos de vida que nos parezcan imposiblemente largos, u organismos que sean absurdamente vastos o cuyas fronteras mutuas y con sus entornos sean borrosas. Así que ten presente que podríamos estar muy equivocados sobre cuáles son esos requisitos para la vida inteligente, y que la única forma de estar seguros es encontrar ejemplos en otras partes del universo.

Con esa salvedad, ocupémonos de cada parte de esta ecuación, una a la vez.

Número de estrellas (n$_{estrellas}$)

Los astrónomos han determinado que hay una enorme cantidad de estrellas en nuestra galaxia: cien mil millones. Comenzar con un número tan grande resulta esperanzador, porque el resto de las piezas de la ecuación podrían ser probabilidades muy pequeñas.

Pero ¿por qué detenernos en nuestra galaxia? Se calcula que hay uno o dos billones de galaxias más en nuestro universo observable. La razón de que comencemos con la Vía Láctea es que si bien las estrellas de nuestra galaxia están muy lejos, las otras galaxias están a una distancia deprimente. Y viajar o comunicarse a esas escalas parece un caso perdido, a menos que dependamos de resquicios como los agujeros de gusano o de motores warp. Concentrémonos por ahora en nuestra galaxia, y guardémonos en el bolsillo el factor de que existen unos cuantos billones de galaxias más para inflar nuestros números por si nos sentimos muy desanimados.

El libro decía que guardara unos cuantos billones de galaxias en el bolsillo.

Número de planetas adecuados para la vida (n$_{planetas}$ × f$_{habitables}$)

De todas las estrellas que hay en nuestra galaxia, ¿cuántas otras tienen planetas que puedan albergar vida? ¿Y qué tipo de planeta puede albergar vida? ¿Sólo planetas rocosos como la Tierra o hay muchos hogares posibles para los seres vivos?

Por ejemplo, quizás existan formas de vida que pueden habitar lo alto de las atmósferas de enormes gigantes de gas congelados, o formas de vida que pueden nadar en la lava de la superficie de pequeños planetas muy calientes.

Por ahora, concentrémonos en nuestra búsqueda de planetas terrestres, es decir, planetas rocosos en vez de gaseosos, y similares en tamaño a la Tierra, y que reciban una cantidad parecida de energía solar. Pensar así nos limita más pero también resulta más realista, dado que la Tierra es el único planeta con vida que conocemos.

Así pues, ¿cuántos planetas lindos y acogedores como el nuestro hay en la galaxia? Nuestros telescopios no son lo suficientemente potentes para ver las roquitas oscuras que orbitan alrededor de estrellas brillantes lejanas. No sólo están tan lejos que esos planetas nos resultan esencialmente invisibles, sino que están mucho más cerca de sus estrellas que de nosotros y los eclipsan sin remedio. Si ves de frente un gigantesco reflector, jamás notarás una partícula de roca que flote junto a él.

¿Puedes ver la roca?

Por eso hasta hace poco no teníamos ni idea de cuántos planetas giran alrededor de una estrella típica, y cuántos eran parecidos a la Tierra. Pero en el último par de décadas los astrónomos han desarrollado algunas técnicas muy ingeniosas para detectar planetas en forma indirecta. Pueden buscar un pequeño contoneo en la posición de la estrella, que revela que la fuerza gravitacional del planeta la atrae ligeramente. También pueden buscar reducciones periódicas en la cantidad de luz que llega de la estrella, que significan que el planeta que la orbita está pasando frente a ella. Mediante éstas y otras técnicas, los astrónomos han descubierto algo increíble: cerca de *una de cada cinco* estrellas de nuestra galaxia tiene un planeta rocoso de tamaño parecido a la Tierra y con una cantidad similar de energía en su superficie. Eso quiere decir que la cantidad de posibles Tierras en nuestra galaxia se cuenta por miles de millones. ¡Eeeeh! Hasta ahora, buenas noticias para la incipiente industria del turismo extraterrestre.

UNA DE CADA CINCO ESTRELLAS

Proporción de estrellas
con un planeta terrestre en órbita
o
Reseña promedio para ese nuevo restaurante
que sirve *smoothies* de ojos

Número de planetas habitables con vida (f_{vida})

Si nos concentramos únicamente en nuestra galaxia local, sabemos que hay unos cien mil millones de estrellas, con unos veinte mil millones de planetas terrestres. Veinte mil millones son muchas cajas de Petri para crear vida. Así que los números parecen esperanzadores, pero ahora nos metemos en aguas más difíciles: ¿cuántos planetas habitables *realmente* tienen vida?

Para empezar a pensar en esto primero preguntemos: ¿cuáles son los ingredientes necesarios para la vida? Estudiando la gran diversidad de vida de la Tierra podemos llegar a la conclusión de que siempre parece requerir agua para hacer muchas de las complejas reacciones y transporte químicos, y también parece necesitar grandes cantidades de carbono para fabricar muchas de sus sustancias complejas y proporcionar apoyo estructural, como paredes celulares y huesos. En añadidura, tiende a requerir nitrógeno, fósforo y azufre, sobre todo para hacer ADN y proteínas indispensables.

¿La vida como la conocemos puede formarse sin estos elementos? Algunos han especulado que el silicio podría ocupar el lugar del carbono. Es una linda idea, pero puesto que el silicio es mucho más pesado y complicado (con catorce protones) que el carbón (con seis protones), tal vez no sea lo suficientemente abundante para abrir muchos nuevos caminos para la vida.

Una pregunta un poco más difícil es si estos ingredientes son suficientes para la vida. Si en algún lado tienes un planeta calientito, con enormes océanos y montones de estos elementos chapoteando y chocando entre sí, ¿cuántas posibilidades hay de que surja la vida? Es una de las preguntas más profundas y básicas de la biología, pero es muy difícil de responder. Sabemos que aquí en la Tierra la vida comenzó unos cuantos cientos de millones de años después de que hubiera agua en la superficie. Pero conocemos pocos detalles, y desde luego no sabemos si es un plazo inusualmente corto o largo para remover la sopa química y esperar.

Los científicos han tratado de reproducir algunos de los pasos que se necesitan para pasar de sopa estéril a organismos vivos. Un experimento muy famoso comenzó con una sopa de estas sustancias químicas y añadió una chispa eléctrica para imitar los efectos de la caída de rayos en una Tierra primitiva. No se creó ningún monstruo de Frankenstein, pero se formaron algunas de las moléculas complejas necesarias para la vida. Esto sugiere que —al menos para algunos pasos— tal vez sólo necesitas tener las piezas por ahí y esperar a que llegue la inyección correcta de energía, mediante calor geotérmico, rayos o armas láser extraterrestres.

Así que entendemos muy poco sobre cómo apareció la vida en la Tierra a partir de un ambiente estéril.[127] Si supiéramos más, podríamos proponer un argumento más razonable sobre las posibilidades de que la vida como la conocemos aparezca en otros planetas con condiciones similares. Hasta entonces, sencillamente no tenemos ni idea de si una configuración como la nuestra siempre da origen a la vida o sólo ocurre una vez en un millón o en mil trillones de veces. Y recuerda que podría haber formas de vida drásticamente diferentes, cada una con sus propias probabilidades de surgir a partir de una sopa estéril.

Resulta que la Tierra no es el único lugar en nuestro vecindario en el que existen los bloques de construcción químicos para la vida. Se han encontrado muchos en Marte (¡incluyendo agua líquida!), pero hasta ahora no hay evidencia de vida, ni chica ni grande.

¡AHH, ESTO ES VIDA!

Hay lugares en nuestro Sistema Solar que no calificarían dentro de los cinco mejores destinos vacacionales, pero que son candidatos

---

[127] Sobre todo estos autores, ninguno de los cuales es biólogo, pero incluso los biólogos tienen que admitir una ignorancia similar.

razonablemente buenos para albergar vida. Se cree que Europa, la luna de Júpiter, tiene un inmenso océano subterráneo, y Titán, la luna de Saturno, tiene una atmósfera y océanos de sustancias químicas que podrían servir para construir formas de vida incipientes.

Esto es muy distinto a hallar formas de vida, pero al menos los ingredientes parecen estar muy difundidos.

Ahora que estamos especulando sin fundamentos, ¿qué tan seguros estamos de que la vida se haya originado en la Tierra? De todas las posibilidades inverosímiles, una que suena a ciencia ficción, pero que tiene una probabilidad distinta a cero de ser cierta, es que *la vida comenzó en otro lado* y viajó a la Tierra montada en meteoritos.

Escuchamos cómo te burlas de la idea, probablemente porque te estás imaginando unos microbios que construyen microcohetes y realizan viajes de chorrocientos millones de años de duración para aterrizar en la Tierra. De hecho, los microbios no tienen que construir sus propios cohetes para moverse entre planetas o estrellas. Cuando algo grande (como un inmenso asteroide) golpea un planeta, el impacto puede catapultar trocitos del planeta hacia el espacio. Algunos de esos trozos siguen volando durante un tiempo; a veces, un tiempo muy largo. A veces, van a la deriva en el espacio durante miles de millones de años, y a veces, se carbonizan si pasan demasiado cerca de una estrella. Pero ocasionalmente caen en un nuevo planeta. Los científicos han encontrado en la Tierra rocas que casi sin duda llegaron de Marte mediante este mecanismo. Así que es posible que las rocas salgan despedidas de un planeta a otro. Si resulta que esas rocas contienen organismos vivos refugiados en su interior, o diminutos microbios, o incluso animales microscópicos que puedan sobrevivir el vacío del espacio,[128] no es imposible (aunque sigue siendo algo improbable) que la vida microbial salte de planeta en planeta.

---

[128] Googlea la palabra "tardígrado" y agárrate.

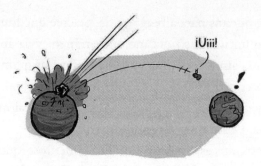

Si esto es verdad —y tenemos cero evidencia de que sea así— los extraterrestres sí existen: ¡somos *nosotros*! De hecho, una vez los científicos encontraron una roca que claramente vino de Marte y que hasta tenía formas similares a las de seres vivos en su interior. Estas formas se parecían, muy aproximadamente, a las de los microbios terrestres, pero muchos científicos se muestran profundamente escépticos de que sean evidencia de vida en Marte. Sin embargo, la roca prueba que si hubiera vida en Marte (o en algún otro lado) podría haber venido de aventón a la joven Tierra para sembrarla de vida.

Además de especular sobre si nuestros tatara-tatara-tatara-tatarabuelos eran extraterrestres, esto nos da una oportunidad: si existe vida en otros planetas podríamos descubrir evidencias estudiando asteroides. Estos trozos de basura interplanetaria quizá no tengan las condiciones adecuadas para crear vida, pero si las hubiera lanzado al espacio una colisión en un planeta muy lejano, podrían transportar pruebas de que en estos mundos distantes existen seres vivos.

Número de planetas habitables con vida inteligente ($f_{inteligente}$)

Una vez que ya se echó a andar la vida microbiana, ¿qué otras condiciones necesitas para formar vida compleja, y luego vida inteligente?

Pues sin duda necesitas tiempo suficiente, así que debes tener largos periodos de calma entre los eventos que podrían destruir una frágil colonia inicial. En la Tierra, la vida inteligente apareció hace entre cincuenta mil y un millón de años, según el umbral de inteligencia que prefieras (algunos argumentarían que aún no lo alcanzamos). Es decir, miles de millones después de que comenzara la vida, así que no es un proceso rápido.

Esto impone algunos límites a los lugares en los que puede existir vida. Por ejemplo, si tu planeta se encuentra demasiado cerca del centro de la galaxia, estará bañado por la radiación inmisericorde que emana del agujero negro central y de las estrellas de neutrones. Esta radiación podría hacer estragos con la delicada química de la vida.

INGREDIENTES ÚTILES PARA LA VIDA:

✔ CARBONO
✔ AGUA
✔ FÓSFORO
✔ NITRÓGENO
✔ AZUFRE
✔ BLOQUEADOR SOLAR

Hay otra razón para alejarse de las estrellas más viejas y del denso centro de la galaxia: todos estos objetos cercanos pueden chocar o perturbar gravitacionalmente las órbitas de grandes meteoros y asteroides de tu sistema solar, provocando eventos de extinción cada vez que uno le arrea un bofetón a la superficie de tu planeta. Algunos científicos especulan que tener dos planetas masivos en nuestro Sistema Solar (Saturno y Júpiter), con órbitas más alejadas de nosotros que el Sol, funciona como una especie de aspiradora cósmica que recoge muchos objetos que de otro modo serían un peligro para la Tierra.

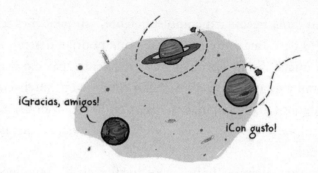

¡Gracias, amigos!

¡Con gusto!

Por el otro lado, no puedes estar demasiado lejos del centro de la galaxia, porque necesitas suficientes elementos más o menos pesados para que exista química compleja. Estos elementos sólo pueden formarse mediante fusión en el centro de las estrellas, y dispersarse cuando éstas colapsan y explotan. Estas estrellas son más raras cerca de las orillas de la galaxia, así que los planetas no pueden estar muy lejos del centro. Y además, se necesita más que tiempo suficiente; posiblemente la vida inteligente no es inevitable y requiere de buena suerte o de circunstancias especiales. ¿Es necesario que los seres inteligentes tengan manos hábiles para desarrollar herramientas y manipular su entorno? ¿Una civilización tecnológica requiere grupos sociales complejos para que aparezca el lenguaje y el pensamiento simbólico? Si los dinosaurios no hubieran sido aniquilados por ese enorme asteroide, ¿hoy existiría vida inteligente en la Tierra, o lo haría en el futuro? Ni idea.

En resumen, casi no tenemos información sobre la frecuencia con la que la vida compleja desarrolla inteligencia o tecnología. Muchas personas especulan sobre estos asuntos, y algunas hasta proponen argumentos razonables para defender la rareza de la vida. Pero a fin de cuentas, la mayor parte de estos argumentos extrapola a partir de nuestra experiencia local y adolece del mismo defecto: no sabemos qué aspectos de nuestra vida inteligente son locales y no esenciales y cuáles son universales y esenciales.

Es demasiado fácil estudiar los detalles específicos de la evolución de la vida inteligente y tecnológica aquí en la Tierra y llegar a la conclusión de que todos son necesarios. Algunos son idiosincráticos, y tal vez infinitamente escasos en el universo. ¿Eso quiere decir que la vida es escasa? No por fuerza. El asunto central es si nuestra experiencia representa la única vía posible para la vida como la conocemos, una de muchas posibles vías para la vida como la conocemos o una de muchas rutas posibles para la vida como nunca la imaginamos.

Este factor, $f_{inteligente}$, podría ser 1, o 0.1, o 0.0000000000001, o aún menor.

Número de civilizaciones con una tecnología de comunicación avanzada ($f_{civil.}$)

En aras del argumento, supongamos que las partes que hemos considerado hasta ahora ($n_{estrellas} \times n_{planetas} \times n_{habitables} \times n_{vida} \times n_{inteligente}$) aún arrojan un gran número de especies inteligentes en nuestra galaxia. No tenemos ninguna buena razón para suponer que esto sea cierto, pero nos permite seguir pensando en los otros componentes y evita que este capítulo termine en forma abrupta.

Si hubiera otra forma de vida inteligente en la galaxia, incluso en las estrellas cercanas, ¿cómo podríamos detectarla? Exploramos el universo sobre todo con el espectro amplio de radiación electromagnética (EM): ondas de radio, luz visible, rayos x, etc. Nuestra predilección por usar radiación EM tiene que ver con nuestro amor por la vista, porque es lo que usan nuestros ojos. Pero ¿qué usan los extraterrestres? Quizá prefieren mandar mensajes con haces de neutrinos u ondas de choque de materia oscura u ondulaciones del espacio mismo. No tenemos ni idea de cuáles pueden ser sus órganos sensoriales primarios (o si tienen órganos sensoriales) y a qué pueden ser sensibles.

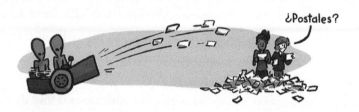

¿Postales?

Una posibilidad totalmente distinta es que no se comuniquen a través de radiación, sino que envíen sondas robóticas para explorar la galaxia. Si estas sondas tienen la capacidad de excavar asteroides y reproducirse, pueden crecer exponencialmente y explorar toda la galaxia en un plazo de unos diez a cincuenta millones de años. Suena mucho, pero es poco comparado con la vida de la galaxia.

Pero nuevamente, y por la única razón de que nos permite continuar con este hilo de ideas, simplificaremos, supondremos que usan radiación EM y lo añadiremos a nuestra lista mental de coincidencias necesarias cuya probabilidad desconocemos.

Si no nos están mandando señales, sino difundiendo ciegamente hacia el espacio, o sencillamente se filtra radiación EM de su equivalente local de la televisión y la radiodifusión, es muy poco probable que los escuchemos alguna vez a menos que estemos muy, muy cerca o que construyamos telescopios mucho más grandes. De otra manera, la señal sería demasiado débil. Nuestro radiotelescopio más poderoso, en Arecibo, Puerto Rico, sólo podría escuchar una señal débil enviada a todos los puntos del espacio si estuviera más o menos a un tercio de año luz de nosotros. Pero la estrella más cercana está diez veces más lejos. Para que recibamos un mensaje de una estrella lejana tendría que estar dirigido casi con certeza a nuestro vecindario cósmico, no ser una señal enviada ciegamente.

Posibilidades de que vivamos más o menos al mismo tiempo (L)

El universo no sólo es muy grande, también es viejísimo. Más de trece mil millones de años de historia cósmica es suficiente tiempo para que las estrellas se formen, ardan, se debiliten y mueran una y otra vez. Cualquiera de esos ciclos estelares recientes (siempre y cuando ya se hubieran formado suficientes elementos pesados) son buenos candidatos para crear planetas terrestres y condiciones acogedoras para la vida, así que el lapso de tiempo en el cual puede haber vivido una raza extraterrestre es extremadamente largo. Pero para que podamos hablar con ellos tenemos que existir más o menos al mismo tiempo.

¿Cuánto tiempo sobreviven las sociedades tecnológicas? Es difícil extrapolar a partir de lo limitado de nuestra experiencia, pero hasta la historia humana está llena de ciclos de civilización y colapso en escalas de tiempo de cientos de años. Nuestra sociedad está mucho mejor equipada para destruirse a sí misma que cualquiera de sus antecesoras. ¿Estaremos escuchando mensajes en quinientos años o cinco mil o cinco millones? ¿Existiremos todavía?

Es perfectamente posible que un millón de años o mil millones de años atrás (o adelante...) vivieran extraterrestres que florecieran, mandaran mensajes al espacio y luego se destruyeran a sí mismos. Si vamos a hablar con los extraterrestres, o tienen que ser muy comunes o deben sobrevivir durante largo tiempo.

Imagina que todavía estuvieras en la primaria y que en vez de que todos los alumnos tuvieran recreo al mismo tiempo, tu escuela le asignara aleatoriamente un horario de recreo a cada alumno. ¿Qué posibilidades tendrías de que te tocara el recreo con alguno de tus amigos? ¿O con cualquier otro niño? Si tu recreo dura cinco segundos y sólo hay dos alumnos en tu escuela, vas a terminar jugando futbol solo. Si tu recreo dura cinco horas o tu escuela tiene veinte mil millones de alumnos, te irá mejor.

¿Entonces dónde están?

Aunque usemos valores optimistas para todos los números de la ecuación de Drake y asumamos que la galaxia está llena de razas extraterrestres tecnológicas y longevas, nos falta responder algunas preguntas.

¿Y si los extraterrestres *no* quieren hablar con nosotros? Desde donde estamos parados la pregunta suena absurda: ¿quién no querría comunicarse con una inteligencia extraterrestre? ¡Piensa en todo lo que podríamos aprender! Pero eso supone que tenemos muchas semejanzas culturales. No tenemos ni idea de qué querrían estos extraterrestres hipotéticos. Tal vez en una ocasión se comunicaron con otra especie y les fue mal, y decidieron tomarse un descanso y dejar de checar sus correos electrónicos interestelares y sus actualizaciones de Spacebook durante unos diez mil años.

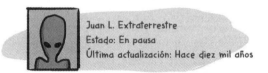

Juan L. Extraterrestre
Estado: En pausa
Última actualización: Hace diez mil años

Incluso si tuviéramos la increíble suerte de que existiera una inteligencia extraterrestre que usara radio para comunicarse, que estuviera cerca y que nos mandara un mensaje directamente a nosotros, ¿nos daríamos cuenta? Aunque tenemos radiotelescopios que escuchan al cielo, no sabemos con certeza cómo se verían sus mensajes. Claro, sabemos muy bien qué mensaje mandaríamos *nosotros*, pero para que los extraterrestres pudieran mandarnos un mensaje que pudiéramos reconocer necesitaríamos tener muchísimos rasgos intelectuales en común: una comunicación basada en símbolos, sistemas de codificación matemática, sentidos parecidos del tiempo, etcétera. Los extraterrestres podrían pensar demasiado rápido o demasiado lento para que reconozcamos su mensaje (¿qué tal que mandan un bit cada diez años?). Existe la posibilidad de que nos estén mandando mensajes *ahora mismo* pero seamos incapaces de distinguirlos entre el ruido.

* Dejaste prendido el horno.

En 1977, un radiotelescopio en Ohio detectó una extraña señal. Duró setenta y dos segundos y provenía de algún punto de la constelación de Sagitario. Era tan poderosa y con tantas variaciones en intensidad como las que cabría esperar de una señal del espacio profundo que los científicos que estaban de guardia esa noche dibujaron un círculo alrededor de la impresión y escribieron: "¡Guau!". Desafortunadamente, la señal *¡Guau!* nunca volvió a escucharse (y no por falta de ganas), y aunque no existe ninguna explicación terrestre convincente, no puede interpretarse inequívocamente como un mensaje extraterrestre. (Eso no impidió que en 2012 los científicos mandaran una respuesta, por si las dudas.)

¡Hola!
¿Hay alguien ahí?

Se echó a perder
el vecindario.

Los peores son los escenarios paranoicos, que no podemos desechar. Tal vez estamos rodeados de antiguas razas alienígenas que evitan entrar en contacto con nosotros para observar nuestra evolución natural, como si estuviéramos en un absurdo zoológico cósmico. O hay muchas razas tecnológicas, pero todas nos escuchan y nadie nos habla por precaución y miedo de una invasión. O ya nos visitaron pero son muy sigilosos. Dado que no sabemos nada sobre la hipotética tecnología de estas hipotéticas razas extraterrestres que existen como hipótesis, todo es posible.

¿Dónde están todos?

¿Por qué aún no encontramos vida en otros planetas? ¿Es posible que todas las formas de vida sean raras, o que los microbios sean comunes pero que la vida compleja sea rara, o que la vida compleja esté en todos lados pero que la inteligencia y las civilizaciones sean inusuales, o que en toda la galaxia haya alienígenas con tecnologías adelantadísimas y iPads pero que no nos dirijan la palabra, o que vivieron y murieron hace millones de años, o que nos estén hablando de una forma que no entendemos?

Resulta tentador pensar en todo lo que aprenderíamos de este encuentro, pero este encuentro también acarrearía peligros reales. Considera lo que ocurre, en la historia humana, cada vez que una cultura poderosa se encuentra con una cultura más débil: rara vez termina bien para el lado más primitivo. Puesto que aún no tenemos la capacidad de visitar otros planetas o estrellas, ¿es buena idea que estemos proclamando nuestra presencia e invitando a todos en nuestro vecindario galáctico a que se den una vuelta y se coman las sobras de pastel de nuestro refrigerador (o peor aún, a nosotros)?

¿Podríamos aprender física de ellos?

Desechemos por el momento la idea del contacto físico directo, dadas las dificultades del viaje interestelar tripulado (o alienado). ¿Qué tal si sólo hablamos?

Imagínate cómo transcurriría esa conversación. Cada mensaje tardaría años (o décadas, o siglos) en transmitirse a causa de las grandes distancias, e incluso en el escenario más optimista, en el que sus mentes funcionaran en forma similar a las nuestras, se necesitarían varios mensajes para establecer algunos protocolos básicos de comunicación. La enorme escala del universo y el bajo límite de velocidad harían que cualquier conversación requiriera generaciones. A la velocidad a la que cambia nuestra sociedad y se desarrollan nuestras ideas sobre la ciencia, para cuando recibiéramos las respuestas nuestras propias preguntas podrían parecernos tontas o mal elegidas.

¿Estamos solos?

Quizás algún día tengas entre tus manos una guía de viajes Lonely Planet para otros planetas (aunque para entonces tendrían que cambiarle el nombre a Lonely Galaxy), un libro en el que los mochileros encuentren excelentes recomendaciones sobre qué llevar a una fiesta Hrzxyhphod en Alfa Centauri o dónde encontrar las mejores paletas sabor tentáculo en el planeta Kepler 61b. ¿Qué tan largo sería este libro? ¿Tendría cientos de páginas en las que se catalogarían los millones de tipos de vida que se han desarrollado en formas infinitas y extrañas a lo largo del universo? ¿O sería una única paginita solitaria que sólo describiera la vida en la Tierra?

Éste sigue siendo uno de los grandes misterios de la ciencia: ¿qué tan improbable e inusual es la vida?

Por un lado, nuestro tipo particular de vida parece *muy* improbable. Piensa en todas las extrañísimas coincidencias que tuvieron que ocurrir para que ahora mismo estés leyendo este galardonado libro de física.[129] Nuestra estrella tuvo que tener el tamaño y la temperatura correctos, nuestro planeta tuvo que estar en la órbita justa, y el agua tuvo que

---

[129] ¿Sí les dan premios a los libros de física que hacen chistes sobre flatulencias, verdad?

aterrizar aquí milagrosamente, tal vez proveniente de lo profundo del espacio en forma de cometas o asteroides de hielo. Y en este planeta tuvo que formarse la combinación exacta de átomos y moléculas, hasta que un día cayó un rayo para crear la primera chispa de vida. ¿Qué probabilidades tenía esa primera chispa de florecer? ¿Qué increíbles adversidades debe haber superado en un indiferente paisaje rocoso para crecer y un día convertirse en… nosotros? Los intrincados mecanismos de la vida parecen un fenómeno, por decir lo menos, inusual.

Pero todo esto se refiere a nuestra particular forma de vida. Es verdad que para producir humanos tuvo que conspirar una larga secuencia específica de eventos, pero si uno de ellos hubiera salido mal podría ocupar nuestro lugar otra especie o algún otro tipo de vida. Sostener que la vida es infrecuente requiere que demostremos que cualquier otra secuencia de eventos habría conducido a un planeta estéril. Y como no conocemos todas las formas que puede adoptar la vida, no podemos sostener este argumento.

La razón de que no podamos calcular con precisión las condiciones que dieron origen a la vida es que sólo tenemos una muestra: nosotros. ¿Cómo mides la posibilidad de que caiga un rayo si sólo has visto uno? Quizás estamos horriblemente prejuiciados por nuestra propia experiencia sobre los inicios de la vida en la Tierra, y nos encontramos

totalmente ciegos a los millones de formas en los que podría surgir. Quizá *nuestra* vida comenzó con la improbable caída de un rayo, pero el resto del universo está lleno de cómodos enchufes. ¡Ni idea!

Y recuerda: aunque la vida sea improbable, vivimos en un universo alucinantemente grande. Tiene billones y billones de galaxias, cada una con miles de millones de estrellas y planetas distribuidos a lo largo de distancias imposibles. Que estemos solos en el universo depende de estos dos factores: ¿las probabilidades de que exista vida (pocas) se ven eclipsadas por la increíble vastedad del universo (mucha)? Si tiras los dados las veces suficientes, empiezan a ocurrir hasta las cosas casi imposibles.

Pero una cosa es segura: la verdad *está* allá afuera (entra música de *Los expedientes secretos X*). O bien hay (o hubo o habrá) vida en otros planetas o no. La respuesta existe de forma totalmente independiente de que nosotros estemos aquí y de que nos lo preguntemos.

Ambas respuestas son increíblemente sorprendentes, y *una de ellas es correcta.*

La buena noticia es que estamos empezando a entender exactamente cuán grande es el universo, cómo está estructurado y cuántos planetas hay en él. Por primera vez en la historia de la vida en este planeta, hemos abierto los ojos y extendido las redes de nuestro conocimiento casi tan lejos como es posible.

Puede ser que estemos solos en el universo, y que los seres humanos seamos el único enclave de autoconciencia que conocerá el cosmos en toda su historia.

O quizás el universo desborda de vida en cada rincón, y apenas somos uno de los millones de formas distintas en los que pueden organizarse las moléculas para formar seres autorreplicantes, conscientes y devoradores de ojos.

O la respuesta está en medio, y la vida es infrecuente, pero no tanto. Quizá sólo vayan a existir unos cuantos destacamentos de vida en toda la historia del universo, y jamás podamos hablar con otra o cono-cerla debido a las enormes escalas de espacio y tiempo.

En cualquier caso, no hay que olvidar esto: la vida existe, y noso-tros somos la prueba.

Una especie de conclusión

El misterio final

Y así llegamos al final.

Si compraste, pediste prestado o robaste este libro porque querías respuestas a los grandes misterios del universo, tal vez no era el título adecuado para ti.[130] Este libro no se trata tanto de respuestas como de preguntas.

---

[130] Nos damos cuenta de que es un poquitín tarde para advertirte al respecto.

Durante los últimos 17 capítulos has descubierto que aún tenemos mucho que aprender sobre *muchas* cosas. Muchas cosas *muy grandes.* Quizá te provoque un poco de angustia descubrir que no sabemos de qué está hecho noventa y cinco por ciento del universo, o que allá afuera pasan cosas extrañas sobre las que entendemos muy poco (antimateria, rayos cósmicos, el límite de velocidad del universo). ¿Quién no se sentiría así tras descubrir que está rodeado por una sustancia desconocida llamada materia oscura y que está siendo atraída por algo llamado energía oscura *en este mismo instante?* Es suficiente para poner nervioso a cualquiera y darle ganas de quedarse en casa.

Pero esperamos que hayas aprendido la lección principal de este libro: todas esas cosas que no sabemos deberían *emocionarnos.* Que no sepamos tantas cosas fundamentales sobre el universo quiere decir que nos esperan descubrimientos increíbles. ¿Quién sabe qué revelaciones asombrosas nos aguarden, o qué tecnologías increíbles desarrollemos en el camino? La era de la exploración y el descubrimiento humanos está muy lejos de llegar a su fin.

Si en verdad te has tomado en serio esta lección, puede que estés listo para que discutamos el último misterio de este libro. Y empieza con una pregunta tan profunda que podemos llamarla el Misterio Definitivo:

¿Por qué existe el universo y es como es?

A algunos de ustedes les preocupará un poco que traigamos esta pregunta a colación justo ahora. Se supone que otra de las grandes lecciones de este libro es que hay que ser consciente de los *límites de la ciencia.* De todas las preguntas que puedes formular, algunas están en el ámbito de la ciencia porque sus respuestas pueden comprobarse. Otras preguntas, cuyas respuestas no pueden comprobarse experimentalmente, pueden ser profundas y fascinantes, pero están más allá de los alcances de la ciencia y pertenecen más bien al reino de la filosofía. Preguntarse por qué existe el universo suena peligrosamente al tipo de pregunta que pertenece a la categoría filosófica.

¿Por qué? Porque cuando haces esta pregunta lo que realmente buscas es una explicación basada en alguna ley o hecho fundamental sobre el universo que demuestre que el universo *tenía* que existir, y que no podría haberse hecho de ningún otro modo (y aun ser consistente). Si pudiera haberse hecho de otro modo (o de ninguno), surge otra pregunta: ¿por qué el universo es *así* y no de *otro* modo?

Pero aunque encontraras esa explicación y descubrieras que hay leyes fundamentales que no podrían funcionar de otro modo (es decir, sin parámetros arbitrarios o aleatorios), surgen *aún más* preguntas:

¿Por qué existen leyes fundamentales?
¿Y por qué el universo las sigue?

Como puedes ver, son preguntas peliagudas hasta para los filósofos, y está claro que las respuestas pueden escapar del ámbito científico.

De hecho, es posible que *muchos* de los profundos misterios que hemos explicado en este libro estén fuera del alcance de la investigación científica. ¿Eso quiere decir que *jamás* hallaremos las respuestas a estas preguntas?

¡No necesariamente!

El universo comprobable

Es posible que existan preguntas para las que nunca encontremos respuestas, pero también hay preguntas que han pasado de ser filosofía a ser ciencia. Conforme aumentamos nuestra capacidad de observar las profundidades del universo y el interior de las partículas, también multiplicamos la cantidad de cosas que podemos poner a prueba mediante la ciencia. Esto amplía lo que llamamos el universo comprobable.

Tal vez recuerdes el concepto de universo observable del que hablamos antes. Es la fracción que podemos ver hoy gracias a que ha pasado suficiente tiempo desde que nació el universo para que la luz de esta porción nos alcanzara. Todo lo que hay afuera es invisible para nosotros porque su luz no ha tenido tiempo de llegar a donde estamos.

Del mismo modo, el universo comprobable es la fracción que podemos verificar y conocer mediante la ciencia. No sólo incluye los límites exteriores de nuestra visión (qué tan lejos podemos ver hacia el espacio); también incluye los límites interiores (los fragmentos de espacio y materia más pequeños que podemos ver). Incluye los límites de lo detallada y precisamente que podemos distinguir cosas a las escalas más pequeña y más grande, e incluye los límites a nuestras teorías, matemáticas y capacidad de comprensión.[131]

EL UNIVERSO
COMPROBABLE

TODO EL UNIVERSO

Como el universo observable, es probable (si no es que evidente) que el universo comprobable sea mucho más pequeño que todo el universo, así que aún hay mucho fuera de nuestro alcance. Y aquí viene la parte emocionante: aunque aún hay muchas preguntas que están fuera del ámbito de la ciencia, la ciencia crece *sin parar*.

Como el universo observable, el universo comprobable está en expansión. Cada vez que desarrollamos nuevas tecnologías y nuevas herramientas para investigar la realidad, el universo comprobable crece. Nuestra capacidad para entender el mundo que nos rodea y para responder todas las incógnitas conocidas se multiplica cada año. De hecho, lo sorprendente es que el crecimiento del universo comprobable se está *acelerando*. Hace unos cientos de años, cuando la ciencia estaba en la infancia, el universo comprobable todavía era muy pequeñito, y

---

[131] Esto último es un poco aterrador. ¿Qué pasaría si el universo fuera perfectamente coherente y pudiera describirse mediante una hermosa teoría matemática que nuestro cerebro no tiene la capacidad de entender?

crecía lentamente. Nuestra tecnología y nuestra capacidad de modelar y entender la naturaleza estaban muy limitadas durante las primeras décadas de la investigación científica.

Luego, hace un poco más de cien años, conforme el progreso tecnológico nos dio nuevas herramientas para explorar nuestro entorno, el universo comprobable empezó a crecer a gran velocidad. Ahora podíamos formularnos —¡y contestarnos!— preguntas sobre física cuántica, la formación del universo y la naturaleza de la materia que antes eran de competencia exclusiva de los filósofos.

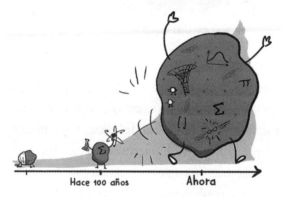

Hace 100 años   Ahora

LA CIENCIA LLEGA A LA PUBERTAD

Bien podemos decir que hoy el universo comprobable está experimentando su propia versión de la inflación cósmica: una expansión sin precedentes. Durante los últimos cien años hemos conseguido observar las profundidades del Big Bang y quizá los límites del cosmos. Hemos sido capaces de especular, y tal vez de comprobar, si el espacio mismo es infinito o si se curva sobre sí mismo como una papa. Podemos ver el interior de los protones y acelerar la materia a 99.999999 por ciento de la velocidad de la luz. Hasta hemos comenzado a mandar naves no tripuladas más allá de nuestro Sistema Solar y a hacer aterrizar sondas en cometas.

¿Qué relevancia tiene esto para preguntas como: *¿Por qué existe el universo?*, que hoy parecen estar irremediablemente fuera de los límites del universo comprobable? Deberíamos observar nuestra historia reciente y sentirnos esperanzados por la rápida inflación de nuestro conocimiento. Las herramientas y las técnicas científicas que se están desarrollando hoy, y que lo harán en el futuro, seguirán multiplicando la cantidad de cosas que podemos estudiar y el número de preguntas que podemos contestar en forma sólida y verificable.

¿Algún día seremos capaces de responder esta clase de preguntas profundas sobre el universo?

Ni idea.

Pero seguro que el viaje va a ser muy emocionante.

MANTENTE SINTONIZADO PARA NUESTRA SECUELA,
TENEMOS ALGUNA IDEA.

Agradecimientos

Estamos muy agradecidos con James Bullock, Manoj Kaplinghat, Tim Tait, Jonathan Feng, Michael Cooper, Jeffrey Streets, Kyle Cranmer, Jahred Adelman y Flip Tanedo por sus invaluables conocimientos científicos y por su trabajo de verificación de datos.

Muchas gracias a los lectores de versiones anteriores del libro por sus comentarios: Dan Gross, Max Gross, Carla Wilson, Kim Dittmar, Aviva Whiteson, Katrine Whiteson, Silas Whiteson, Hazel Whiteson, Suelika Chial, Tony Hu y Winston y Cecilia Cham.

Un agradecimiento especial a nuestra editora, Courtney Young, por su fe en este proyecto y por guiarnos firmemente a lo largo de él, y a Seth Fishman por ayudarnos a encontrar la editorial correcta para este libro. Gracias a todo el equipo de Gernert Company, incluyendo a Rebecca Gardner, Will Roberts, Ellen Goodson y Jack Gernert. Y muchas gracias a todos en Riverhead Books por colaborar con su tiempo y su talento en la realización y lanzamiento de este libro, incluyendo a Kevin Murphy, Katie Freeman, Mary Stone, Jessica Miltenberger, Helen Yentus y Linda Korn.

También queremos dar las gracias a las muchas personas que han seguido nuestro trabajo en línea durante años. Nos inspiran para seguir haciendo cosas interesantes.

Para terminar, agradecemos a los muchos, muchos científicos, ingenieros e investigadores que trabajan para ampliar las fronteras del conocimiento. Un brindis por sus ideas.

Bibliografía

¿Cómo saben estas cosas? ¿Y dónde puedo aprender más?

CAPÍTULOS 1 Y 2

Los porcentajes de materia y energía oscuras que se mencionan aquí provienen de la medición de 2013 de la Colaboración *Planck:* https://arxiv.org/abs/1303.5062. Existen mediciones actualizadas, pero la historia cualitativa sigue siendo la misma.

Los primeros que estudiaron curvas de rotación galáctica fueron Vera Rubin y Kent Ford en las décadas de los sesenta y los setenta. Vera Rubin, Norbert Thonnard y W. Kent Ford Jr. (1980), *The Astrophysical Journal*, 238: 471-487.

Las lentes gravitacionales en realidad son dos enfoques diferentes. Las lentes gravitacionales fuertes muestran la dramática deformación de una sola galaxia (por ejemplo, https://arxiv.org/abs/astro-ph/9801158), y las lentes débiles miden efectos diminutos sobre muchas galaxias con una base estadística (por ejemplo, https://arxiv.org/abs/astro-ph/0307212).

La colisión galáctica que se menciona es el cúmulo Bala (https://arxiv.org/abs/astro-ph/0608407). De esa colisión aprendimos que la materia oscura no tiene interacciones fuertes consigo misma (http://arxiv.org/abs/astro-ph/0309303).

Para una revisión de lo que sabemos hoy sobre la materia oscura y la búsqueda de WIMP: http://arxiv.org/abs/1401.0216.

CAPÍTULO 3

Las supernovas tipo Ia fueron observadas por el High-Z Supernova Search Team (Equipo de Búsqueda de Supernovas High-Z) (https://arxiv.org/abs/astro-ph/9805201) y el Supernova Cosmology Project (Proyecto de Cosmología Supernova) (http://arxiv.org./abs/astro-ph/9812133). No todas estas supernovas tienen el mismo brillo máximo, pero tienen una curva de luz —la cantidad de luz que emiten en función del tiempo— característica que puede calibrarse (Mark M. Phillips (1993), *The Astrophysical Journal*, 413(2): L105-108) para que estas supernovas proporcionen una medida de distancia.

Capítulo 4

En la página de internet del Particle Data Group (Grupo de Datos de Partículas): http://pdg.lbl.gov pueden encontrarse muchos detalles sobre lo que sabemos hoy sobre las partículas.

Capítulo 5

$N = 10^{23}$, más o menos, cuando la energía de los enlaces comienza a igualar la energía de los fragmentos de llama, puesto que ésa es aproximadamente la cantidad de átomos en un objeto macroscópico (la constante de Avogadro).

Las observaciones experimentales de la energía de enlace que afecta a la masa incluyen procesos de decaimiento radioactivo, por ejemplo, el decaimiento beta. Un neutrón de masa 939.57 MeV decae en un protón de masa 938.28 MeV, un electrón de 0.511 MeV y un neutrino de masa insignificante. La masa que desaparece (939.57 − [938.29 + 0.511] = 0.78 MeV) es resultado de la menor energía de los enlaces del protón y se convierte en energía cinética del protón, el electrón y el neutrino. Un ejemplo opuesto es la molécula de O_2, que tiene *menos* masa que dos átomos de oxígeno, porque los dos átomos se atraen entre sí y la formación de la molécula de O_2 *libera* energía.

El porcentaje de 0.005 proviene del hecho de que la energía de enlace promedio por nucleón es de unos cuantos MeV (por lo general, de 1 a 9) y la masa de los nucleones es de cerca de 1,000 MeV.

La masa de los quarks arriba y abajo es de <5 MeV, y la masa del protón y el nucleón es de cerca de 1,000 MeV, así que las masas totales de los quarks dentro de los nucleones es de cerca de 15/1,000, o aproximadamente uno por ciento.

El quark cima tiene una masa de unos 170,000 MeV, y el quark arriba de 2.3 MeV, lo que da una proporción de aproximadamente 1:75,000.

En http://arxiv.org/abs/0910.5095 puede encontrarse una descripción técnica del funcionamiento del campo Higgs y sobre cómo resuelve el problema de las masas de los bosones W y Z, o una más detallada en el video de los autores: https://vimeo.com/41038445.

Capítulo 6

Hay varias formas de comparar la fuerza de gravedad con otras fuerzas.

Primero, podemos comparar la constante de acoplamiento gravitacional ($\alpha_g = Gm_c^2/\hbar c = 1.7518 \times 10^{-45}$) con la constante de acoplamiento electromagnético (también llamada constante de estructura fina) de $1/137 = 7 \times 10^{-3}$. Es una proporción de 10^{-42}.

Pero la fuerza que se siente en los objetos a causa de la fuerza de gravedad y la electromagnética también depende de la masa y la carga. Por ejemplo, si comparas la fuerza gravitacional contra la electromagnética en dos protones (carga = 1, masa = 1,000 MeV):

$F_g = G(m_p m_p / r^2)$

$F_{em} = k_e(q_p q_p / r^2)$

Entonces, $F_g / F_{em} = G(m_p m_p)/k_e(q_p q_p) = [G(m_p)^2]/k_e(q_p)^2] = [6.674 \times 10^{-11}$ Nm^2/kg^2 $(1.67 \times 10^{-27}$ $kg)^2]/[8.99 \times 10^9$ Nm^2/C^2 $(1.6 \times 10^{-19}$ $C)^2]$

$= 8 \times 10^{-37}$, que es cerca de 1×10^{-36}.

Una onda gravitacional produciría una deformación diminuta del espacio. La primera detección de LIGO vio una con una distorsión de cerca de 1x 10^{-21} (Fig. 1 de https://arxiv.org/abs/1602.03837).

Capítulo 7

El espacio es plano dentro de un rango de 0.4 por ciento, según las medidas del WMPA 2013 del fondo cósmico de microondas (http://map.gsfc.nasa.gov/universo/uni_shape.html) y estudios de grandes triángulos (https://arxiv.org/abs/astro-ph/0004404).

Distancias de 10^{-35} metros se refieren a la escala de longitud de Planck: $\sqrt{(\hbar G/c^3)}$ $= 1.616 \times 10-35$ metros.

Capítulo 8

Para leer más sobre la flecha del tiempo recomendamos el excelente libro de Sean Carroll, *Desde la eternidad hasta hoy*.

Capítulo 9

El flujo de neutrinos solares es de cerca de 7×10^{10} partículas por cm^2 por segundo (Claus Grupen, *Astroparticle physics (Física de astropartículas)*, página 95).

Véanse las notas del capítulo 6 sobre la debilidad de la gravedad para una discusión sobre la diferencia de magnitud de 10^{-42} entre la gravedad y la fuerza electromagnética.

La nota al pie sobre mecánica cuántica y su perspectiva del tiempo se refiere al principio de incertidumbre, que puede relacionar la incertidumbre en la energía con la incertidumbre en el tiempo.

Capítulo 10

Para leer una buena revisión de la relatividad, véase *Modern physics for scientists and engineers (Física moderna para científicos e ingenieros)*, de John R. Taylor, Chris D. Zafiratos y Michael A. Dubson.

La velocidad de la luz es de 299 792 458 metros por segundo. Es un número exacto, puesto que se usó para definir la longitud del metro.

Los límites de la tolerancia humana a las fuerzas g se han estudiado en el contexto de los pilotos de combate (véase *Medical aspects of harsh environments* [*Aspectos médicos de los entornos adversos*], volumen 2, capítulo 33, de Ulf Balldin).

Una aceleración a 3 g ($\sim$30 m/s^2) tomaría diez millones de segundos (un tercio de año) para alcanzar la velocidad de la luz, pero nótese que mantener esa aceleración exigiría cantidades cada vez mayores de energía.

La estrella más cercana de Próxima Centauri, a 4.2 años luz $= 4.0 \times 10^{16}$ metros.

Capítulo ii

En *Extensive air showers* (*Grandes lluvias de partículas atmosféricas*) de Peter Grieder puede encontrarse una revisión de los rayos cósmicos y los mecanismos para detectarlos.

La reducción de la velocidad de los rayos cósmicos ultraenergéticos debida a su interacción con fotones en el universo primitivo se llama efecto GZK (Greisen-Zatsepin-Kuzmin).

Nótese que muchas de las cifras en este capítulo son aproximadas, puesto que la proporción de partículas con muy altas energías tiene grandes incertidumbres, pero la historia cualitativa no se ve afectada.

Capítulo 12

El CERN puede hacer diez millones de antiprotones por minuto (véase "Cold antihydrogen: A new frontier in fundamental physics [Antihidrógeno frío: Una nueva frontera en física fundamental"] de Niels Madsen, publicado en *Philosophical Transactions of the Royal Society* en 2010).

Un gramo de antimateria más un gramo de materia liberarían 2 gramos $\times$ c^2 de energía $= (2 \times 10^{-3}$ kg$) (3 \times 10^8$ m/s$^2)^2 = 1.8 \times 1014$ J $= 43$ kilotones.

La búsqueda de galaxias de antimateria se describe aquí: http://arxiv.org/abs/0808.1122.

El experimento Alpha en el CERN produce y analiza antihidrógeno. Véase https://home.cern/about/experiments/alpha.

Capítulo 14

La edad del universo es de 13.6 (13.8) miles de millones de años, según datos de *Planck* 2013 (2015).

El descubrimiento accidental del fondo cósmico de microondas que hicieron Arno Penzias y Robert Wilson en 1964 les valió el premio Nobel de Física en 1978.

El universo se volvió transparente 380,000 años después del Big Bang, según datos de *Planck* 2013 (https://www.mpg.de/7044245).

Hay muchas teorías de la inflación; aquí usamos números aproximados que son característicos: una expansión de 10^{25} veces por un corto periodo de tiempo que comenzó 10^{-30} segundos después del Big Bang.

Capítulo 15

No se conoce con certeza la cantidad de estrellas que hay en la Vía Láctea. Los cálculos van de cien mil millones a un billón (http://huffingtonpost.com/dr-sten-odenwald/numer-of-stars-in-the-milky-way_b_4976030.html).

Tampoco se conoce el número de galaxias en el universo observable. Los cálculos varían de cien o doscientos mil millones (http://www.space.com/25303-how-many-galaxies-are-in-the-universe.html) a dos billones (https://arxiv.org/abs/1607.03909).

Se calcula que nuestro supercúmulo tiene 10^{15} veces la masa de nuestro Sol (https://arxiv.org/abs/0706.1122).

Las simulaciones muestran que la formación de galaxias depende de la presencia de materia oscura (http://arxiv.org./abs/astro-ph/0512234).

El cálculo de la cantidad de partículas que existe en el universo es muy crudo y básicamente se desprende de estimar el número de estrellas y la proporción de materia oscura y materia normal; puesto que se desconoce la masa de la materia oscura, hay una gran incertidumbre. Véase: http://www.universetoday.com/36302/atoms-in-the-universe/.

Capítulo 16

El radio de un protón es de unos 10^{-16} metros, pero la definición es un poco filosófica.

El GCH tiene energías de colisión de unos 10 TeV, que es 10^{13} eV, que corresponden a 10^{-20} metros.

Capítulo 17

El cálculo de la cantidad de estrellas que tienen planetas terrestres viene de datos de *Kepler* (http://arxiv.org/abs/1301.0842).

Actualmente, la base de datos *Meteoritical Bulletin* enumera ciento diecisiete meteoritos que se catalogan como de origen marciano (http://www.lpi.usra.edu/meteor/index.php).

LECTURAS RECOMENDADAS

Nuestro universo matemático, de Max Tegmark, publicado por Antoni Bosch en 2015.
De la eternidad hasta hoy, de Sean Carroll, publicado por Debate en 2015.
Siete breves lecciones de física, de Carlo Rovelli, publicado por Anagrama en 2016.

Índice analítico

Esta obra se imprimió y encuadernó
en el mes de octubre de 2017,
en los talleres de Impregráfica Digital, S.A. de C.V.,
Calle España 385, Col. San Nicolás Tolentino,
C.P. 09850, Iztapalapa, Ciudad de México.